: mairisch verlag

Heather Couper & Nigel Henbest

SPACE

EINE ENTDECKUNGSGESCHICHTE DES WELTALLS

Aus dem Englischen von
Daniel Beskos

: mairisch verlag

IMPRESSUM

[mairisch 55]
1. Auflage, 2016

Originalausgabe:
»The Secret Life of Space«

Lektorat der deutschen Ausgabe: Hannah Zirkler, Peter Reichenbach
Korrektorat: Annegret Schenkel | www.korrektorat-schenkel.de
Cover & Vignetten: Karen Köhler | www.karenina-illustration.de
Druck: Beltz Grafische Betriebe

Gedruckt in Deutschland

ISBN 978-3-938539-41-5
Auch als E-Book erschienen: ISBN 978-3-938539-80-4

www.mairisch.de

INHALT

EINFÜHRUNG

AUF DEN SCHULTERN VON RIESEN?

»Wenn ich weiter geblickt habe als andere, so deshalb, weil ich auf den Schultern von Riesen stehe«, schrieb Sir Isaac Newton am 5. Februar 1675 an seinen Kollegen Robert Hooke. Genau das kann man auch über die Entdeckung des Universums sagen – und es gilt seit den Anfängen, als man die Erde noch für eine Scheibe hielt, bis zu unseren heutigen Errungenschaften wie dem Hubble-Weltraumteleskop und der Urknalltheorie. Große Männer haben diesen Weg bereitet, denen eine tiefe Einsicht gegeben war und die zudem den unbedingten Willen hatten, unsere Sicht auf den Kosmos zu verändern – man denke nur an Kopernikus' Idee, dass die Erde sich um die Sonne dreht, an Galileo und sein Teleskop, an Isaac Newtons Gravitationsgesetz oder an Einstein und sein schwindelerregendes Konzept des Urknalls und der Schwarzen Löcher.

Aber: So ist es in Wahrheit gar nicht gewesen.

Wie wir in diesem Buch zeigen wollen, sind die meisten Mythen in der Astronomie eben genau das: Mythen. Galileo hat das Teleskop nicht erfunden, und er war auch nicht der Erste, der damit in den Himmel blickte. Einstein hat weder Schwarze Löcher noch den Urknall vorausgesagt (er glaubte an keine dieser Ideen), vielmehr entstanden diese Konzepte in den Köpfen einiger wieder in Vergessenheit geratener Denker; die Vorstellung von schwarzen Löchern sogar schon fast 100 Jahre vor Einsteins Geburt. Und Kopernikus' Theorie von der Sonne, um die die Planeten kreisen, wäre nie veröffentlicht geworden, wäre da nicht sein fanatischer Schüler Rheticus gewesen.

Der Dichter Alexander Pope schrieb:

Natur und der Natur Gesetze lagen in dunkler Nacht;
Gott sprach: Es werde Newton! Und sie strahlten voll Pracht.

Aber auch die Newtonschen Gesetze wären niemals bekannt geworden, wenn nicht sein Mitstreiter Edmond Halley dafür gesorgt hätte. Halley, der heute vor allem für *seinen* Kometen weltbekannt ist, schulden wir also besonders dafür Dank dafür, dass er seinen älteren Kollegen Newton dazu überredete, die *Principia* zu veröffentlichen.

Und dann sind da noch die vielen unbekannten Helden – und Heldinnen. Wir haben eingangs absichtlich die Formulierung *Große Männer* benutzt. In Wahrheit wurden jedoch viele wichtige Errungenschaften von Frauen erzielt, die – nicht zuletzt wegen ihres Geschlechts – oft noch eher übersehen wurden als ihre männlichen Kollegen.

Im 20. Jahrhundert etwa wies eine junge Frau aus der englischen Provinz – Cecilia Payne-Gaposchkin – nach, dass der größte Teil des sichtbaren Universums aus Wasserstoff besteht. Trotzdem wurde ihr ein Abschluss der Universität Cambridge aufgrund ihres Geschlechts verwehrt. Vera Rubin entdeckte als Erste die Dunkle Materie, die die Bewegungen der Galaxien lenkt, doch auch sie wurde auf internationalen Konferenzen nur belächelt. Jocelyn Bell Burnells unermüdliche Forschung in den 1960er-Jahren deckte die Existenz von Pulsaren auf, doch bei der Verleihung der Nobelpreise wurde sie übergangen, stattdessen wurden diese ihren älteren männlichen Kollegen zugesprochen. Und obwohl Caroline Herschel einen lange währenden Rekord in der Entdeckung neuer Kometen aufgestellt hat, blieb sie immer im Schatten ihres Bruders William, dem 1781 als Erstem die Beobachtung eines bislang unbekannten Planeten gelang: Uranus.

William Herschel war von Hause aus Musiker – und seine Entdeckung des Uranus ist ein Paradebeispiel für jene zahlreichen wichtigen Durchbrüche in der Erforschung des Weltalls, die nicht von professionellen Astronomen, sondern von Amateuren geschafft wurden; Menschen, die den Himmel zu ihrem eigenen Vergnügen studieren. Schon vor tausend Jahren entwickelte der persische Dichter Omar Chayyam einen genaueren Kalender als irgendjemand vor oder nach ihm. Ein Apotheker namens Heinrich Schwabe stellte im 19. Jahrhundert fest, dass die dunklen Flecken auf der Sonne im Rhythmus von elf Jahren kommen und gehen. Und in den vergangenen Jahrzehnten entdeckte ein Computertechniker von seinem Hinterhof aus mehr explodierende Sterne als irgendjemand sonst in der Geschichte; ein Lehrer legte die Grundlagen der Radioastronomie; und ein Sanitärtechniker hat den bisher besten Beweis für Leben auf dem Mars gefunden.

Und dann sind da noch die Rebellen – große Astronomen, die vom Establishment ignoriert wurden, weil sie nicht ins Bild passten. Der Schweizer Forscher Fritz Zwicky etwa, in Kalifornien ein Außenseiter, der seine Kollegen als *Bastarde* beschimpfte, brachte die Astronomen als Erster auf die Spur der dunklen Materie und der dunklen Energie, von der die Wissenschaftler heutzutage annehmen, dass sie für die Vergangenheit und die Zukunft unseres Universums entscheidend sind.

Der schroffe Fred Hoyle aus Yorkshire ist heute vor allem dafür bekannt, dass er ein alternatives Modell zur Urknalltheorie aufstellte – die sogenannte *Steady-State-Theorie* (*Gleichgewichtstheorie*) –, das allerdings im Laufe der Zeit widerlegt wurde. Doch Hoyle und sein Team sind auch für eine der spannendsten Entdeckungen des 20. Jahrhunderts verantwortlich: Sie wiesen nach, dass Sterne sozusagen *natürliche Alchemisten* sind. Diese kosmischen Schmelztiegel verwandeln Wasserstoff, das einfachste aller Elemente, in Kohlenstoff, Sauerstoff und Eisen – und sogar in Gold.

In diesem Buch wollen wir außerdem neue Erkenntnisse vorstellen, die althergebrachte Wahrheiten ins Wanken bringen könnten. So hat sich herausgestellt, dass die antike Stätte von Stonehenge nicht etwa zur Feier der Sommersonnenwende errichtet wurde – wie es die modernen *Druiden* noch immer feiern –, sondern waren stattdessen dem Sonnenuntergang während der Wintersonnenwende gewidmet. Und ein korrodierter Klumpen Metall, im Jahr 1900 am Grund des Mittelmeers gefunden, stellt den Beweis dafür dar, dass die Griechen nicht nur große Denker waren, sondern dass sie bereits den ersten Computer der Menschheitsgeschichte gebaut haben. Mit seiner Hilfe konnten sie mit erstaunlicher Präzision die Bewegungen der Sonne, des Mondes und der Planeten und sogar Finsternisse vorhersagen.

Außerdem möchten wir einen Einblick in die kontroversen Diskussionen geben, die unter Astronomen geführt werden. War es richtig, Pluto den Status als Planet abzuerkennen? Wäre es schlimm – oder hätte es vielleicht sogar Vorteile –, wenn ein Asteroid die Erde treffen und fast alles Leben auslöschen würde? Und waren die Sternenforscher vielleicht auf dem Holzweg, als sie sich bei der Suche nach außerirdischem Leben auf die Radioteleskope verließen? Vielleicht funktioniert E.T.s Telefon mit Laser, oder mit Partikeln, die schneller sind als das Licht?

Wir möchten uns aber auch den großen kosmischen Abenteuer unserer Zeit widmen – etwa der nervenzerreißenden Geschichte der *Rosetta*-Sonde und ihres kleinen Landers *Philae*, die versuchten, auf dem Kometen *Tschurjumow-Gerassimenko* Proben zu nehmen, um so der Entstehung des Lebens auf die Spur zu kommen.

Und schließlich folgen wir der Spur jener Wissenschaftler, die sich auf die Suche nach einer zweiten Erde gemacht und bis jetzt über 3.000 extrasolare Planeten in den Tiefen des Weltalls entdeckt haben.

Unsere Reise zu diesen zum Teil noch nicht erzählten Geschichten beginnt mit den Anfängen der Astronomie. Von da aus bewegen wir uns zu unseren Nachbarplaneten, unserer Sonne und den Sternen. Wir erforschen die großen Mysterien des Universums und wenden uns zuletzt der Frage zu: Gibt es Leben in den Weiten des Alls?

Wir möchten Sie einladen, mit uns die zahllosen Menschen kennen und schätzen zu lernen, die sich an die Aufgabe gemacht haben, die Rätsel des Universums zu lösen. Vielleicht denken Sie dann an sie, wenn Sie das nächste Mal staunend auf neue Fotos vom Hubble-Weltraumteleskop blicken – oder, noch besser, hinauf zum nächtlichen Sternenhimmel.

Heather Couper und *Nigel Henbest*

PS: Noch ein Geheimnis, das wir Ihnen verraten möchten: Das eingangs erwähnte Zitat sollte man nicht allzu wörtlich nehmen. Wenn Newton von den *Schultern der Riesen* spricht, war dies vermutlich vor allem als Seitenhieb auf seinen Dauerrivalen Robert Hooke gedacht, der in seinen späten Jahren einen gewaltigen Buckel bekommen hatte.

KAPITEL 1

DIE GEHEIMNISSE VON STONEHENGE

In den dunklen Stunden vor dem Morgengrauen scheinen sich die Sterne direkt über Stonehenge zu versammeln, und die Steinbögen, die uns umgeben, wirken wie ein gewaltiges Planetarium. Wir liegen ausgestreckt auf dem zentralen Altarstein, fast ein bisschen wie urtümliche Opfergaben, und versuchen, die klassischen Sternbilder über uns zu identifizieren. Die Sterne des mächtigen Helden Herkules stehen da oben seinem ewigen Feind, dem himmlischen Drachen, gegenüber, der seine Rauchringe in Richtung des Polarsterns schickt.

Es ist der Morgen des 21. Juni 1984, und wir sind hier, um einer Wiederaufführung der wohl ältesten und heiligsten astronomischen Zeremonie der Welt beizuwohnen: Dem Sonnenaufgang in Stonehenge, am Mittsommertag. Mit einer stillen mystischen Bewunderung des Weltraums hat das hier allerdings wenig zu tun. In der Nähe brennen Lagerfeuer, an denen die Teilnehmer die ganze Nacht hindurch vor behelfsmäßigen Zelten feiern; tiefe Trommelrhythmen sind zu hören, und der Geruch von gegrilltem Essen und exotischem Rauchwerk dringt in unsere Nasen.

Der Morgen graut, der Himmel wird heller. Ein melancholischer Gesang erklingt. Feierlich schreitet eine Gruppe von weiß gekleideten Personen in die Mitte der uralten Steine. Die Druiden blicken durch das Portal vor uns, hinter dem man, außerhalb des heiligen Kreises, die Silhouette des *Heel-Steins* erkennen kann. Im

Moment des Sonnenaufgangs steigern sich ihre Gesänge ins Ekstatische. Leider lässt sich der magische Moment in diesem Jahr lediglich an den Digitaluhren der Druiden ablesen: Es ist diesig, und der berühmte Anblick, wie die aufgehende Sonne über dem Heel-Stein schwebt, ist uns nicht vergönnt. Das hält die Hippies aus dem provisorischen Camp jedoch nicht davon ab, die Stätte massenhaft zu besuchen. Mittsommerverrückte aller Glaubensrichtungen verteilen sich über die Steine, klettern auf die Spitzen der Bögen und taufen ihre Babys am Heel-Stein.

Aber sind wir überhaupt zum richtigen Zeitpunkt hier? Glaubt man einer immer größer werdenden Gruppe von Experten, dann wurde Stonehenge nicht zur Feier der Sommersonnenwende gebaut. Vielmehr haben neue Beweise gezeigt, dass das großartige Steinbauwerk ein Tempel war, der der Sonne am entgegengesetzten Ende des Jahreskreislaufs gewidmet war, nämlich im Dezember. Damit wird den vielen Kontroversen, die über das Mysterium Stonehenge über die Jahrhunderte hinweg geführt worden sind, eine weitere hinzugefügt. Zumindest können sich alle auf eine Tatsache einigen: Das monumentale Bauwerk steht in Verbindung mit der Sonne.

Um dem Geheimnis von Stonehenge auf die Spur zu kommen, müssen wir weit zurückblicken, bis weit ins Altertum hinein. Die massiven Steine wurden errichtet, lange bevor es schriftliche Aufzeichnungen gab. Es existieren jedoch eindeutige Hinweise in den Reiseberichten der griechischen und römischen Gelehrten, die von einer traditionellen Verehrung des Sonnengottes – sie nennen ihn *Apollo* – auf einer Insel im hohen Norden erzählen. Der Historiker Diodor von Sizilien schrieb in der Zeit um 60 bis 30 v. Chr.: »Es gibt auf dieser Insel sowohl einen prachtvollen Bereich des Apollo als auch einen bemerkenswerten Tempel, der reich geschmückt ist mit Weihgaben und eine runde Form aufweist.« Kann dieser *runde* Tempel des Sonnengottes auf einer Insel im hohen Norden denn etwas anderes sein als der berühmte Steinkreis von Stonehenge?

Stonehenge blieb für lange Zeit mysteriös und rätselhaft, bis sich die Könige von England im 17. Jahrhundert persönlich dieser Sache annahmen. Jakob I. kam auf seiner offiziellen Reise durch Wiltshire 1620 nach Stonehenge und beauftragte den großen Architekten Inigo Jones – der zuvor den palladianischen Baustil aus Italien eingeführt hatte – damit, das Monument zu erforschen. Der war, wie er es in seinem Text *Stone-heng: Restored* festhielt, davon überzeugt, dass die ursprüngliche Form eine klassische war und Stonehenge folglich von den Römern erbaut worden sein musste.

Dreißig Jahre später besuchte Karl II. die Stätte aus einem anderen Grund: Nachdem sein Vater Karl I. im englischen Bürgerkrieg enthauptet worden war, versuchte Karl II., die Krone in seinen Besitz zu bringen. Er hatte gerade die Schlacht von Worcester verloren, trotzdem war es ihm gelungen, heimlich zur Südküste zu fliehen, um ein Schiff nach Frankreich zu nehmen. Auf dem Weg dahin verbrachte er einen Tag in Stonehenge. Sein Schreiber hielt fest, dass der ungeduldige Karl wieder und wieder die Steine vermaß, um sich die Zeit zu vertreiben. Sein Interesse war geweckt, und nachdem Karl in den 1660er-Jahren auf den Thron zurückgekehrt war, beauftragte er eine Reihe von Gelehrten, das Rätsel von Stonehenge zu lösen. Der Chronist Samuel Pepys vermerkte, die Steine seien »so wunderbar, wie es die Geschichten über sie behaupten, und in jedem Fall die Reise wert. Weiß Gott, was ihr Zweck war!«

Sein Kollege John Aubrey gab sich mit reiner Bewunderung nicht zufrieden. Aubrey, ein führender Altertumsforscher, bemerkte, dass sich die meisten Steinkreise auf den britischen Inseln im äußersten Norden und Westen befanden – also in Regionen, in die die Römer und andere Eroberer, etwa die Dänen und die Sachsen, nie vorgedrungen waren. Sie mussten also von einem viel älteren, einheimischen Volk errichtet worden sein. So weit, so gut.

Die römischen Geschichtsschreiber hatten die Priesterkaste des antiken Britannien als *Druiden* bezeichnet. Aubrey hielt sie für Wilde und beschrieb sie als »wahrscheinlich zwei oder drei Grade weniger wild als die Amerikaner«. Trotz seiner abfälligen Meinung über ihren Charakter war er jedoch davon überzeugt, dass die Druiden Stonehenge gebaut haben mussten. Diese Idee hält sich bis heute hartnäckig. Doch leider ist sie komplett falsch. Der römische Naturkundler Plinius spricht davon, dass die Druiden ihre heiligen Riten vor allem in Eichenwäldern vollzogen; es findet sich also keine Erwähnung von Steinkreisen. Und wir wissen heute, dass Stonehenge bereits etwa zwei Jahrtausende alt war, als die Druiden, wie Plinius es ausdrückt, »vielerlei Gesänge murmelten und andächtig beteten«.

Aubrey hatte zwar die Druiden in die Geschichte von Stonehenge eingeführt, doch es war ein neuzeitlicher Druide, der die Theorie aufbrachte, dass die vorzeitliche Priesterschaft die Steine errichtet hatte, um den Sonnenaufgang am Mittsommertag zu beobachten – wieder so eine zweifelhafte Idee, die ihren Schatten über die gesamte weitere Geschichte von Stonehenge werfen sollte.

Der Antiquar William Stukeley war im 18. Jahrhundert so besessen von der Begeisterung für Druiden, dass er sich selbst *Chyndonax, der Druide* nannte. Trotzdem hatte er an vielen Dingen ein seriöses Interesse: von Münzen bis zur Poesie, von der Musik bis zur Wissenschaft interessierte ihn alles. Einmal sezierte er in London gar einen toten Elefanten; das arme Tier, das öffentlich zur Schau gestellt wurde, war kurz zuvor an den »großen Mengen Bier, die die Zuschauer ihm immer wieder verabreichten«, verstorben.

Stukeley nahm in Stonehenge gründliche Messungen vor und fand dabei etwas Ungewöhnliches heraus, nämlich über die Richtung der »Haupt- oder Grundlinie von Stonehenge, die vom Eingang über die Mitte des Tempels bis zum Altarstein verläuft«. Schaue man über diese Linie, so könne man »die Absicht der Gründer von Stonehenge erkennen, die darin lag, den Eingang im Nordosten zu platzieren, also fast genau an dem Punkt, an dem die Sonne zur Sommersonnenwende aufgeht«. 1740 veröffentlichte Stukeley seine Erkenntnisse in dem Buch *Stonehenge: A Temple Restor'd to the British Druids*. Zu Mittsommer, so behauptete er darin, hielten die Druiden ihre »wichtigsten religiösen Treffen oder Feste ab, mit Opfern, öffentlichen Spielen und Ähnlichem«. Seither sind Stonehenge und der Mittsommer untrennbar miteinander verbunden.

Das markante Steinbauwerk steht überhaupt in engem Zusammenhang mit einigen der bemerkenswertesten Denker, die Großbritannien hervorgebracht hat. In Viktorianischer Zeit gesellte sich der außergewöhnliche Norman Lockyer zu ihnen.

Lockyer war Beamter im Kriegsamt. Aber er interessierte sich für vieles: Zu seinen Freunden zählten unter anderem der königliche Dichter Alfred Lord Tennyson sowie die Künstler des Präraffaelismus. Als ihm ein Nachbar ein Teleskop auslieh, begann er, die Sonne zu erforschen. 1868 entdeckte er, dass die gewaltigen Protuberanzen über der Sonnenoberfläche in einem bestimmten Gelbton leuchteten, der offenbar von keinem Element auf der Erde produziert werde. Lockyer folgerte, dass dieses Licht von einem bisher noch unbekannten Element ausgehen müsse, und nannte es – nach dem griechischen Sonnengott Helios – *Helium* (uns heute natürlich allzu gut bekannt als das Gas, mit dem wir unsere Luftballons füllen).

Ohne eine offizielle wissenschaftliche Karriere gemacht zu haben, wurde Lockyer zum weltweit ersten Professor für Astrophysik. In dem leidenschaftlichen Bemühen, der Öffentlichkeit wissenschaftliche Themen zugänglich zu machen, gründete er die Zeitschrift *Nature* und trieb den Bau des *Science Museum* in London voran. Und seinem Interesse am Sport, dem er sich in seinen wenigen Momenten der Freizeit widmete, verdankt sich die Tatsache, dass er Mitautor des Buches *The Rules of Golf* wurde.

Als Lockyer antike Tempel in Griechenland besuchte, fragte er sich, warum sie in bestimmte Richtungen erbaut worden waren, und ob das vielleicht mit der Sonne zusammenhängen könnte. In Ägypten bewunderte er den großen Tempel von Karnak: »Ohne jeden Zweifel die stattlichste Ruine der Welt«, schrieb er. Er erkannte, dass die Hauptachse nach Nordwesten zum Tal der Könige hin ausgerichtet war – also genau dorthin, wo die Sonne am Mittsommertag unterging. Nach seiner Rückkehr nach England zog es ihn zum dortigen *Sonnentempel*. Seine Berechnungen zeigten, dass man, im Zentrum von Stonehenge stehend, die Sonne zu Mittsommer genau über dem außenliegenden Heel-Stein aufgehen sehen konnte. »So gewiss, wie der Tempel von Karnak zum *Sonnenuntergang* zu Mittsommer ausgerichtet war«, dozierte Lockyer, »zeigt der Tempel von Stonehenge fast genau zum *Sonnenaufgang* am selben Tag.«

Die Sommersonnenwende und die Druiden wurden vollends miteinander verknüpft, als sich 1905 Hunderte von Mitgliedern des *Ancient Order of Druids* (in Wahrheit eine 1781 gegründete Geheimgesellschaft) an diesem Tag in Stonehenge erstmals zu einer Masseninitiation zusammenfanden – eine Tradition, die bis heute besteht.

Doch 1965 geriet diese lieb gewordene Sicht auf Stonehenge als Sonnentempel deutlich ins Wanken. Es wurde die These aufgestellt, dass die Steine als ausgeklügeltes Observatorium errichtet worden waren, mit dem man nicht nur den Lauf der Sonne, sondern auch den des Mondes beobachten konnte. Sie schienen zudem als eine Art Rechenmaschine zu funktionieren, die dazu diente, die gefürchtetsten aller Himmelserscheinungen vorauszusagen: Sonnen- und Mondfinsternisse.

Zumindest behauptete dies der in Bosten forschende britische Wissenschaftler Gerald Hawkins in seinem Buch *Stonehenge Decoded*. Er setzte für seine astronomischen Untersuchungen den kürzlich erfundenen Computer ein, und er beschloss, dessen fantastische Rechenleistung zu nutzen, um das Rätsel Stonehenge ein für alle Mal zu lösen.

Hawkins beschrieb seinen Lesern seine bis dato noch recht unbekannte *Maschine*. Der IBM 7090 bestand »aus etwa zwanzig Einheiten – hohen Schränken voller Rechen- und Aufnahmegeräte, viele davon mit je zwei sichtbaren Magnetbandrollen. Er verbraucht ungefähr 45.000 Voltampere Strom, das sind etwa 70 PS.« Ein kurzer Vergleich: Die heutigen Smartphones sind einige Tausend Mal leistungsfähiger als dieses Ungetüm!

Hawkins hatte den Gedanken, dass die vorzeitlichen Astronomen nicht nur die Sonne, sondern auch den Mond verfolgten, wenn er an bestimmten Tagen auf- oder unterging. Vielleicht wurden die Steine dazu genutzt, diese himmlischen Vorgänge zu beobachten? Auf der Basis einer genauen Karte der Gegend programmierte Hawkins seinen IBM darauf, die Richtungen der Achsen zu errechnen, die die unzähligen Steine (und Löcher, wo ehemals Steine gestanden hatten) miteinander verbanden. Und der Computer gab ihm recht: In der Tat wiesen all diese Elemente auf bestimmte Punkte am Horizont hin, an denen die Sonne und der Mond zu wichtigen Jahreszeitpunkten auf- und untergingen.

»Diese erstaunlichen Zahlen ließen mich nicht mehr los«, erinnert sich Hawkins. »Es konnte kein Zufall sein.« Es gibt eine mathematische Formel, mit der sich errechnen lässt, wie hoch die Wahrscheinlichkeit ist, dass die Steine rein zufällig so stehen, aber, wie Hawkins zugibt – »wäre es furchtbar, das auszurechnen, also ließ ich es die Maschine machen«.

Pflichtgemäß spuckte der IBM-Computer die Zahlen aus: Die Wahrscheinlichkeit eines Zufalls lag bei *eins zu zehntausend*. Hawkins kam zu dem Schluss, dass Stonehenge als Observatorium gebaut worden sein musste.

Aber das war noch nicht alles. Die großen Steine sind von einem mysteriösen Ring aus Vertiefungen umgeben. Diese wurden in den 1920er-Jahren untersucht und katalogisiert und zu Ehren von John Aubrey, der bei seinen Forschungen bereits fünf dieser Löcher entdeckt hatte, *Aubrey-Löcher* genannt. Hawkins wies per Computer nach, dass die Erbauer kleine Steine in diesen Löchern aufstellen und bewegen konnten, um Finsternisse vorauszusagen. Stonehenge war anscheinend auch ein Computer!

Hawkins war begeistert. Stonehenge war offenbar zur »Freude des Menschen, des denkenden Tieres« errichtet worden. Hawkins sah seine Schöpfer in einer Linie mit »den Erbauern des Parthenon, der gotischen Kathedralen und des ersten Raumschiffs, das zum Mars fliegen wird«.

Der Gedanke, dass ein *moderner* Computer bewiesen hatte, dass Stonehenge ein *steinzeitlicher* Computer war, sorgte in den 1960er-Jahren für Aufsehen. Hawkins' Buch *Stonehenge Decoded* verkaufte sich rasant. Andere Wissenschaftler spannen die Geschichte weiter. Alexander Thom, ein schottischer Ingenieur im Ruhestand, untersuchte Steinkreise im ganzen Land und sah in ihnen überall komplexe Observatorien. Schließlich griff sogar Fred Doyle, der größte Astronom des Jahrhunderts, die Theorie vom *Stonehenge-Computer* auf.

Die Archäologen, die Stonehenge bereits ihr ganzes Leben gewidmet hatten, waren aber alles andere als überzeugt. Einer sagte über Hawkins' Buch, es sei »tendenziös, arrogant, schludrig und wenig überzeugend«. Doch was sollte man den Ergebnissen eines Computers entgegensetzen? Die besten Chancen dazu hatte Clive Ruggles; er war Astronom, Mathematiker und Computerexperte. Noch während seines Studiums reiste er nach Schottland, um Thoms Theorie der Steinkreise zu überprüfen (an diese Reise können wir uns noch sehr gut erinnern, da wir, zusammen mit unserem großem Hauszelt, damals daran teilnehmen durften). Ruggles wurde später zu einem professionellen Archäologen und konnte seine vielfältigen Interessen kombinieren, als er zum weltweit ersten Professor für Archäoastronomie an der Universität von Leicester wurde. Er erforschte vorzeitliche astronomische Stätten auf der ganzen Welt, von Hawaii bis nach Afrika.

Ruggles untersuchte die Daten von Stonehenge genauer und stellte fest, dass es in Hawkins' Berechnungen grundlegende Probleme gab. Das größte lag darin, dass Hawkins sich für seine

Untersuchung nur fünfzig Fälle ausgesucht hatte, in denen die Steine jeweils auf einer Linie liegen, obwohl es insgesamt 111 verschiedene Möglichkeiten gibt, in dem gewaltigen Steinlabyrinth zwei Steine durch eine Linie zu verbinden. Die Chance, dass eine solche Linie zufällig genau einen wichtigen Punkt am Himmel anzeigt, liegt also bei Weitem höher als die von Hawkins postulierten *eins zu zehntausend*. »Wenn man diese Berechnungsfehler korrigiert, wird das zufällige Auftreten einer solchen Linie sehr wahrscheinlich«, fasst Ruggles zusammen. »Mit anderen Worten: Die Position der Mehrzahl der Steine hat nichts mit astronomischen Ausrichtungen zu tun.«

Ein weiteres Problem liegt darin, dass Stonehenge – anders als Hawkins' IBM-Computer – nicht auf einmal gebaut worden war. Der Bau und einige anschließende Umbauten zogen sich über 1.000 Jahre hinweg, Stonehenge kann also nicht das Werk eines genialen Einzelnen sein. Einige der Steine, die Hawkins in seine Berechnungen einbezogen hatte, standen nicht zeitgleich mit den anderen; manchmal waren auch zwischenzeitlich Steine im Weg gewesen. Am problematischsten für seine Theorie war, dass die Aubrey-Löcher gegraben – und wieder zugeschüttet – worden waren, lange bevor der Haupt-Steinkreis gestanden hatte. Der angebliche Sternencomputer war also bereits wieder zerstört, bevor seine jungsteinzeitlichen Erbauer das dazugehörige Observatorium überhaupt errichtet hatten!

Nun besteht kein Zweifel daran, dass der IBM-Computer einen guten Job gemacht hatte. Jedoch war seine Auswertung der Daten falsch programmiert. Ein Computer-Geek würde sagen: »Unsinn rein, Unsinn raus.« Heute ist die Theorie des steinzeitlichen Computers vom Tisch. Es war ein spannender Gedanke, doch hielt er der Überprüfung nicht stand.

Ruggles kommt zu dem Schluss, dass Stonehenge ein riesiger Tempel war und ein wichtiger zeremonieller Ort, zu dem einige der Megalithen sogar extra aus Wales herangeschafft wurden. »Durch diesen Bau«, so Ruggles, »bei dem Steine aus ungewöhnlichen

Orten zusammengebracht wurden, wurde Stonehenge zu einer zentralen Stätte.« Und auch wenn sich die frühen Astronomen ebenfalls für den Mond interessiert haben, so lag ihr Hauptinteresse, davon ist Ruggles überzeugt, auf der Sonne. »Ich habe keinen Zweifel daran, dass die Ausrichtung zur Sonnenwende der Grund für die große Bedeutung dieses Tempels ist. Aber es gibt gute Gründe anzunehmen, dass es dabei vor allem um den Sonnenuntergang zu Mittwinter ging«, sagt er.

Hawkins hat mit seinem Augenmerk auf die Ausrichtung der Steine eine wahre Büchse der Pandora geöffnet. Und so ist es nicht verwunderlich, dass der Sommersonnenwende immer wieder große Beachtung geschenkt wird. Nun mag es stimmen, dass man – wie wir es 1984 getan haben – den Sonnenaufgang im Juni über dem Heel-Stein sehen kann, aber es funktioniert auch umgekehrt: Stellt man sich zur Wintersonnenwende vor den Heel-Stein, so sieht man die Sonne genau im Zentrum von Stonehenge untergehen.

Warum also blieb der Mittsommertag so sehr verknüpft mit der Geschichte von Stonehenge? Das liegt vor allem an William Stukeley. Er erklärte 1740, der *Eingang* von Stonehenge zeige im Juni zum Sonnenaufgang. Sobald der Zug also erst mal in diese Richtung fuhr, sprangen alle blind auf – bis hin zu den Druiden der Gegenwart. Schaut man sich aber die Aufzeichnungen Stukeleys noch einmal genauer an, dann begann er seine Beschreibung der Hauptachse von Stonehenge wie folgt: »Sie reicht vom Eingang über die Mitte des Tempels bis zum Altarstein« – also genau in Richtung des winterlichen Sonnenuntergangs!

Warum also änderte er seine Meinung? Das werden wir – wie so vieles bei dieser Anlage – wohl niemals erfahren. Aber es gibt da eine Tatsache, die uns den entscheidenden Tipp geben könnte: Stukeley war nicht nur ein selbst ernannter Druide, er war auch Freimaurer. Bis heute ist die Himmelsrichtung Osten für die Mitglieder dieser Loge von großer Bedeutung. 200 Jahre nach

Stukeley schrieb der Freimaurer Harry LeRoy Haywood in seinem Buch *Symbolical Masonry*: »Wenn es ein Symbol gibt, das in den Ritualen unserer blauen Loge wieder und wieder auftaucht, gleich einem Refrain in einem Musikstück, dann ist es der Osten ... der Flammende Stern scheint dort ... es ist die Grenze, der Zweck, das ultimative Ziel, auf das das ganze Handwerk hinstrebt.«

Von besonderer Bedeutung ist dabei der Sonnenaufgang am Mittsommertag. Er wird von den Freimaurern am christlichen Johannistag gefeiert, am 24. Juni (nach astronomischer Berechnung hat sich der Tag allerdings auf den 21. Juni verschoben – der frühe Kalender war etwas ungenau, wie wir in Kapitel 3 noch sehen werden). Die erste Großloge dieser Geheimgesellschaft traf sich jedenfalls am Johannistag 1717 – nur wenige Jahre vor Stukeleys Erforschung von Stonehenge. Es scheint also kein Wunder, dass Stukeley nur in Richtung des Sonnenaufgangs schaute und den Sonnenuntergang am Mittwintertag vernachlässigte – für die Freimaurer war der Westen seit jeher die Richtung des Todes. Haywood drückte es so aus: »Nach Westen gehen zuletzt alle Menschen, Männer wie Maurer, in den schönen, zärtlichen Westen, und legen sich hin in den Schlaf, von dem sie nicht mehr aufstehen.«

Auch der Wissenschaftler Norman Lockyer war, durch die Gottesdienste in christlichen Kirchen, ebenfalls auf den Osten fokussiert: »In England sind alle östlichen Kirchenfenster immer in jene Richtung ausgerichtet, in der am Namenstag ihres Schutzheiligen die Sonne aufgeht; in den Kirchen Johannes des Täufers ist das demnach ziemlich genau nach Nordosten.«

Und doch gibt es keinen Grund zu der Annahme, dass unsere steinzeitlichen Vorfahren das genauso handhabten. Denn es finden sich mindestens zwei große Grabmale auf den Britischen Inseln, die definitiv zur Sonnenwende hin ausgerichtet sind, und bei denen kein Zweifel darüber besteht, um welche Jahreszeit es sich dabei handelt.

Zu dem ersten gibt es folgende Geschichte: Es war am frühen Morgen, ein Tag im Jahre 1967. Der irische Archäologe Michael O'Kelly hockte tief im Inneren des großen steinzeitlichen Hügelgrabs im Boyne-Tal, nördlich von Dublin. Er hatte eine Vermutung. Und dann passierte das Erstaunliche: Ein heller Strahl der aufgehenden Sonne schien plötzlich direkt durch den langen Gang bis ins Zentrum des dunklen Grabs. »Ich war vollkommen baff«, erinnerte sich O'Kelly. »Die Lichtreflektion am Boden war so hell, dass ich sechs Meter über mir die Decke sehen konnte.« Es war die Wintersonnenwende – die einzige Zeit im Jahr, in der die Sonne bis ins Grab von Newgrange hineinscheint.

Auf den Orkneyinseln im Norden Schottlands gibt es eine zweite, vergleichbare Stätte: Maes Howe. Auch in diese Megalithanlage scheint die Sonne – diesmal zu Sonnenuntergang – durch den Gang bis ins Innere. Und auch hier nur zur Wintersonnenwende.

Leider können wir nicht wissen, was in den Köpfen der Steinzeitmenschen vorging – doch auch in anderen Teilen der Welt gibt es vergleichbare Bauten, etwa im Chaco-Canyon in New Mexico. Die Ruinen gewaltiger Gebäude sind dort über das gesamte Tal verteilt – Unterkünfte für weit mehr Menschen, als in der unfruchtbaren Wüste überhaupt leben konnten. Viele dieser Strukturen zeigen genau in Richtung der Sonne, entweder zu Mittsommer oder zu Mittwinter. Nur: Welche von beiden war gemeint? Wie in Stonehenge sind auch hier die Steine stumm. Im Chaco-Canyon jedoch leben bis heute die Nachfahren der Erbauer auf den umliegenden Hochebenen. Jede Pueblo-Siedlung hat ihren eigenen Sonnenhäuptling, dessen Aufgabe es ist, den Verlauf der Sonne über das ganze Jahr zu verfolgen. Und im Mittelpunkt des Sonnenjahrs steht die Wintersonnenwende.

»Viele der Pueblo-Feste drehen sich um den Mittwintertag«, erklärt uns unser lokaler Führer G. B. Cornucopia, »dann müssen nämlich die notwendigen Zeremonien durchgeführt werden, damit die Sonne wieder am Himmel emporsteigt und ein neuer

Jahreszyklus beginnt.« Das klingt plausibel. Den ganzen Herbst über sinkt die Sonne immer weiter herab und die Tage werden kürzer. Das erzeugt eine urzeitliche Angst, dass der lebensspendende Feuerball gänzlich verschwinden könnte. Cornucopia erzählt, dass die *großen Häuser*, die heute nur noch Ruinen sind, als Herbergen für die vielen Menschen gebaut worden waren, die aus dem gesamten amerikanischen Südwesten zusammenfanden, um hier das Mittwinterfest zu feiern.

Neue Funde belegen, dass Stonehenge im steinzeitlichen England eine ganz ähnliche Rolle gespielt haben muss – auch hier kamen viele Menschen im Winter zusammen, um zu feiern. Der Archäologe Mike Parker Pearson hat nicht nur Stonehenge, sondern auch umliegende Steinzeitstätten und auch die sie umgebende Landschaft untersucht. Sein Team hat die Überreste großer Siedlungen bei Durrington Walls entdeckt, im Tal unterhalb von Stonehenge. »Das ist das größte jungsteinzeitliche Dorf, das in ganz Großbritannien gefunden wurde«, sagt Pearson, »und sehr wahrscheinlich wohnten hier die Erbauer von Stonehenge.« Und auch dort wurden große Feste abgehalten. Pearsons Team hat die Überbleibsel gewaltiger Festessen freigelegt: Die Knochen von Kühen und Schweinen, zerbrochene Töpfe, in manchen noch Reste von Eintopf. Die Tiere wurden von weit hergebracht – einige aus Devon oder Cornwall, manche vielleicht sogar aus Schottland.

Wie der Chaco-Canyon war auch Stonehenge ein Anziehungspunkt für Besucher aus dem ganzen Land. Und die Knochen belegen, dass die Menschen sich »in der wilden Stadt nahe Stonehenge, wo dessen Erbauer feierten« – wie es eine Zeitung formulierte – jedes Jahr zur gleichen Jahreszeit zusammenfanden. Die Zähne der Schweine ließen eindeutig erkennen, dass die große Mehrzahl dieser Tiere im Alter von neun Monaten geschlachtet wurde. Da Schweine ihre Ferkel normalerweise im Frühjahr bekommen, legt das den Schluss nahe, dass die Menschen hier, so Pearson, im Winter zusammenkamen, am wahrscheinlichsten zur Wintersonnenwende.

Pearson erklärt in seinem Buch *Stonehenge* auch, warum dieses nationale Heiligtum ausgerechnet hier erbaut worden war. Hinter dem Heel-Stein fand sein Team etwas Seltsames: Eingeritzt in den steinigen Untergrund unterhalb einer dünnen Erdschicht war eine Reihe von parallelen Furchen, die auf natürliche Weise während der letzten Eiszeit entstanden waren, also Jahrtausende vor dem Bau von Stonehenge. »Hierin liegt der Grund, warum Stonehenge da ist, wo es ist«, begeistert sich Pearson. Denn diese *periglazialen Linien* weisen genau in die Richtung des Sonnenuntergangs am 21. Dezember. »Für die Menschen der Jungsteinzeit war dies der Ort, an dem der Untergang der Sonne am Boden markiert war; der Ort, an dem Himmel und Erde zusammentrafen.« Dieser Ort war so wichtig, dass die Menschen die Mühen auf sich nahmen, die gewaltigen Steine aus großer Entfernung hierherzubringen – und sie am Ende dieser natürlichen *Sonnenlandebahn* aufzustellen. »Dort errichteten sie einen abgeschlossenen Kreis«, sagt Parker, »der in seiner Gestalt natürlich die runde Form von Sonne und Mond widerspiegelt.«

Die Theorie, dass sich die Menschen hier zur Wintersonnenwende zusammengefunden haben, um die sichere Wiederkehr der Sonne zu erbitten, ist die neueste – und zugleich die wissenschaftlich am besten abgesicherte – in einer langen Reihe von Theorien, die aufgestellt wurden, um diesen großartigen Ort zu erklären. Über den Verlauf der Jahrhunderte spiegelte die jeweilige Erklärung auch den vorherrschenden Zeitgeist wider: Römischer Tempel, Opferstätte der Druiden, Kathedrale der Sonne, komplexes Observatorium, steinzeitlicher Computer – und nun also eine Kultstätte, durch die die Rückkehr der sonnigen, fruchtbaren Tage sichergestellt werden sollte. Stonehenge wirkt zuweilen wie ein Rorschachtest für die Sorgen und Vorstellungen des jeweiligen Zeitalters. Die führende britische Archäologin Jacquetta Hawkes formulierte das ganz vortrefflich: »Jede Zeit hat das Stonehenge, das sie verdient – oder sich wünscht.«

Momentan sieht es stark danach aus, als sei Stonehenge also wirklich ein Sonnentempel gewesen, nur eben nicht zu der Jahreszeit, zu der die meisten dort feiern. Könnten wir heute also die Erfahrung unserer steinzeitlichen Vorfahren noch einmal erleben, dann wäre es keine beschauliche Feier in einer warmen Sommernacht. Stattdessen stünden wir dort frierend an einem Winternachmittag, um uns herum die vereisten Felder, während die Sonne langsam untergeht. Aber wer weiß, vielleicht wäre dann immerhin das Wetter besser.

KAPITEL 2

DER GRIECHISCHE COMPUTER

Man kann es nicht anders sagen: Die Reichtümer im Archäologischen Nationalmuseum in Athen sind einfach überwältigend. Eine Galerie reiht sich an die nächste, alle sind voller einzigartiger Statuen, Grabmäler und Schmuckstücke, eine der bedeutendsten Zivilisationen der Menschheit zeigt sich hier in all ihren Facetten.

Es kann also leicht passieren, dass man einen Schaukasten mit einem korrodierten Rad aus Bronze übersieht, nicht größer als eine Untertasse, daneben einige kleinere Klumpen zerbrochenen Metalls. Und doch ist der *Mechanismus von Antikythera* das wertvollste Stück im gesamten Museum. Er ist über 2.000 Jahre alt – und der erste funktionierende Computer der Welt.

Er wurde, genau wie die aktuellsten Rechenmaschinen der NASA, gebaut, um die Bewegungen der Himmelskörper voraussagen zu können. Der bekannte Wissenschaftsautor Arthur C. Clarke schreibt: »Der Mechanismus von Antikythera befindet sich auf einem Niveau, welches unsere modernen Technologien erst im 18. Jahrhundert erreichten; demnach muss man ihn als eine der großartigsten mechanischen Erfindungen aller Zeiten ansehen.«

Er wurde in einem antiken Schiffswrack vor der Insel Antikythera gefunden – und er hat gründlich mit der traditionellen Vorstellung aufgeräumt, dass die alten Griechen zwar großartige Denker, aber leider in praktischen Dingen zu nichts zu gebrauchen gewesen seien.

Man denke nur an den *Vater der Geometrie*, den frühen Philosophen Thales. Eines Nachts – es war um 600 v. Chr. –, als er auf dem Nachhauseweg über die Rätsel des Weltalls sinnierte, fiel er in einen Graben. Eine alte Frau half ihm heraus mit den Worten: »Wie kannst du erwarten, irgendetwas über die Sterne da oben zu verstehen, wenn du noch nicht mal die Erde unter deinen Füßen kennst?« Immerhin, seine Grübelei brachte dennoch ein Ergebnis: Thales realisierte, dass die Sonne, der Mond und die Planeten nicht etwa Götter waren, die da über den Himmel wanderten, sondern unbelebte Objekte. Und als Himmelskörper mussten sie den Naturgesetzen unterliegen.

Andere Kulturen jener Zeit waren da noch nicht so weit: Die Ägypter verbrachten ganze Nächte mit Ritualen, um den Sonnengott dazu zu bewegen, sich am Morgen wieder aus dem Bett zu erheben. Und auch die Astronomen von Babylon verfolgten die Bewegungen der Planetengötter am Himmel, um voraussagen zu können, was diese Götter als Nächstes für sie im Sinn hatten.

Auf Thales folgte Pythagoras, der in Süditalien eine geheime Schule gründete. Seine Schüler mussten allem weltlichen Besitz abschwören und ernährten sich zudem rein vegetarisch. Ungewöhnlich für die damalige Zeit war auch, dass Pythagoras seine weiblichen und männlichen Schüler gleichberechtigt behandelte. Der berühmte *Satz des Pythagoras* ist nur eines der vielen Beispiele seiner Faszination für Zahlen. Pythagoras fand Zahlen in allem – selbst in dem Ton, der erklang, wenn der Schmied auf seinen Amboss schlug. Pythagoras stellte fest, dass der Ton immer tiefer wurde, je größer der Amboss war. Von dieser Entdeckung inspiriert, führte er die Harmonielehre ein, auf der etwa auch die Saitenlängen in unseren heutigen Klavieren beruhen.

Wenn schon irdische Geräte solch schöne Musik erzeugen konnten, dann mussten, davon war Pythagoras überzeugt, die Himmelskörper noch viel besser klingen. Der Mond, die Sonne und die Planeten bewegen sich mit unterschiedlichen Geschwindigkeiten über den Himmel, folglich müssen sie, so seine

Überlegung, in unterschiedlichen Tonhöhen *singen*. Diesen himmlischen Chor nannte er *Sphärenharmonie*. Nur leider sei der Mensch nicht dazu in der Lage, diese Klänge wahrzunehmen – eine Idee, die sich über Jahrhunderte hielt. Selbst Shakespeare nahm darauf in *Der Kaufmann von Venedig* Bezug:

Auch nicht der kleinste Kreis, den du da siehst,
Der nicht im Schwunge wie ein Engel singt,
Zum Chor der hellgeaugten Cherubim.
So voller Harmonie sind ewge Geister:
Nur wir, weil dies hinfällge Kleid von Staub
Uns grob umhüllt, wir können sie nicht hören.

Für die griechischen Wissenschaftler war aber ein anderer Gedanke noch viel interessanter: Nämlich die Vorstellung, dass jeder Planet auf einer Sphäre, einer dünnen, transparenten Schale, um die Erde transportiert werde. Die Schalen für die einzelnen Planeten sowie für Sonne und Mond waren wie die Schalen einer Zwiebel ineinander geschachtelt. Der Mond war am nächsten, und der Saturn, der sich am langsamsten bewegte, war am weitesten weg.

Es gab da nur ein Problem: Die Planeten waren ein wenig eigensinnig. Zumeist bewegten sie sich im Laufe der Monate von Westen nach Osten über den Himmel. Doch manchmal änderten sie die Richtung und wanderten nach Westen. Den alten Griechen fiel eine komplizierte Lösung ein: Jeder Planet sollte an vier nahe beieinanderliegenden Sphären befestigt sein, die an den Polen miteinander verbunden waren und in verschiedene Richtungen rotierten. Und schon war die himmlische Harmonie wiederhergestellt!

Diese Vorstellung des Universums wurde 350 v. Chr. durch den größten aller Wissenschaftler endgültig festgeschrieben: Aristoteles. Seine Schule befand sich in einem Garten in Athen, genannt *Lykeion* (Lyzeum). Er war neben vielem anderem der erste seriöse

Biologe der Welt – auch wenn er dabei manchmal danebenlag. So glaubte er zum Beispiel, dass Frauen weniger Zähne haben als Männer. Aber obwohl er zweimal verheiratet war, kam er offenbar nie auf die Idee, eine seiner Frauen zu bitten, einmal den Mund zu öffnen, auf dass er ihre Zähne zählen könne.

Doch auch das Universum faszinierte ihn und er hob die Theorie der Himmelssphären auf die nächste Stufe. Um die Bewegungen aller Gestirne ausreichend beschreiben zu können, errechnete er insgesamt 55 Schalen, alle eng beieinanderliegend und sich in unterschiedlichen Richtungen und mit unterschiedlichen Geschwindigkeiten bewegend. Wenn diese jetzt wirklich noch eine Melodie gesungen hätten, wäre es vermutlich eher eine Kakophonie gewesen.

Es stand jedoch eine Revolution bevor, die diese gemütlich schaukelnden Sphären und mit ihnen das ganze Universum durcheinanderwirbeln sollte. Diese Revolution ging von einem der Schüler Aristoteles' aus – allerdings war er kein Wissenschaftler und auch kein Philosoph, sondern Soldat: Alexander der Große.

Alexander stammte, wie Aristoteles, aus Mazedonien. Der junge Heißsporn wandte sich schnell vom Studium der Philosophie ab und stattdessen der Kriegskunst zu. Er hatte ein klares Ziel: Die Eroberung der Welt. Bereits im Alter von 32 Jahren hatte er das geschafft. Alexanders Reich erstreckte sich von Griechenland ums Mittelmeer herum bis nach Ägypten und über den Mittleren Osten bis nach Indien. Er hatte eigentlich auch vor, China zu erobern, doch seine Soldaten wollten nach Hause und rebellierten. Alexander der Große starb auf dem Heimweg.

Alexander räumte mit der hochmütigen Vorstellung auf, dass die Griechen besser wären als die sogenannten *Barbaren* – die übrigens so bezeichnet wurden, weil die Griechen der Meinung waren, andere Sprachen klängen wie das Blöken von Schafen. Als er im Osten die dortige Kultur und Wissenschaft entdeckte, stellte er fest, dass sie, wenn auch andersartig, genauso fortschrittlich war wie die seines Heimatlandes.

Alexander betonte: »Ich unterscheide nicht unter den Menschen, so wie es die Engstirnigen tun … Für mich ist jeder tugendhafte Ausländer ein Grieche, und jeder dumme Grieche ist schlimmer als ein Barbar.«

In diesem aufklärerischen Klima fand ein großer Austausch von Wissen zwischen den Ländern statt. Die wissenschaftlichen Vorstellungen von Thales und Pythagoras wurden um eine ganze Reihe von genauen Messungen der Planetenbewegungen bereichert, die die Babylonier vorgenommen hatten. Schon seit über einem Jahrtausend beobachteten sie die Gestirne; nicht zuletzt aus astrologischen Gründen. Für sie war es unerlässlich, die Bewegungen der Planetengötter genau zu verfolgen, denn deren Positionen beeinflussten auch ihr Leben hier unten auf der Erde. Waren die Konstellationen ungünstig, konnte es zu Überschwemmungen von Tigris und Euphrat kommen; Volksaufstände drohten und die Ernten konnten verderben.

Daher verfolgten die Babylonier die Positionen der Planeten genauer als irgendjemand zuvor. Sie hielten nach regelmäßigen Mustern Ausschau und konnten auf diese Weise aus den Beobachtungen eines Jahres Voraussagen für das folgende Jahr treffen. Das klang dann etwa so: »Ist Nabu (*Merkur*) bei Sonnenuntergang mit Nergal (*Mars*) sichtbar, wird es Regen und Flut geben. Wenn Marduk (*Jupiter*) zu Anfang des Jahres erscheint, wird das Getreide gedeihen.«

Diese Voraussagen erforderten aber genaue Berechnungen, daher entwickelten die Babylonier eine neuartige Form der Arithmetik. Während wir in Zehnerschritten zählen (zehn, zwanzig, dreißig usw.), zählten die Babylonier damals in Sechzigerschritten. Sie unterteilten einen Kreis in 360 Grad, dann jedes Grad in 60 Minuten und jede Minute in 60 Sekunden. Diese Minuten und Sekunden bezogen sich zwar auf Winkelgrade, doch dieselbe Zählweise wurde genutzt, um eine Stunde in 60 Minuten und 3.600 Sekunden zu unterteilen – also genau die Einteilung, die wir noch heute benutzen.

Es mag sich ungewöhnlich anhören, doch diese Zählweise war äußerst genau – und die Babylonier konnten sehr präzise vorhersagen, wo die Planeten stehen würden. Für die Griechen brachte das allerdings ein Problem mit sich: Die verschachtelten Sphären des Aristoteles passten nicht zu dieser Denkweise. Was sollten sie also tun?

Nun, es scheint, als ob genau dies der Teil der Geschichte ist, der neu geschrieben werden muss – und zwar wegen des Mechanismus von Antikythera. Hätten wir dieses Buch vor einigen Jahren geschrieben, hätten wir von einem sehr klugen Astronomen erzählt: Hipparchos, der auf der Insel Rhodos lebte, hatte die Lösung für das Problem gefunden. Um 150 v. Chr. herum erstellte er die erste präzise Karte der 850 hellsten Sterne. Dabei stellte er fest, dass die Erdachse langsam hin- und herschwingt – folglich ist der Stern, der für Hipparchos den Norden markierte, nicht der gleiche Polarstern wie für uns heute. In Bezug auf die Planeten verwarf Hipparchos die Himmelssphären vollständig und kam – so dachte man zumindest bisher – auf eine vollkommen neue Idee. Die Geschichtsschreiber sprachen von ihr als herausragendem Beispiel einer rein auf mathematischer Berechnung basierender Errungenschaft – sozusagen ein einzigartiger Fall von griechischem Geektum.

Man denke nur an den Planeten Mars. Hipparchos sagte, seine Umlaufbahn sei im Grunde ein gewaltiger Kreis um die Erde. Jedoch befinde sich der Planet selbst nicht auf diesem Kreis; vielmehr sei er am Rande eines kleineren Kreises befestigt – dem sogenannten Epizykel –, der wiederum auf dem größeren Kreis entlangwandert. Man kann sich dies vorstellen wie auf einem Jahrmarktkarussell. Auf bestimmten Modellen sitzt man in einem Wagen, der sich beständig um sich selbst dreht (wie Hipparchos' Epizykel), dabei zugleich jedoch in einem großen Kreis um die Mittelachse des Karussells kreist. Der Anlagenbediener in der Mitte sieht den Besucher nun manchmal vorwärts, manchmal rückwärts fahren – genau so, wie wir den Planeten Mars über den Himmel wandern sehen. Hipparchos' neue Ideen wurden später komplett von einem anderen einflussreichen Intellektuellen übernommen und verfeinert – Claudius Ptolemäus. Die Folge war, dass dieses geniale Modell als *ptolemäisches Weltbild* für die nächsten 1.400 Jahre unangefochten das Denken der Menschen beherrschte – bis Nikolaus Kopernikus die Sonne ins Zentrum rückte (wir werden das in Kapitel 4 wieder aufgreifen).

Die Zeitbombe, die dieses stimmige Bild der Geschichte zum Einsturz bringen könnte, tauchte – im wörtlichen Sinne – im Jahre 1900 auf. In der Nähe der Insel Antikythera waren Taucher in der Tiefe auf der Suche nach wertvollen Schwämmen. Doch sie fanden etwas viel Wertvolleres. »Da unten ist ein Haufen nackter Frauen!«, rief Elias Stadiatos, als er nach seinem Tauchgang wieder an die Oberfläche kam. Sein Kapitän schaute selbst nach und kam mit dem Arm einer Bronzestatue wieder nach oben. Die Taucher waren auf ein altes Schiffswrack voller unglaublicher Schätze gestoßen. Es gab Statuen von Menschen und Pferden aus Bronze und Marmor, dazu große Vorräte an Wein und Schmuck. Wahrscheinlich von den Römern in Kleinasien erbeutet, befand sich diese wertvolle Fracht auf dem Weg nach Italien, als sie gegen 70 v. Chr. sank.

Das Archäologische Nationalmuseum in Athen restaurierte die schönsten Stücke und stellte sie aus. Unter ihnen war aber eben auch dieses eine Objekt, welches, weil seltsam und unansehnlich, zunächst unbeachtet blieb: ein Klumpen aus verrottetem Holz und verwittertem Metall, etwa von der Größe eines Schuhkartons. Erst später erkannte man, dass dieser Gegenstand, der *Mechanismus von Antikythera* genannt, eindeutig Zahnräder aufwies, ähnlich einem Uhrwerk; und dabei war er mehr als 1.000 Jahre älter als die erste bekannte Uhr der westlichen Welt.

»Seine Entdeckung war so spektakulär, als hätten wir im Grab des Tutanchamun einen verfallenen Verbrennungsmotor entdeckt«, schrieb Derek de Solla Price in den 1950er-Jahren im britischen Wissenschaftsmagazin *Discovery*. Als Experte für historische Uhren und wissenschaftliche Instrumente reiste Price nach Griechenland, um den Mechanismus selbst zu untersuchen. Er fand heraus, dass er in der Tat eine Art Uhrwerk darstellte, das mindestens zwanzig Zahnräder enthielt. Anders als eine Uhr lief das Gerät jedoch nicht automatisch; man musste einen Griff an der Seite drehen, wodurch sich die ineinandergreifenden Zahnräder mit unterschiedlichen Geschwindigkeiten bewegten. Price entdeckte, dass sich auf der Vorderseite eine Skala mit 365 Abschnitten befand, dazu die Bezeichnungen einiger Monate und Tierkreiszeichen.

Er vermutete, dass sich ein Zeiger über diese Skala bewegt haben musste und so die Sonnenbewegung über das Jahr hinweg anzeigte, während ein zweiter Zeiger zugleich die Bewegungen des Mondes indizierte. Price hielt das Gerät also – so weit korrekt – für einen Himmelskalender.

Der britische Physiker Arthur C. Clarke war von der Wichtigkeit des Fundes begeistert. Price forderte daher Clarke, der übrigens passionierter Sporttaucher war, aus Spaß auf, doch »bitte noch mehr davon zu finden«. Doch Clarke glaubte nicht, dass er in der Lage wäre, einen gleichermaßen wichtigen Fund an Land ziehen zu können. Kurz vor seinem Tod 2008, im Alter von neunzig Jahren, erzählte er uns: »Das fortschrittlichste Artefakt, das ich jemals unter Wasser entdeckt habe, war eine Mineralwasserflasche aus dem frühen 19. Jahrhundert.«

»Price war es, der die wahre Bedeutung des Mechanismus erkannt hat«, sagt Jo Marchant, die die bewegte Geschichte dieses Fundes in ihrem Buch *Die Entschlüsselung des Himmels* nacherzählt hat, »und er war es auch, der uns klargemacht hat, dass dieser Gegenstand unser Verständnis von den Technologien der alten Griechen revolutionieren würde.« Allerdings konnte er nicht ins Innere des Metalls blicken und musste sich ein bisschen zu viel zusammenreimen. »Er bog sich seine Daten etwas zurecht«, sagt Marchant, »und mit vielen Details zur Funktionsweise des Mechanismus lag er falsch.«

Doch bis heute inspiriert Price' Arbeit andere, ebenso hingebungsvolle Forscher. Nach Price folgte Michael Wright, Experte für historische Instrumente vom Science Museum in London. »Wright betrachtete das Ganze aus dem Blickwinkel eines Mechanikers«, sagt Marchant. »Er erkannte die Fehler von Price und baute die erste funktionierende Nachbildung.« Sein Exemplar des Mechanismus bestand aus alten Bronzeteilen und enthielt viele verborgene Zahnräder, die er entdeckt hatte, als er das Original mit Röntgenstrahlen durchleuchtete. Außerdem war der Mondzeiger, stellte er fest, nicht nur ein Zeiger, sondern zusätzlich mit einer kleinen schwarz-weißen Kugel bestückt, die sich drehte und die Mondphasen anzeigte.

Was aber noch wichtiger war: Wright erkannte, dass der Mechanismus weit mehr ineinander verschachtelte Zahnräder enthielt, als zur Anzeige der Positionen von Sonne und Mond notwendig gewesen wären. Und dann waren da ja noch Inschriften, die auf Merkur und Venus hindeuteten. Wright vermutete also, dass ein weiterer Satz Zahnräder – der heute leider auf dem Grunde des Meeres verschollen ist – die Bewegungen der Planeten am Himmel zeigte.

Das Antikythera-Fieber nahm nun zwei weitere britische Forscher gefangen: Mike Edmunds, Professor für Astronomie an der Universität Cardiff, und den Mathematiker und Dokumentarfilmer Tony Freeth. Die beiden röntgten das Gerät noch einmal, diesmal allerdings viel genauer. Sie brachten die Mitarbeiter des Athener Museums dazu, nach weiteren Fragmenten im Lager zu suchen; und tatsächlich wurde ein fehlendes Teil der Rückseite gefunden. Und sie nutzten die neueste Computertechnik, um viele weitere Inschriften auf der bronzenen Oberfläche zu entziffern.

»Freeth organisierte ein internationales Multi-Millionen-Dollar-Team, um den Mechanismus zu untersuchen«, sagt Marchant,

»und er konnte die Details, die Wright gefehlt hatten, erfolgreich ergänzen.« Besonders fasziniert war das Team von einem Teil des Mechanismus, den Wright entdeckt hatte, aber nicht erklären konnte. Eines der Zahnräder, das den Mond bewegte, hatte einen herausstehenden Stift, der sich entlang einer Spalte im danebenliegenden Zahnrad bewegt haben musste. Freeths Team erkannte, dass diese Anordnung dazu geführt haben musste, dass sich der Mondzeiger mit unregelmäßiger Geschwindigkeit bewegte – genau so, wie es der echte Mond am Himmel tut. Die Zeiger konnten zudem genau voraussagen, wann die Erde, der Mond und die Sonne in einer Linie stehen, wir auf der Erde also eine Finsternis erleben würden.

»Die Art und Weise, wie dieses Gerät funktioniert, ist vollkommen unerwartet, außergewöhnlich klug und ein echter Geniestreich«, begeistert sich Freeth. »Es ist einfach und wunderbar elegant.«

Zusammen mit Alexander Jones, einem Experten für antike Astronomie von der Universität New York, gelang es Freeth, viele weitere Inschriften auf dem Mechanismus zu entschlüsseln. Immer wieder fanden sie Bezüge zu den Planeten und kamen, auch wenn sie eine andere Anordnung der Zahnräder festgestellt hatten, zu demselben Schluss wie Michael Wright: Die Zeiger auf der Vorderseite bildeten die Bewegungen der Planeten nach.

Freeth und Jones glauben, dass früher an jedem Zeiger ein kleiner Edelstein angebracht war, der den jeweiligen Planeten symbolisierte. Die Sonne in der Mitte, glauben sie, war eine Kugel aus Gold, und die helle Hälfte des Mondes bestand aus Silber. Der Zeiger für den Merkur könnte ein kleiner Türkis gewesen sein, Venus würde durch eine kleine Kugel aus Lapislazuli symbolisiert. Den Mars stellte, wenig überraschend, ein roter Onyx-Kristall dar. Den hellen Jupiter verträte ein weißer Kristall, den matten Saturn eine Kugel aus dunklem Obsidian.

Bringt man all diese Entdeckungen zusammen, ist der Mechanismus von Antikythera heute weitestgehend entschlüsselt.

»Bewegte man damals den Griff an der Seite des Holzkastens, wurde man zum Herrscher über das Universum«, wie Jo Marchant es dramatisch formuliert. »Man drehte vor oder zurück und sah alle Objekte am Himmel zu einem bestimmten Zeitpunkt.«

Vorne konnte man die Positionen der Sonne und die Phasen des Mondes ablesen, dazu das Datum und die Bewegungen der Planeten. Auf der Rückseite des Geräts bewegten sich zwei Zeiger entlang spiraliger Rillen. Die obere Spirale stellt einen 19-jährigen Kalender dar – dies ist für Astronomen ein ganz besonderer Zeitraum, denn alle 19 Jahre wiederholen sich die Phasen des Mondes am jeweils selben Datum. Die untere Spirale war in 223 Mond-Einheiten unterteilt – dies wiederum ist das Zeitintervall, nach dem sich die Finsternisse über mehrere Jahrhunderte regelmäßig wiederholen.

Für die Archäologen ist der Mechanismus von Antikythera eine Maschine, die völlig aus ihrer Zeit fällt. Und doch gelangte sie nicht mit einer fliegenden Untertasse aus dem Weltraum zu uns. Es stellt sich nun also die Frage, wer sie wo und wann erschaffen hatte.

Zunächst einmal kann der Mechanismus kein Einzelstück sein, erschaffen von einem Genie. Sein Räderwerk ist so komplex, es muss in jedem Falle aus einfacheren Vorläufern entstanden sein. Und die Zähne und Inschriften sind so winzig, dass sie kaum zu erkennen sind. Es muss zuvor also größere Versionen gegeben haben, die einfacher zu erbauen waren, und die dann sukzessive verkleinert wurden – genau wie eine Taschenuhr heute die Miniaturversion einer alten Standuhr darstellt.

Nun ist es nicht sehr verwunderlich, dass wir diese Vorläufer des Mechanismus bislang nicht gefunden haben. Die Griechen waren Weltmeister im Recyceln, vor allem, wenn es um so wertvolle Metalle wie Bronze ging. Sie schmolzen ihre alten Besitztümer fortwährend ein, um neue daraus zu machen. Man kann sich gut vorstellen, wie ein griechischer Schmied astronomische Geräte, die ausgedient hatten, stapelweise in den Schmelzofen warf und aus dem flüssigen Metall eine Statue schuf, zum Beispiel den aktuellen Sieger der Olympischen Spiele. Der bislang einzige gefundene Mechanismus ist diesem Schicksal vielleicht nur deswegen entgangen, weil er sicher auf dem Grunde des Meeres lag.

Und tatsächlich gibt es seit Langem Hinweise auf antike astronomische Maschinen – sie wurden jedoch ignoriert, weil die Forscher sich nicht vorstellen konnten, dass die Griechen so großes technisches Geschick besaßen. »Archimedes installierte auf einer Kugel die Bewegungen des Mondes, der Sonne und fünf wandelnder Sterne, sodass eine Umdrehung der Sphäre mehrere andere Bewegungen verursachte, alle gänzlich unterschiedlich in Langsamkeit und Schnelligkeit«, schrieb der römische Autor Cicero im 1. Jh. v. Chr. Klingt das, wenn man die Kugel als kreisförmige Scheibe versteht, nicht stark nach dem Mechanismus von Antikythera?

Archimedes lebte in der griechischen Stadt Syrakus auf Sizilien um 250 v. Chr. Heute erinnern wir uns an ihn zumeist eher als verwirrten Philosophen wegen dieser Episode in der Badewanne: Nachdem Archimedes herausgefunden hatte, warum etwas auf dem Wasser schwimmt, war er mit dem Ruf »Heureka!« (»Ich hab es gefunden!«) die Straße heruntergerannt – allerdings hatte er vergessen, sich vorher etwas anzuziehen.

Doch er war auch ein brillanter Ingenieur. Er entwickelte die Hebelgesetze, mit denen er nachwies, wie man mit wenig Kraft große Gewichte heben konnte – »Gebt mir einen festen Punkt, und ich hebe die Welt aus den Angeln!«, soll er gerufen haben. Er entwickelte Maschinen, um seine Stadt vor den Angriffen der Römer zu schützen, und erfand eine Schraube, mit der man per Rotation Wasser aus einem Brunnen nach oben bewegen konnte. Für uns am interessantesten: Er benutzte Zahnräder, etwa in Seilwinden, bei denen ein Seil über ein Fass lief, um schwere Lasten heben zu können. Daher erkennt Tony Freeth auch im Mechanismus von Antikythera die Handschrift des großen Gelehrten: »Ich vermute, die ursprünglichen Versionen dieser Art von Gerät wurden wahrscheinlich von Archimedes entwickelt. Der Mechanismus von Antikythera wurde kurz nach Archimedes' Tod gebaut, also kann er es nicht selbst gewesen sein, doch basiert vieles daran auf seinen Geräten.«

Ein entscheidender Hinweis auf Archimedes findet sich auch in den Bezeichnungen der Monate auf dem Mechanismus, denn diese wurden nur in bestimmten Regionen Griechenlands benutzt, vor allem auf Sizilien. Freeth hat auch nachgewiesen, dass die Datumssequenz der beiden Kalenderspiralen auf der Rückseite sehr wahrscheinlich im Jahre 205 v. Chr. begann, was einige Jahrzehnte früher als bisher angenommen ist – und gerade mal sieben Jahre zuvor war Archimedes von einem römischen Soldaten getötet worden.

Als Archimedes zur Welt kam, waren Aristoteles' kreisende Sphären der letzte Schrei. Doch der geniale Erfinder musste seine Probleme mit diesem Konzept gehabt haben. Denn nicht nur, dass sie – wie die damals gerade entdeckten babylonischen Beobachtungen zeigten – die Bewegungen der Planeten nicht akkurat abbildeten, Archimedes konnte diese hypothetischen Schalen außerdem auch nicht als funktionierendes mechanisches Gerät in die Praxis umsetzen. Sein wacher Geist kam also vielleicht stattdessen auf ein Gerät aus kreisenden Zahnrädern, das eben auch eine Rückwärtsbewegung der Planeten erlaubt, quasi eine frühe Version des Mechanismus von Antikythera.

Und genau hier muss die Geschichte vielleicht neu geschrieben werden. Als Hipparchos die revolutionäre Idee hatte, dass die Planeten sich auf Epizykeln um die Erde bewegen, war das vielleicht gar nicht so ein genialer Aha-Moment, wie die Historiker bisher annahmen. Vielleicht hatte er einfach nur das verschachtelte Zahnradsystem von Maschinen wie dem Mechanismus von Antikythera studiert, welche – glaubt man Freeth – schon etwa fünfzig Jahre zuvor gebaut worden waren.

»Ich finde diesen Gedanken großartig«, sagt Jo Marchant, »obwohl er sich natürlich schwer beweisen lässt. Ich glaube nicht, dass Geräte wie der Mechanismus astronomische Theorien einfach notwendigerweise und von selbst hervorbrachten, sondern dass es eher eine wechselseitige Inspiration war, in der sich physikalische Modelle und astronomische Theorien gegenseitig formten und weiterbrachten.«

Auch nach Jahren der Forschung steckt der Mechanismus noch voller ungelöster Fragen. Etwa die nach dem Auftraggeber dieses unglaublichen Geräts – es ist in jedem Falle zu kompliziert und teuer, als dass es nur ein Spielzeug gewesen sein kann. Nun, da gäbe es in der Tat eine Gruppe von Menschen, die die genauen Positionen der Planeten kennen wollen, um daraus ihre Voraussagen treffen zu können – auch heute noch: die Astrologen. Aber es wäre eine wahre Ironie des Schicksals, wenn der Vorläufer der heutigen Computer nicht aus wissenschaftlichen, sondern aus astrologischen Gründen gebaut worden wäre …

Tony Freeth glaubt nicht an diese Theorie. »Wir wissen heute von 3.000 bis 4.000 griechischen Zeichen auf dem Mechanismus. Kein Teil dieses Textes bezieht sich in irgendeiner Weise auf Astrologie – es ist alles rein wissenschaftlich.« Jo Marchant glaubt, der Mechanismus wurde zu religiösen oder philosophischen Zwecken gebaut. Und Cicero erzählt nicht nur von einem vergleichbaren Gerät, das Archimedes gebaut haben soll, er beschreibt auch eines, das er vermutlich sogar selbst benutzt hat. Er schreibt dazu: »Man stelle sich vor, jemand brächte dies nach Scythia oder Britannien. Mit Sicherheit würde niemand in diesen Gebieten der Barbaren daran zweifeln, dass dieses Modell des Sonnensystems von einem rationalen Geist gebaut worden sein muss.«

»Dieses Gerät könnte eine Bestandsaufnahme gewesen sein, von allem, was zu jener Zeit über den Kosmos bekannt war«, meint Marchant, »und vermutlich war es auch eine Art von Beweis: So wie die Maschine einen Schöpfer hatte, musste auch das Universum einen haben.«

Der beste Weg, mehr über diese unglaubliche Maschine zu erfahren, wäre es, weitere Teile vom Meeresgrund zu bergen oder gar einen zweiten, ähnlichen Mechanismus zu finden. Seit 2014 taucht nun ein neues Team zum Schiffswrack vor Antikythera. Jo Marchant hofft, dass sie ähnliche Geräte finden, oder vielleicht sogar ganz andere, bisher unvorstellbare. Tony Freeth ist allerdings skeptisch: »Meiner Ansicht nach sind die Chancen, die fehlenden Teile zu finden, gleich null. Es gibt höchstens eine kleine Wahrscheinlichkeit, dass sie vielleicht ein anderes Gerät finden, das auf dem gleichen Schiff war; zumindest wäre das der beste Ort, um danach zu suchen.«

Diesmal sind die Archäologen mit den modernsten Druckanzügen ausgerüstet. Sie sehen eigentlich eher wie Raumanzüge aus, und sind dazu gemacht, die Taucher vor dem immensen Druck zu schützen – das Wrack liegt etwa 55 Meter in der Tiefe. So ein Anzug, mit seinem futuristischen Äußeren und seinen neuen Möglichkeiten, hätte auch Arthur C. Clarke begeistert, der die Geschichte des Mechanismus von Antikythera sein ganzes Leben lang verfolgt hat. In seinem letzten Gespräch mit uns fand er die passenden Worte dazu: »Wenn die Erkenntnisse der Griechen nicht vergessen worden wären, hätte die industrielle Revolution auch ein Jahrtausend vor Kolumbus beginnen können. Heute würden wir dann nicht gerade so um den Mond herumschippern – wir hätten schon längst die nächsten Sterne erreicht.«

KAPITEL 3

DIE ERFINDUNG DES KALENDERS

Thirty days has September,
April, June, and November.
All the rest have thirty-one
Except February alone.
That has twenty-eight days clear,
And twenty-nine each leap year. [1]

Selbst nach vielen Jahrhunderten kann man Kleopatra ja noch für so einiges verantwortlich machen. Allerdings meinen wir jetzt nicht die billigen Nachtclubs und Produkte, die nach ihr benannt sind – wir denken hier vielmehr an die seltsam unregelmäßigen Monate, die das Sprichwort oben zusammenfasst. Natürlich stammt es nicht von ihr, aber die ägyptische Königin war an unserem manchmal verwirrenden Kalender zumindest nicht ganz unbeteiligt. Außerdem steht sie in enger Verbindung zu den beiden Monaten, die nach echten Personen benannt wurden: Der Juli hat seinen Namen natürlich von Julius Cäsar, ihrem Geliebten, der den neuen Kalender einführte. Der August dagegen ist benannt nach seinem Erzfeind, dem römischen Kaiser Augustus.

Unser Alltag orientiert sich an dem Kalender, den Cäsar und Kleopatra uns vermacht haben. Dabei gäbe es doch andere, viel

---

1 Traditioneller englischer Merkspruch für die Länge der Monate.

einfachere Arten, die Tage zu zählen. Wir hätten ein viel feineres System aus dem frühen Ägypten oder das der Französischen Revolution übernehmen können, oder auch den offiziellen iranischen Kalender.

Doch wir unterliegen dem Willen der Geschichte – und der Astronomie. Die Gestirne machen es uns aber auch nicht einfach. Unser Leben ist bestimmt von Sonne und Mond, also von Helligkeit und Dunkelheit, von Wärme und Kälte. Die Sonne geht zwar täglich auf und unter, doch steigt sie an jedem Tag des Jahres zu unterschiedlicher Höhe empor, was uns die sengende Hitze des Sommers und die klirrende Kälte des Winters beschert. Und natürlich wäre es schön, wenn jedes Jahr eine fixe Anzahl von Tagen hätte, dann würde sich unser Kalender einfach jährlich wiederholen. Doch in der Natur ist es leider etwas komplizierter: Um die Sonne einmal zu umrunden und ein neues Jahr zu beginnen, benötigt die Erde 365 Tage, 5 Stunden und 49 Minuten.

Früher verließen sich die Menschen nachts auf den Mond, bis dann irgendwann das künstliche Licht erfunden wurde, und selbst heute noch ist es beeindruckend, welchen Unterschied das Mondlicht abseits der beleuchteten Gegenden ausmacht. Bei Vollmond kann man auch ohne Fackel oder Lampe bequem einen Feldweg entlangspazieren. Und wie wir wissen, verändert sich das Licht des Mondes bei dessen Bewegung um die Erde, weshalb die Menschen diesen Zeitraum einen *Mond* nannten (englisch: *moonth*), woraus unser heutiger *Monat* wurde.

Aber auch der Mond macht es uns nicht ganz so einfach. Wir stellen uns einen Mond-Monat oft als vierwöchigen Zeitraum vor, also 28 Tage. Doch tatsächlich dauert ein voller Mondumlauf 29 Tage, 12 Stunden und 44 Minuten. Es gibt also weder pro Monat noch pro Jahr eine genaue Anzahl an vollen Tagen. Entsprechend passt auch keine genaue Anzahl voller Monate in ein Jahr. Wie in aller Welt soll man nun Tage, Monate und Jahre so ordnen, dass daraus ein sinnvoller Kalender wird?

Der Erste, der das in der westlichen Welt ernsthaft versucht hat, war nun wie gesagt der große Julius Cäsar. Als er 46 v. Chr. von seinen Feldzügen in Ägypten nach Rom zurückkehrte, fand er das römische Reich in desolatem Zustand vor. Doch er packte alle Probleme mit der ihm eigenen Energie an, von der Reform des Sozialwesens bis hin zur Trockenlegung der malariaverseuchten Sümpfe vor der Stadt. Einer der hoffnungslosesten Fälle war der bestehende Kalender.

Nach einer Legende soll Romulus – der vorgebliche Gründer Roms – das Jahr zum ersten Mal in Zeiträume eingeteilt haben. Er hatte verfügt, dass jedes neue Jahr in dem Monat der Tagundnachtgleiche beginnen sollte: Diesen nannte er *März* (lat. *Martius*), nach seinem Vater, dem Kriegsgott Mars. Es gab damals zehn Monate, in den letzten davon fiel der Mittwintertag. Daher ist der Dezember, der ja für uns der zwölfte Monat ist, nach dem lateinischen Wort für *Zehn* benannt: *Decem*. Dieser antike Kalender ließ dann allerdings eine Lücke von etwa 60 Tagen zwischen Dezember und März, die nicht in Monate eingeteilt wurde. Doch würde ein fleißiger Städtebauer wie Romulus einfach die Wintermonate auslassen? In Wahrheit wurde der Kalender wohl eher von den ersten Bauern Italiens entwickelt. Nachdem die Ernte, die Weinlese und die Getreidesaat fürs Folgejahr abgeschlossen waren, war ihnen das aktuelle Datum für einige Wochen nicht so wichtig, bis die Sonne wieder stark genug schien, um das Frühjahrskorn sprießen zu lassen.

In der Stadt dagegen musste man das ganze Jahr hindurch über die Menschen herrschen. Um 700 v. Chr. herum füllte Numa Pompilius, der zweite König von Rom (auch er eine sehr mystische Gestalt), die Lücke im Kalender mit zwei neuen Monaten. Dabei benannte er den Januar nach *Janus*, dem Gott, der in zwei Richtungen schaut, da in diesen Monat der Wiederaufstieg der Sonne aus ihrem Wintertief fiel. Der Februar wurde als Letztes hinzugefügt – benannt nach *Februa*, dem Fest der Reinigung, das in diesem Monat zu Vollmond gefeiert wurde. Da er noch dazwischenpassen musste, bekam der Februar weniger Tage ab als die anderen Monate – ein trauriges Los, das ihn bis heute begleitet.

Numa war nicht nur König, sondern auch Priester, und er nannte sich selbst *Pontifex maximus*; wörtlich bedeutet das *Größter Brückenbauer*, gemeint ist aber natürlich Höchster Priester. Er festigte seine Machtposition, indem er den Kalender geheim hielt, nur seine Hohepriester kannten ihn. Heute, wo wir mit einem einfachen Klick auf unseren Smartphones und Tablets schnell Termine und Feiertage im Kalender nachschauen können, scheint uns das unglaublich. In späterer römischer Zeit schrieb der große Philosoph und Anwalt Cicero: »... nur wenige Menschen wussten, ob etwas bei einem Gerichtstag verhandelt werden konnte oder nicht, da der Kalender der normalen Bevölkerung nicht zugänglich war. Die, die ihn kannten (die Hohepriester), besaßen große Macht.«

304 v. Chr. durchbrach ein Whistleblower namens Gnaeus Flavius diese Geheimniskrämerei. Er veröffentlichte den geheimen Kalender auf einer Steintafel, die er auf dem Forum aufhängte, wo jeder sie sehen konnte.

Dennoch hatte der Pontifex maximus weiterhin großen Einfluss auf den Kalender. Die zwölf Monate des römischen Jahres ergaben zusammen nur 355 Tage, nicht 365. Etwa alle drei Jahre musste dieser Vorsprung ausgeglichen werden, indem Ende Februar ein Extramonat eingefügt wurde, der *Mensis intercalaris*. Und genau dafür war der Pontifex zuständig. Streng genommen hätte er die Bewegungen der Gestirne beobachten und den Kalender anpassen sollen, wenn dieser mit den astronomischen Gegebenheiten nicht mehr übereinstimmte. Doch wie viele Politiker im Lauf der Geschichte nutzte er seine Position zu seinem eigenen Vorteil aus. Waren seine Freunde an der Macht, konnte er leicht einen Extramonat einfügen – doch genauso leicht konnte er dies auch verweigern, wenn es darum ging, die Amtszeiten seiner Gegner kurz zu halten. Praktische Fragen, wie etwa der Ackerbau, kamen in der Liste seiner Prioritäten erst sehr weit unten.

Schon lange vor seiner Reise nach Ägypten war Julius Cäsar zum Pontifex geworden, doch war er mit der Kriegsführung zu beschäftigt, um sich der Anpassung des Kalenders an die Gestirne zu widmen. Nach seiner Rückkehr im Jahre 46 v. Chr. hatte sich der Kalender im Vergleich zu den natürlichen Jahreszeiten um etwa acht Tage verschoben. Das Frühjahrsfest im März sollte gefeiert werden, obwohl der Winter das Land noch fest in seinem eisigen Griff hatte. Cäsars erste Amtshandlung nach dem Krieg war es, den Kalender mit der Sonne und den Jahreszeiten wieder in Einklang zu bringen, und die Auswirkungen im Jahre 46 v. Chr. waren erheblich. Der Pontifex fügte Ende Februar den geplanten zusätzlichen Monat ein, erschuf im Herbst des gleichen Jahres allerdings noch zwei weitere Schaltmonate, sodass das Jahr die Rekordlänge von 445 Tagen hatte. Am neu festgelegten 1. Januar 45 v. Chr. (inzwischen begann die neue Jahreszählung mit dem Januar) hatte Cäsar den Kalender dann wieder in Einklang mit dem Himmel gebracht.

Doch er suchte nach einer dauerhafteren Lösung, nach einer Zeitmessung, die nicht ständiger Ergänzungen bedurfte. Denn es sollte nie mehr vorkommen, dass – wie es der spätere römische Geschichtsschreiber Suetonius festhielt – »das Erntefest nicht im Sommer und das Fest der Weinlese nicht im Herbst stattfand«.

An dieser Stelle kommt nun Kleopatra ins Spiel. Die kluge Königin der Ägypter stammte von den Griechen ab, die mit Alexander dem Großen Ägypten erobert hatten. Erstaunlicherweise interessierte sie sich lebhaft für das Land, das sie regierte – zum Beispiel sprach sie Ägyptisch genau wie Griechisch. Und sie lebte in Alexandria, der prächtigen Stadt am Mittelmeer, in der die griechische Wissenschaft florierte.

Betört vom Charme der jungen Frau war Julius Cäsar viel länger in Ägypten geblieben, als er vorgehabt hatte – unter anderem auch wegen ihrer *Flitterwochen*, die sie mit einer Fahrt auf dem Nil verbrachten –, und er hatte viel über den dortigen Kalender gelernt. Er wandte sich nun an Sosigenes, einen Astronomen aus Alexandria, der ihm dabei helfen sollte, einen neuen Kalender zu entwickeln – und dieser sollte die Welt erobern.

Die Geschichtsbücher erzählen uns wenig über Sosigenes, obwohl die Legende besagt, er sei der persönliche Astronom von Kleopatra gewesen. Mindestens drei Schriften zur Astronomie hat er verfasst. Von ihm inspiriert schrieb sogar Cäsar ein Buch über die Sternenkunde namens *De Astris*. Der Dichter Ovid, der sah, dass Cäsar anfing, sich mehr und mehr als Gott zu sehen, merkte dazu zynisch an: »Cäsar will den Himmel, der ihm versprochen wurde, schon vorher kennenlernen.«

Der ägyptische Kalender drehte sich um den Nil; der große Fluss war nicht nur die Lebensader des ausgetrockneten Landes, er hatte zudem einen langsamen, gleichmäßigen Puls. Der griechische Geograph und Historiker Herodot schrieb im 5. Jh. v. Chr: »Wenn der Nil über die Ufer tritt, überflutet er nicht nur das Delta, sondern auch die Landesteile links und rechts seines Laufs, an manchen Stellen bis zu zwei Tagesreisen weit ins Landesinnere hinein.« Die Flut machte den Boden im ganzen Niltal fruchtbar und zog sich dann zurück, sodass die Bauern ihren Anbau beginnen konnten. Für die Ägypter fing das Jahr also in dem Moment an, in dem die Nilflut begann und neues Leben brachte; und dieser Jahresbeginn hatte sein eigenes Zeichen am Himmel: Das erste Aufgehen des hellen Sterns Sirius am Himmel kurz vor Sonnenaufgang.

Verglichen mit anderen Kalendern war der ägyptische äußerst elegant. Man zählte einfach die Tage von einem Siriusaufgang bis zum nächsten und unterteilte sie bequem in zwölf Monate mit je dreißig Tagen. Der einzige Haken daran war, dass dies ja nur 360 Tage ergab, es fehlten also fünf Tage für ein volles Jahr. Dies, so mutmaßten die Ägypter, könne nur aus einem Streit zwischen den Göttern resultieren: Ra, der Sonnengott, war erzürnt über die Himmelsgöttin Nut, und verfluchte sie, sodass sie an keinem der

360 Tage Kinder bekommen könne – das war allerdings ein Problem, da sie bereits hochschwanger war. Toth, der Gott der Weisheit, kam ihr zu Hilfe; bei einem Brettspiel gegen die anderen Götter gewann er fünf zusätzliche Tage, die er Nut schenkte. An jedem dieser fünf Tage bekam sie eines ihrer Kinder und gebar so die neue Generation der Götter. Die Ägypter hängten diese fünf Tage an das Jahresende an, sodass, wie es Herodot formulierte, »der Kreis ihrer Jahreszeiten vollendet und am selben Punkt angelangt war, von dem er ausgegangen war«.

Die fünf Extratage waren ein besonderer Zeitraum und galten als Unglückstage. Viele Menschen schützten sich während dieser Zeit durch Amulette und blieben der Arbeit fern. Das Leben ging erst danach wieder so richtig los, mit dem Beginn des neuen Jahres; etwa so wie bei uns in der Zeit zwischen Weihnachten und Neujahr.

Zwölf gleich lange Monate, danach fünf Feiertage – welcher Kalender könnte einfacher sein? Und in der Tat wurde das Modell nach der Französischen Revolution wieder aufgegriffen, als die neue Regierung versuchte, alle alten Maßstäbe und -einheiten zu rationalisieren. Zusammen mit der Einführung des Dezimalsystems für Münzen und dem metrischen System für Längeneinheiten und Gewichte verwarfen die Franzosen 1793 auch den bisherigen Kalender und ersetzten ihn gegen das ägyptische Modell. Sie nannten die fünf zusätzlichen Tage am Jahresende *Sans-culottides* (oder auch *Hosentage*), zu Ehren der normalen Bevölkerung, die Hosen trug im Gegensatz zum gestürzten Adel mit seinen *Culotten* (Kniebundhosen). Doch der neue Kalender war äußerst unpopulär und wurde zwölf Jahre später von Napoleon wieder abgeschafft.

Zurück zu den Römern. Julius Cäsar folgte dem ägyptischen Kalender mit seinen gleich langen Monaten nicht, sondern behielt die traditionellen Monate bei. Sie bedurften jedoch dringend einer Überarbeitung. Der Mond ist unser Leitbild für die Monate. Ein voller Mondzyklus dauert etwa 29 Tage, allerdings nicht genau. Diese Länge ist etwas unpraktisch, doch wenn man abwechselnd einen Monat mit 29 Tagen und einen mit 30 Tagen einführt, wiederholen sich die Mondphasen zu regelmäßigen Daten. Leider waren die alten Römer sehr abergläubisch, gerade Zahlen galten bei ihnen als Unglückszahlen. Also wechselten sie die kurzen Monate ab mit solchen, die 31 Tage hatten. Mit der Zeit gerieten dadurch allerdings die Mondphasen aus dem Takt mit dem Kalender, sodass manche Kalendermonate sogar zwei Vollmonde hatten. Cäsar hatte mit dem Aberglauben aber nichts zu schaffen. Als ein Wahrsager, wie wir es von Shakespeare kennen, ihm seine bevorstehende Ermordung voraussagte (»Hüte dich vor den Iden des März«), wandte sich Cäsar herablassend mit den Worten ab: »Das ist ein Träumer. Lassen wir ihn.« Es war also klar, dass Cäsar bei der Planung eines sinnvollen Kalenders keinen Wert auf Hokuspokus legte. Der Pontifex maximus behielt die Monate mit 31 Tagen bei, fügte jedoch den anderen Monaten je einen Tag hinzu, sodass sie nun 30 Tage hatten (bis auf den unglücklichen Februar, der weiterhin seine 28 Tage behielt). Die 12 Monate ergaben nun insgesamt die magischen 365 Tage – also genau den Zeitraum, den die Sonne für ihre jährliche Reise über den Himmel brauchte.

Doch Cäsar hatte von den Astronomen in Alexandria auch gelernt, dass es da eine weitere Schwierigkeit gab. Sie wussten, dass das Jahr nicht *exakt* 365 Tage lang ist, sondern eher 365 ¼. Beobachtet man nämlich die jährliche Wiederkehr astronomischer Ereignisse (den Mittwintertag etwa, oder den morgendlichen Aufgang des Sirius), dann stellt man fest, dass sie sich alle vier Jahre um einen Tag nach vorne verschieben.

Zwei Jahrhunderte vor Kleopatra hatte eine Gruppe von Priestern den Pharao Ptolemaios III. Euergetes dazu angehalten, das Problem zu lösen und alle vier Jahre einen zusätzlichen Tag am Jahresende hinzuzufügen, sodass es sechs Feiertage wären. Und obwohl die Priester dem göttlichen Herrscher dafür großen zukünftigen Ruhm voraussagten – »jeder Mensch würde wissen, wie der Mangel in der Anordnung der Jahreszeiten vollends behoben wurde durch den Gott Euergetes« –, geschah im Wesentlichen nichts.

Bis eben Cäsar und Sosigenes das Thema wieder aufnahmen. Cäsar verordnete, dass jedes vierte Jahr einen zusätzlichen Tag bekommen solle, und zwar Ende Februar, sodass dessen Tage sich auf etwas ansehnlichere 29 belaufen würden. Dieses System der Schalttage ist im Grunde das gleiche, das wir bis heute haben, und es läuft durchgehend seit dem 1. Januar 45 v. Chr.

Leider erlebte Cäsar nicht mehr als 14 Monate seiner neuen Zeitrechnung, da er an den vorhergesagten unheilvollen Iden des März ermordet wurde, am 15. März 44 v. Chr. Cäsar war im fünften Monat des römischen Kalenders geboren worden, dem *Quintilis*; und der Senat benannte den Monat zu seinen Ehren in *Julius* um. Und noch in diesem allerersten Juli erschien am Himmel ein Komet, genau während der zum Gedenken an Cäsar abgehaltenen Spiele.

Ohne Cäsars Anleitung lief es zunächst noch nicht ganz glatt: Die Hohepriester fügten einen zusätzlichen Tag alle *drei* statt alle vier Jahre ein. Erst Cäsars Nachfolger Augustus bereinigte das Problem. Zugleich nutzte er die Gelegenheit und benannte den sechsten Monat, *Sextilis*, nach sich selbst: *Augustus*. Es war sein Lieblingsmonat, in dem er seine größten militärischen Triumphe gefeiert hatte – unter anderem auch gegen Marcus Antonius und Kleopatra, was zuletzt zu ihrem Selbstmord, vermutlich durch einen Schlangenbiss, geführt hatte.

Es gibt ein weitverbreitetes Gerücht, dass Augustus dem Februar einen Tag *gestohlen* haben soll, damit sein August genauso lang ist wie der Juli des Cäsar, und so die Länge der folgenden Monate durcheinanderbrachte. Doch diese Geschichte basiert auf einem Fehler des Mönchs Johannes de Sacrobosco im 13. Jahrhundert. Tatsächlich hatte der Februar schon immer 28 Tage, und auch die Länge der anderen Monate war schon von Cäsar so festgelegt worden, inklusive des 31 Tage langen Sextilis.

Womit der mittelalterliche Mönch allerdings recht hatte: Der julianische Kalender ist nicht perfekt, über die Jahrhunderte geriet er gehörig aus dem Takt. Wir wissen von Sacrobosco nicht viel, nur, dass er in Paris arbeitete. Auf Englisch lautet sein Name John of Holywood, was darauf schließen lässt, dass er von dem gleichnamigen Kloster in Nithsdale in Schottland stammen könnte. Im Jahre 1235 jedenfalls schlug er vor, dass man den Kalender noch genauer machen könnte, wenn man alle 288 Jahre einen Schalttag wegließe.

Über Hunderte von Jahren geschah jedoch nichts. Und auch später kam der Anstoß nicht von einem Astronomen, sondern von einigen Geistlichen, die sich Sorgen um den Termin des Osterfestes machten. Nach den christlichen Regeln findet Ostern am ersten Vollmond nach der Tagundnachtgleiche im Frühjahr statt, die auf den 21. März festgelegt war. Doch in der Mitte des 16. Jahrhunderts hatte sich dieser astronomisch bedeutsame Tag bereits auf den 11. März verschoben. Einer der päpstlichen Berater, Petrus Ciaconus, sagte: »Wie eine dunkle Schlange breitet sich dieses Übel von Tag zu Tag weiter aus, wenn nicht endlich die notwendige Abhilfe geschaffen wird.«

Seine Warnung spornte Papst Gregor XIII. zum Handeln an. Passenderweise wurden damals die Päpste *Pontifex maximus* genannt, also genau wie Cäsar, als er den Kalender reformierte. Christophorus Clavius, der führende Astronom des Vatikans, rief in ganz Europa zu Vorschlägen auf. Die beste Idee kam von dem obskuren italienischen Medizinprofessor Aloisius Lilius. Er stammte aus Kalabrien, der Stiefelspitze von Italien, und lebte später in Perugia. Er war aber nicht nur Professor für Medizin, sondern auch Astronom; er hatte zehn Jahre mit der Arbeit an einem akkuraten Kalender verbracht und kam auf eine elegante Lösung. Nach seinem Tod 1576 übergab sein Bruder Antonius seine Aufzeichnungen dem Vatikan. Jahrelang wurde darüber diskutiert, aber 1582 legte sich Papst Gregor schließlich auf das Modell von Lilius fest. Im julianischen Kalender war jedes volle

Jahrhundert ein Schaltjahr, da es immer durch vier teilbar ist. Lilius schlug vor, dass volle Jahrhunderte nur dann Schaltjahre sein sollten, wenn sie durch 400 teilbar sind – einfach zu merken. Das Jahr 1600 wäre demnach eines, die Jahre 1700, 1800 und 1900 dagegen nicht. Viele von uns hatten also das Glück, das einzige Jahrhundertschaltjahr (2000) zu erleben, das es im gesamten Zeitraum zwischen 1601 und 2399 überhaupt gibt.

Für seinen Einfall erhielt Lilius großes Lob. Heute nennen wir diesen neuen Kalender den *gregorianischen Kalender*, doch damals war er als *Kalender des Lilius* bekannt. Clavius sagte über ihn: »Einem Mann, der so eine ausgezeichnete Änderung vorgenommen hat, stünde mehr als jedem anderen das Privileg der Unsterblichkeit zu.« Der gregorianische Kalender ist pro Jahr nur 26 Sekunden länger als die tatsächliche Umlaufzeit der Erde um die Sonne; er bleibt also für mindestens 3.000 Jahre gültig.

Aber Papst Gregor hatte noch immer ein großes Problem. Er musste Ostern wieder zurück auf den richtigen Termin setzen, was bedeutete, zehn Tage aus dem Kalender zu streichen. Er wählte dafür den Oktober, in dem die wenigsten religiösen Feiertage stattfanden, und veranlasste, zehn Tage zu überspringen. Auf Donnerstag, den 4. Oktober 1582 folgte also Freitag, der 15. Oktober 1582.

Die katholischen Länder übernahmen den neuen Kalender schnell. Doch die protestantischen Nationen im Norden Europas zögerten, dem päpstlichen Erlass zu folgen – sie sahen ihn weniger als astronomische Errungenschaft und vielmehr als religiöse Einmischung. Über 100 Jahre lang mussten daher Reisende, die die Landesgrenzen überschritten, ihr Datum um jeweils zehn Tage anpassen.

Der Kalenderstreit flammte wieder auf, als man sich dem Jahr 1700 näherte. Folgte man dem ursprünglichen julianischen Kalender, musste Ende Februar ein Schalttag eingefügt werden; nach den neuen gregorianischen Regeln war das nicht mehr so. Die Lücke würde also auf elf Tage anwachsen.

Der führende Astronom Ole Rømer war – wie viele seiner Wissenschaftskollegen – ein glühender Verfechter des neuen Kalenders, auch wenn er im protestantischen Dänemark lebte. Er konnte die Regierungen der skandinavischen Länder überzeugen, auf das neue System zu wechseln – mit Ausnahme von Schweden, das gerade mitten im Krieg steckte. Erst 1712 synchronisierte Schweden sein Datum mit dem der anderen, indem es Ende Februar gleich zwei Schalttage einfügte – das einzige Mal in der Geschichte, dass es einen 30. Februar gab!

England lag ebenfalls weit zurück und versuchte, seinen eigenen Weg zu gehen. Schon zu Zeiten von Königin Elisabeth I. (1533–1603) hatte ihr wissenschaftlicher Berater und Hofastrologe John Dee ein seiner Meinung nach sehr akkurates Modell vorgeschlagen, wie man den Kalender erneuern könne. Doch dazu kam es nie, da die Kirche von England nicht zustimmte. Ein Jahrhundert später befasste sich Sir Isaac Newton höchstpersönlich mit dem Kalenderproblem. Der große Denker kam mit einem sehr präzisen Vorschlag: Wie im gregorianischen Kalender sind auch bei ihm die Jahrhundertjahre keine Schaltjahre – außer, sie sind durch 500 (statt durch 400) teilbar. Zudem muss man – blickt man sehr weit in die Zukunft – einen zweiten Schalttag hinzufügen, sobald ein Jahr durch 5.000 teilbar ist.

Aber auch dieser Vorschlag fand keinen Anklang. In der Mitte des 18. Jahrhunderts waren weniger wissenschaftliche Genauigkeit oder religiöse Bedenken ausschlaggebend als vielmehr der internationale Handel. Die Welt brauchte einen einheitlichen Kalender und 1752 fügte sich das Königreich Großbritannien dem Rest Europas und übersprang elf Tage im September.

Es gab später Gerüchte, die Engländer hätten protestiert mit den Worten: »Gebt uns unsere elf Tage zurück!« Dafür finden sich allerdings keine wirklichen Beweise; vielmehr scheint die Geschichte eher einer zeitgenössischen satirischen Abbildung von William Hogarth zu entstammen, der sie als politischen Slogan bei einer Wahlkundgebung wiedergab. In den britischen

Kolonien in Nordamerika zeigte sich Benjamin Franklin deutlich entspannter: »Es ist sehr angenehm für einen alten Mann, am 2. September ins Bett zu gehen und bis zum 14. September nicht aufstehen zu müssen.«

Die letzte Großmacht, die auf den neuen Kalender umstellte, war Russland – jedoch erst nach der bolschewistischen Revolution von 1917. So erklärt sich auch, warum die ruhmreiche Oktoberrevolution am 7. November gefeiert wird.

Aber die orthodoxen Kirchen Osteuropas hatte noch immer etwas gegen den Erlass eines katholischen Papstes, selbst wenn er aus dem 16. Jahrhundert stammte. 1923 kam der serbische Wissenschaftler Milutin Milankovic auf eine Lösung. Heute kennt man ihn vor allem für seine Theorie, nach der die Eiszeiten durch Schwankungen der Erdumlaufbahn sowie der Erdachse entstanden sind. Wir wissen heute, dass seine visionären Ideen weitgehend zutrafen, zumindest bis zu der Zeit, seit der Mensch aktiv zur Klimaerwärmung beiträgt.

Für seinen *überarbeiteten julianischen Kalender* jedenfalls dachte sich Milankovic folgende Regel aus: Teilt man die Jahreszahl eines Jahrhundertjahres durch 900 und es bleibt dann ein Rest von entweder 200 oder 600, dann hat dieses Jahr einen 29. Februar. Sind Sie jetzt verwirrt? Dann geht es Ihnen wie der orthodoxen Kirche. Über die Hälfte der Ostkirchen (inklusive Milankovics eigener Kirche von Serbien) konnte mit dem Vorschlag nichts anfangen und blieb beim julianischen Kalender. Bereist man heute also die verschiedenen christlichen Länder Osteuropas und des Mittleren Ostens, kann man feststellen, dass Weihnachten und Ostern dort zu allen möglichen verschiedenen Terminen gefeiert werden.

Und im Mittleren Osten wird man auch auf einen islamischen Kalender treffen, der deutlich genauer ist als alle christlichen. Erstaunlicherweise ist er schon fast 1.000 Jahre alt. Sein genialer Erfinder Omar Chayyam war ein schillernder Universalgelehrter mit einer Vorliebe für Wein, Weib und Gesang. Heute ist er uns vor allem als Dichter bekannt; seine im 19. Jahrhundert übersetzten Vierzeiler *Rubai'yat* sprudeln über vor orientalischen Verheißungen:

Here with a Loaf of Bread beneath the Bough,
A Flask of Wine, a Book of Verse – and Thou
Beside me singing in the Wilderness –
And Wilderness is Paradise enow.

Wir begannen unsere Reise durch die Geschichte des Kalenders also mit zwei Verliebten in Ägypten und gelangen zuletzt nun an einen unverbesserlichen persischen Romantiker. Chayyam, der aus dem Gebiet des heutigen nordöstlichen Iran stammte, genoss zu seiner Zeit hohes Ansehen als Mathematiker: Auf manche seiner geometrischen Thesen stützt sich selbst Einsteins Relativitätstheorie. Außerdem war er ein begabter Astronom, er vermaß die exakte Länge eines Jahres genauer als irgendjemand vor ihm. Die Perser waren stolz auf ihren Kalender – der viel älter ist als der julianische Kalender – und freuten sich über die Gelegenheit, ihn weiter zu verbessern. Chayyam schlug im Jahre 1079 Folgendes vor: Der beste Weg, die Tage und Monate genau in die Jahre einzupassen, läge nicht in einer regelmäßigen Folge von Schaltjahren alle vier Jahre, sondern in einer Sequenz von acht Schaltjahren innerhalb von 33 Jahren. Dieser Kalender existierte also bereits etwa 500 Jahre, als die westliche Welt auf den (weniger genauen) gregorianischen Kalender wechselte. Nur der Iran und Afghanistan folgen auch heute noch Chayyams System der Schaltjahre – und haben damit den präzisesten Kalender der Welt.

Mit diesen immer genaueren Kalendern haben wir die Zeitläufte der Erde und des Himmels in eine ordentliche und messbare Folge von Daten gebracht. Und doch wird es uns nie gelingen, den fortwährenden Strom der Zeit selbst einzufangen – wie es Chayyam so elegant in seinem bekanntesten Gedicht ausgedrückt hat:

The Moving Finger writes; and, having writ,
Moves on: nor all thy Piety nor Wit,
Shall lure it back to cancel half a Line,
Nor all thy Tears wash out a Word of it.

KAPITEL 4

DIE ERDE BEWEGT SICH

Er entfachte die größte Revolution in der Geschichte der Astronomie, doch sein Leben ist uns noch immer ein Rätsel.

»Er war für mich vorher nur ein Name in den Geschichtsbüchern«, sagt der Historiker Owen Gingerich aus Harvard über ihn, »bis ich an der Universität Uppsala war und seine Bibliothek sah. In seinen handschriftlichen Aufzeichnungen zu blättern machte ihn für mich plötzlich sehr real – es gab diesen Mann wirklich, hier war seine Bibliothek und hier waren seine Texte.« Und doch kann auch Gingerich nicht genau sagen, was für ein Mensch er war und wie er zu der außergewöhnlichen Figur wurde, die die Weltgeschichte neu schrieb.

Wir sprechen natürlich von Nikolaus Kopernikus.

Geboren wurde er 1473 in Torun an der Weichsel in Polen. Nikolaus war das jüngste von vier Kindern eines reichen Kaufmanns, der – wie der Nachname schon sagt – mit Kupfer handelte. Als Nikolaus zehn Jahre alt war, starb der Vater, doch glücklicherweise nahm sich ein unverheirateter Onkel der Familie an. Dieser Onkel, Lucas Watzenrode, hatte große berufliche Ambitionen, er verwaltete die Besitztümer und Ländereien der Kirche. Und er erkannte das Talent des jungen Kopernikus. Er schickte ihn zum Studium nach Krakau, eine der damals führenden Universitäten. Dort entdeckte Kopernikus sein Interesse an der Astronomie.

Europa war zu jener Zeit im Umbruch. Die Kreuzzüge hatten das umfangreiche Wissen der orientalischen Länder in den Westen gebracht, vor allem auch die Kenntnisse der alten Griechen, die die Perser übernommen hatten. Westliche Gelehrte übersetzten die griechischen Schriften ins verbreitetere Latein. Das bedeutete vor allem auch, dass der *Almagest*, Ptolemäus' Hauptwerk und damit *der* astronomische Kanon der letzten 1.400 Jahre, nun von allen gelesen werden konnte.

Auch Kopernikus las ihn. Doch er hatte Schwierigkeiten mit Ptolemäus' Interpretation der Planetenbewegungen – überhaupt mit dem ganzen Konzept, dass die Planeten sich angeblich auf ineinander geschachtelten Kreisen um die Erde drehen und sich dabei in ihren eigenen kleinen Epizyklen vorwärts und rückwärts drehen sollen. Kopernikus machte das unruhig. Er glaubte, dass der Kosmos simpel und perfekt sein müsse, und nicht voller Kompromisse.

»An der großen astronomischen Uhr in Straßburg«, sagt der Kopernikus-Biograph Gingerich, »gibt es ein Bild mit der Inschrift *Ein wahres Abbild von Nikolaus Copernicus, basierend auf seinem eigenen Selbstportrait*. Ich würde ihn gerne fragen, wie er zeichnen gelernt hat, aber das werden wir wohl nie erfahren. Doch wir wissen, dass er nicht nur künstlerisches Talent hatte, sondern auch den dazugehörigen Sinn für Ästhetik. Und ich glaube, dieser Sinn zur ästhetischen Vereinfachung hat ihn immer geleitet.«

Von Krakau ging Kopernikus an die Universität von Bologna, wo er Kirchenrecht studierte und bei einem Professor für Astronomie wohnte. Ihre Gespräche gingen vermutlich oft bis weit in die Nacht hinein und man versteht nur zu gut, warum der junge Mann wenig Lust hatte, sein aufregendes Studium in Italien zu beenden und ins ruhige Polen zurückzukehren.

Aber Onkel Lucas hatte dort eine Aufgabe für ihn vorgesehen. Er war inzwischen Fürstbischof des Ermlandes geworden, dazu gehörte auch die kleine Stadt Frombork, die eine beeindruckende Kathedrale vorzuweisen hatte. Diese Kirche brauchte einen

Administrator – und das wurde das Amt, das Kopernikus für den Rest seines Lebens innehaben sollte. Tagsüber regelte er die Geschäfte der Kirche, nachts stieg er auf einen Turm auf dem Kirchengelände und beobachtete die Bewegungen der Planeten. Es gab damals noch keine Teleskope und so musste Kopernikus auf Messinstrumente aus Holz zurückgreifen, um die Positionen der Himmelskörper festzuhalten.

Im Laufe der Zeit wurde sich Kopernikus immer sicherer, dass die Antwort auf die Frage nach dem wahren Modell des Sonnensystems in der Einfachheit liegen musste. Wenn man nun annähme, die Erde wäre auch ein Planet, der sich ebenfalls im All bewegt – dann könnte man die seltsamen Kreise der anderen Planetenbahnen leicht erklären; sie wären dann das Resultat der Bewegung der Erde: Wenn sie die anderen Planeten überholt, wirkt es so, als ob diese sich rückwärts bewegten. Kopernikus' Instinkt sagte ihm, dass die Planeten kreisförmige Umlaufbahnen hatten. Doch um was kreisten sie? »In der Mitte von allen aber hat die Sonne ihren Sitz. Denn wer möchte sie in diesem herrlichen Tempel als Leuchte an einen anderen oder gar besseren Ort stellen als dorthin, von wo aus sie das Ganze zugleich beleuchten kann?«, schrieb er.

Das war eine ganz unglaubliche Feststellung. Mit einem Schlag hatte Kopernikus die Erde aus dem Mittelpunkt des Universums entfernt und sie zu einem normalen Planeten degradiert, der mit anderen die Sonne umkreiste. Doch dem Visionär war die volle Tragweite seiner Arbeit noch nicht bewusst. Er veröffentlichte seine sensationellen Erkenntnisse lediglich als kleines Manuskript, das privat unter seinen Freunden kursierte. Zum Glück jedoch sprach es sich herum und erreichte die Aufmerksamkeit von Georg Joachim Rheticus, einem 25-jährigen Astronomen aus Österreich. Rheticus war, um es zurückhaltend zu formulieren, eine energische Persönlichkeit. Und er führte ein ausschweifendes Leben – Jahre später etwa sollte er zu 101 Jahren Exil verurteilt werden, weil er eine homosexuelle Beziehung mit einem seiner Studenten hatte.

Rheticus reiste nach Polen, um Kopernikus davon zu überzeugen, seine Entdeckung zu veröffentlichen. Der ältliche Kanonikus war vom Enthusiasmus des jungen Mannes geschmeichelt, dennoch benötigte er noch weitere zwei Jahre, um seine Erkenntnisse niederzuschreiben. Es entstand das sechsbändige Werk *De revolutionibus orbium coelestium* (*Über die Umschwünge der himmlischen Kreise*), und Rheticus sorgte dafür, dass es in Nürnberg gedruckt wurde.

Als das Buch dann endlich kurz vor der Veröffentlichung stand, lag Kopernikus schon im Sterben. Unglücklicherweise war Rheticus nicht dabei, als es gedruckt wurde, und Kopernikus war zu krank, um die Einleitung zu schreiben. Also übernahm dies ein Geistlicher namens Andreas Osiander – der offensichtlich die Hauptaussage von Kopernikus' folgenschwerer Einsicht überhaupt nicht verstanden hatte: Nämlich die Tatsache, dass die Erde nur ein einfacher Planet ist, der die Sonne umkreist. Osiander sah in dem Werk lediglich einen mathematischen Trick, mit dem eine Gleichmäßigkeit der Planetenbahnen erklärt werden konnte.

Kopernikus starb in Frieden, ohne zu ahnen, welche Auswirkungen sein Buch haben würde. Doch aufgrund der unklaren Einleitung von Osiander (die die Leser natürlich Kopernikus zuordneten) wussten die Astronomen zunächst nicht, was sie damit anfangen sollten. Und auch die kirchlichen Machthaber verstanden den Text augenscheinlich nicht, denn sonst wären sie von der Idee, dass ihre geliebte heilige Erde zu einem einfachen Planeten degradiert worden war, einer viel größeren Sonne untergeordnet, sicherlich entsetzt gewesen. Diese Erkenntnis dämmerte ihnen erst ein Jahrhundert später – und ihr unglückseliger Verkünder Galilei bekam dann den vollen Hass der Kirche ab.

Und doch sprachen sich Kopernikus' Ideen in Europa herum. Auch der legendäre dänische Adlige Tycho Brahe hörte schließlich davon. Geboren wurde er 1546, also nur drei Jahre nach

Kopernikus' Tod. Im Gegensatz zum eher zurückgezogen lebenden Kopernikus war Brahe ein Heißsporn. In seinen Studentenjahren debattierte er einmal hitzig mit einem seiner Kommilitonen, sie stritten darüber, wer von beiden der bessere Mathematiker sei. Es war bei einer Weihnachtsfeier, und vermutlich waren sie betrunken. Jedenfalls kam es vor der Tür zu einem Duell, das klar gegen Brahe entschieden war, als ihm sein Gegner einen Teil der Nase abhackte, eine vermutlich ziemlich blutige Angelegenheit. Brahe besorgte sich eine Prothese, von der er behauptete, sie sei – seiner noblen Abstammung angemessen – aus reinem Silber und Gold. Doch Owen Gingerich relativiert das heute: »Als die Tschechen ihn 1901 exhumierten, war auf seinem Schädel ein grüner Fleck zu erkennen – sie muss also auf jeden Fall Kupfer enthalten haben.«

Brahe war jedenfalls von den Erkenntnissen Kopernikus' überhaupt nicht überzeugt. Er war zu religiös und zu sehr Traditionalist, um die Lehren der Kirchen einfach so zu verwerfen. Die komplizierten Lösungen der alten Griechen hinsichtlich der Planetenrotationen gefielen ihm allerdings auch nicht, sie erschienen ihm viel zu unhandlich. Ein noch genaueres Vermessen der Himmelskörper schien ihm die einzige Lösung. Als er 1560 eine Finsternis beobachten konnte und sich drei Jahre später Jupiter und Saturn nah aufeinander zubewegten, besorgte sich der junge Tycho Brahe einige hölzerne Vermessungsgeräte, um seine eigenen Berechnungen anzustellen. Alle älteren Vorhersagen dieser Ereignisse waren falsch: Die der Griechen lag um etwa einen Monat daneben, die von Kopernikus immerhin noch um mehrere Tage.

»Was wir brauchen«, sagte Brahe, »ist eine Langzeitbeobachtung mit dem Ziel, den Himmel vollständig zu vermessen, ausgeführt von einem einzigen, festen Ort über mehrere Jahre hinweg.« Und er bekam seinen festen Ort: Die Insel Ven, die heute zu Schweden gehört, damals aber noch zu Dänemakr. Sie liegt im Öresund zwischen Dänemark und Schweden und ist noch heute so unberührt und landwirtschaftlich geprägt wie zu Brahes Zeiten. Er kam 1576 dort an, ernannte sich gleich zum Herrscher der Insel und baute die außergewöhnlichste Residenz, die man sich vorstellen kann: Einen mehrstöckigen Palast, in dem ein Observatorium sowie im Keller ein Chemielabor untergebracht waren, dazu Wohnräume für seine beträchtliche Anzahl an Bediensteten und Gästen. Brahe nannte sein wissenschaftliches Schloss *Uraniborg*, nach Urania, der Muse der Astronomie.

Sein ausschweifender Lebensstil dort war atemberaubend, Hollywood könnte sich hier noch einiges abschauen. Seine Angestellten tranken in der Regel täglich große Mengen Bier; die Abendessen bestanden aus zahlreichen Gängen, an einem einzigen Abend konnte es Suppe, Gänseleber, Reh, Lamm, Hühnerpastete und Kuchen geben. Und seine Mitarbeiter mussten für ihr Essen auch etwas tun: singen, auf der Laute spielen oder Gedichte rezitieren. Zur Unterhaltung der Gesellschaft gab es auch einen Zwerg namens Jeppe, und Brahe hielt sich sogar einen zahmen Elch – der leider eines Tages zu viel Met zu trinken bekommen hatte, die Treppe hinunterfiel und verendete.

In Bezug auf seine astronomische Mission jedoch war Brahe sehr fokussiert. Um acht Uhr abends gingen in Uraniborg die Lichter aus, und Brahe und sein Team arbeiteten die ganze Nacht. Sein Ziel war es, die Position der tausend hellsten Sterne und der Planeten aufzuzeichnen, und zwar mit einer Genauigkeit, die nie zuvor jemand erreicht hatte. Und er hatte Erfolg. Dabei half ihm auch Kopernikus: Brahes wertvollster Besitz war ein Satz hölzerner Messinstrumente, die zuvor dem großen Denker gehört hatten.

Doch Brahe lief die Zeit davon. Der neue König Christian IV. hatte gerade den dänischen Thron bestiegen. Er wollte seine Macht sichern und sich der widerspenstigen Adligen entledigen – den großtuerischen Tycho Brahe hatte er dabei besonders im Blick. Er kürzte ihm jegliche staatliche Unterstützung – die übrigens prozentual dem heutigen NASA-Budget im US-Haushalt entsprach – und Brahe musste Uraniborg verlassen.

Aber wo sollte er hin? Er wandte sich Richtung Prag. Rudolf II., Kaiser des Heiligen Römischen Reiches, suchte händeringend nach einem Mathematiker, der seinen Hofstaat voller Künstler, Alchemisten und Magier ergänzen sollte, und Tycho Brahe bekam den Job recht schnell. Ironischerweise wurden ihm dort vor allem astrologische Aufgaben zugewiesen und kaum astronomische; doch im späten 16. Jahrhundert gab es zwischen den beiden Bereichen auch noch viel mehr Überschneidungen als heute.

Am Hof in Prag sollte Brahe seinen wichtigsten Mitstreiter in Sachen Erforschung des Weltraums finden – und die beiden hätten verschiedener nicht sein können. Johannes Kepler, der 1571 im süddeutschen Weil der Stadt geboren wurde, kam aus einem wirklich furchtbaren Elternhaus. Sein Vater war, wie Kepler sagte, »böse, starr und zum Untergang verdammt«. Er verließ Frau und Kinder schließlich und wurde Söldner. Die Mutter war offenbar nicht viel besser. Sie sei »dürr, von beißendem Witz, streitsüchtig, von schlimmem Wesen«, sagte Kepler. Umso mehr muss man ihm zugutehalten, dass er sie erfolgreich verteidigte, als sie der Hexerei beschuldigt wurde, weil sie Kräutertränke braute.

Kepler war ein brillanter und gefragter Mathematiker. In Graz hatten die Protestanten als Gegenstück zur katholischen Universität eine Stiftsschule gegründet, und Kepler bekam dort einen Lehrauftrag. Er hatte dort kaum Freunde und also viel Zeit, sich mit der brennenden Frage nach der Bewegung der Planeten zu befassen. *De revolutionibus* war 15 Jahre zuvor erschienen, und Kepler war davon überzeugt, dass Kopernikus' Theorien nicht nur ein rechnerischer Trick waren: Dazu erschienen ihm die Berechnungen zu akkurat. Auch er glaubte an eine fix stehende Sonne im Mittelpunkt der Planetenkreise.

Bald jedoch flammte der Religionsstreit auf und auch Graz wurde wieder katholisch. Kepler wurde seines Lehrauftrags enthoben und hatte nun noch mehr Zeit für seine Studien. Ihn interessierte dabei vor allem das Zusammenspiel der Planeten. Er wollte herausfinden, wie und warum sie sich so bewegten, wie sie es taten, und dafür benötigte er unbedingt bessere Messdaten. Er ging also nach Prag, um den berühmten Dänen Tycho Brahe zu treffen. Die beiden ungleichen Wissenschaftler begegneten sich erstmals im Februar 1600 auf Brahes Schloss außerhalb Prags.

Und obwohl der laute Brahe und der zurückgezogene, nerdige Kepler wirklich komplett gegensätzlich waren, so waren sie doch wie füreinander geschaffen: Brahe glaubte nicht an das kopernikanische System, doch er benötigte Keplers mathematisches Genie, um seine präzisen Beobachtungen richtig interpretieren zu können; und Kepler brauchte Brahes Beobachtungen, um ein sinnvolles Konzept des Sonnensystems aufstellen zu können. Sie waren das perfekte Team.

Leider sollte die Zusammenarbeit nicht sehr lange dauern. Im Oktober 1601 nahm Brahe an einem Festbankett teil. Dort soll ihm die Blase geplatzt sein – er habe sich, der Etikette folgend, nicht vom Tisch erheben können, solange sein Gastgeber nicht ebenfalls aufgestanden war. Elf Tage später starb Brahe. Es scheint ein passender Tod für solch einen extravaganten Menschen zu sein – aber ist die Geschichte glaubwürdig? »Natürlich nicht«, sagt der Biograph Owen Gingerich. »Ein Blasenriss hätte ihn sofort getötet. In Wirklichkeit starb Brahe einen langsamen und schmerzhaften Tod, vermutlich durch eine Blaseninfektion.«

Zwei Tage später wurde Kepler zu Brahes Nachfolger als kaiserlicher Mathematiker ernannt. Mithilfe von Brahes einwandfreien Messdaten konnte er sich nun an die Arbeit an seinem Modell des Sonnensystems machen. Doch wie er es auch drehte und wendete, der Planet Mars passte nicht ins Konzept. Kepler hatte Brahe vor dessen Tod noch versprochen, dass er die Frage der exzentrischen Marsbahn innerhalb von einer Woche lösen würde. Schlussendlich brauchte er dafür noch mehrere Jahre. Er fasste seine Ergebnisse in einem gewaltigen Werk namens *Astronomia Nova* zusammen. Kepler bat darin seine geneigten Leser, denen jede Menge Berechnungen zugemutet wurden, zunächst um Nachsicht: »Wenn du, lieber Leser, gelangweilt bist von dieser mühsamen Art der Berechnung, dann habe Mitleid mit mir, der ich diese zumindest siebzig Mal wiederholen musste ...«

Dann kam Keplers großer Moment. Kopernikus hatte bereits herausgefunden, dass die Sonne nicht genau im Mittelpunkt der Umlaufbahn der Erde lag; unser Planet steht der Sonne im Januar etwas näher. Kepler begriff, dass die Geschwindigkeit der Erde auf ihrer Bahn variiert. Nach zwei Jahren weiterer Berechnungen der Marsbahn hatte Kepler dann seinen zweiten Durchbruch. Er erkannte, dass Brahes Beobachtungen des Roten Planeten viel besser zu seinen Berechnungen passen würden, wenn er dessen Umlaufbahn »wie eine Wurstscheibe« leicht zusammenstauchen würde, wie er es selbst formulierte. Doch da zerquetschte Wurstscheiben kein sehr anschauliches Beispiel sind, kam Kepler auf das Konzept der Ellipse, also der Form, die man sieht, wenn man einen Kreis von der Seite ansieht. Und die Rechnung ging auf. Mars, Erde und alle anderen Planeten kreisten in elliptischen Bahnen um die Sonne. Die perfekten Kreise der alten Griechen waren passé; an ihre Stelle waren nun eiförmige Pfade getreten, was bedeuten musste, dass ein Planet sich in Sonnennähe schneller und bei größerer Entfernung von der Sonne langsamer bewegte. Dies war Keplers Geniestreich. Er hatte den Schlüssel zum Verständnis der Planetenbahnen und zu allen anderen Körpern im Sonnensystem gefunden. Seine Erkenntnisse hielt er in den drei *Keplerschen Gesetzen* fest, einer Reihe von Formeln, mit denen sich die Umlaufbahnen aller Planeten erklären ließen.

Doch *warum* bewegten sich die Planeten überhaupt? Kepler hatte den Verdacht, es müsse mit der Sonne zu tun haben, er vermutete, die Geschwindigkeit, mit der sie sie umkreisten, müsse direkt von ihr abhängig sein. Der innerste Planet Merkur rast in 88 Tagen um die Sonne; und der zum damaligen Zeitpunkt vermeintlich äußerste Planet Saturn braucht dafür fast dreißig Jahre – für Kepler lag der Zusammenhang auf der Hand: Da Merkur am schnellsten ist, musste die treibende Kraft dazu aus dem Zentrum des Systems kommen, von der Sonne selbst.

Es war kein leichtes, diese physikalische Kraft, die Planeten bewegen konnte, zu finden und zu erklären. Aber Kepler hatte eine Vermutung. Er hatte von der Arbeit des englischen Gelehrten William Gilbert gehört, der später der Leibarzt von Königin Elisabeth I. werden sollte. Gilbert begeisterte sich für Magnetismus und führte seine Experimente auch der Königin vor. Er war überzeugt, dass die Erde ein gigantischer Magnet war, was auch ihren Einfluss auf die Kompassnadeln erklären würde. Und er teilte Keplers Ansicht, dass sich die Planeten um die Sonne bewegten. Kepler zählte eins und eins zusammen. Tycho Brahe hatte errechnet, dass die Sonne über 100 Erdmassen haben müsse (heute wissen wir, dass es etwa 1 Million Erdmassen sind), und wir können spüren und sehen, mit welcher Kraft sie Licht erzeugt. Es war offensichtlich, dass die Sonne ein noch viel größerer Magnet als die Erde war und so die Kraft erzeugen konnte, die die Planeten auf ihren Umlaufbahnen antrieb. Die Annahme Keplers war brillant – aber leider falsch. Die richtige Antwort fand sich erst ein halbes Jahrhundert später in England.

Versetzen wir uns nun in Gedanken in ein Gutshaus aus goldfarbenem Kalkstein in Woolsthorpe in der Grafschaft Lincolnshire. Am 25. Dezember 1642 (in England wurde damals noch der julianische Kalender genutzt) wurde dort ein Junge geboren. Sein Leben begann nicht sehr vielversprechend; sein Vater war noch vor seiner Geburt gestorben, und das Baby war so klein, es hätte, glaubt man einer Legende, in einem kleinen Topf Platz gefunden. Und doch sollte Isaac Newton einer der einflussreichsten Wissenschaftler aller Zeiten werden. Alexander Popes bereits eingangs zitiertes berühmtes Gedicht über ihn geht wie folgt:

Natur und der Natur Gesetze lagen in dunkler Nacht;
Gott sprach: Es werde Newton! Und sie strahlten voll Pracht.

Newtons Jugend war nicht sehr aufregend. Obwohl sein Vater gut für die Familie vorgesorgt hatte – sie hatten 234 Schafe, anstatt der sonst üblichen dreißig oder vierzig –, war Newton unglücklich. Seine Mutter hatte noch einmal geheiratet und ihn bei seinen Großeltern zurückgelassen, die er hasste. Soziale Kontakte fielen ihm allgemein schwer. In der Schule zog er die Gesellschaft von Mädchen vor – er baute ihnen Miniaturmöbel für ihre Puppenhäuser – und es gibt auch Gerüchte, er sei möglicherweise homosexuell gewesen, auch wenn er dies nie ausgelebt hat. Jedenfalls war Newton recht verschroben und lebte sehr zurückgezogen. Und dennoch war er unverkennbar brillant. Dies ermöglichte ihm ein Studium am Trinity College in Cambridge. Das Personal im Gutshaus in Woolsthorpe soll über seinen Auszug froh gewesen sein und ihm nachgesagt haben, er tauge »für nichts anderes als die Universität«.

Die Verhältnisse in Cambridge waren damals noch recht chaotisch. Die Dozenten hatten kein Interesse am Unterrichten und den Studenten passte das gut, bedeutete es doch, dass sie ihre Abschlüsse ohne großen Aufwand bekommen konnten. Newton nutzte diese Situation und studierte für sich allein. Er stellte sich einen eigenen Lehrplan zusammen und konzentrierte sich dabei vor allem auf Physik und Mathematik. Obwohl er erst im ersten Semester war, hatte er keine Schwierigkeiten, mit Keplers komplizierten Schriften zurechtzukommen; begierig verschlang er das Konzept der Planetenbewegung und der elliptischen Bahnen. Seine Neugier bezog sich aber auch auf viele andere Gebiete, sie reichte von den Gesetzen der Bewegung bis zu den Eigenschaften des Lichts. Und wenn ihn ein Problem erst einmal in den Bann gezogen hatte, gab er sich ihm vollständig hin. Er schlief dann kaum und vergaß zu essen. Regelmäßig ließ er seine Mahlzeiten stehen, mit dem Ergebnis, dass seine Katze ausgesprochen dick wurde.

Seine Faszination für Zahlen führte dazu, dass er einen komplett neuen Bereich der Mathematik entwickelte, die *Infinitesimalrechnung* – für viele Schulkinder ist sie heute ein Fluch, zugleich ist sie jedoch auch die Grundlage der modernen Wissenschaft und Technik. Typisch für Newton war allerdings, dass er seine Forschung nicht publizierte – Öffentlichkeit war einfach nicht sein Ding.

Doch 1665 geriet Newtons Leben in Umbruch. Die große Pest, die zuvor bereits in London gewütet hatte, erreichte nun auch Cambridge. Newton ergriff die Flucht und kehrte nach Woolsthorpe zurück.

Auch dort kam sein Geist nicht zur Ruhe. Er hatte lange über Keplers Frage nach der treibenden Kraft im Sonnensystem nachgedacht, als er im Garten seines Hauses den berühmten Apfel vom Baum fallen sah.

Viele Jahre später erinnerte sich sein Freund, der Universalgelehrte William Stukeley (den wir ja bereits aus Stonehenge in Kapitel 1 kennen): »Nach dem Abendessen war es draußen noch sehr warm und wir gingen in den Garten und tranken Tee im Schatten einiger Apfelbäume, nur er und ich. Dabei erwähnte er, dass die Situation genau die gleiche sei wie damals, als ihm der Gedanke an die Gravitation zum ersten Mal in den Sinn kam. Warum, so hatte er sich damals gedacht, fällt dieser Apfel immer senkrecht zu Boden? Die Antwort war: Weil die Erde ihn anzieht. Und das Zentrum dieser Anziehungskraft musste im Mittelpunkt der Erde liegen. Wenn Materie also andere Materie anzieht, so muss dies proportional zu ihrer Masse geschehen. Demnach zieht der Apfel auch die Erde an, so wie die Erde den Apfel anzieht.«

Und Stukeley weiter: »Es gebe da also diese Kraft, die wir Schwerkraft nennen, und die durchs ganze Universum reiche. Und so begann Newton nach und nach, diese Kraft auf die Bewegungen der Erde und der Himmelskörper anzuwenden, um ihre Entfernungen und ihre regelmäßigen Umlaufbahnen zu errechnen.«

Diese Schilderungen von William Stukeley sind schlichtweg erstaunlich. Denn es wäre ein Leichtes, die Geschichte von Newton und dem Apfel als Legende abzutun. Doch Stukeleys Aussage belegt, dass Newton wirklich durch den Fall ebenjenes Apfels auf seine Theorie der Schwerkraft gebracht wurde. Und ebenjener Apfelbaum steht heute noch immer im Garten des Gutshauses in Woolsthorpe. Zwar stürzte der ursprüngliche Stamm 1820 bei einem Sturm um. Doch wenn man genau hinsieht, erkennt man, dass der heute dort stehende Baum aus dem alten, am Boden liegenden Stamm hervorgewachsen ist. Und eine 1998 durchgeführte Radiokarbonuntersuchung bewies, dass der Baum über 200 Jahre alt ist – bemerkenswert!

Newton hatte im Alter von 25 Jahren die Grundlagen für eine weitreichende Revolution der Wissenschaft gelegt. War er sich dessen bewusst? Nein. Veröffentlichte er seine Erkenntnisse? Nein. Er kehrte in sein Studierzimmer in Cambridge zurück und forschte weiterhin im Verborgenen. Und doch sprach sich die Kunde herum. Die neu gegründete *Royal Society* in London hatte einige illustre Mitglieder, darunter auch Edmond Halley (den wir vom gleichnamigen Kometen kennen). Er war bekannt dafür, zu fluchen wie ein Schiffskapitän, aber er war auch ein fähiger Diplomat und ein ungestümer, liebenswerter Mensch. Da er zudem sehr überzeugend sein konnte, erhielt er den Auftrag, den zurückgezogenen Newton in Cambridge zu besuchen. Und man kann sagen: Halley war völlig fassungslos, als Newton ihm seine Berechnungen im Detail schilderte. Sie erklärten nicht nur die elliptischen Bahnen der Planeten, sondern lieferten die Antriebskraft für diese Bewegungen gleich mit. Newton hatte ein sogenanntes Abstandsgesetz gefunden – es besagte, dass die Kraft bei Entfernungsverdoppelung auf ein Viertel des Anfangswertes schrumpft. Befindet sich also ein Körper doppelt so weit von der Sonne entfernt wie ein anderer, so wirkt auf ihn nur ein Viertel der Schwerkraft ein. Und nach genau dieser Regel verhalten sich die Planeten auch in der Realität. Halley konnte Newton schließlich überzeugen, seine Erkenntnisse zu veröffentlichen. Das tat dieser dann auch, 1687 erschien die dreibändige *Philosophiae Naturalis Principia Mathematica*, heute zumeist als *Principia* bekannt.

Sie stellt eines der einflussreichsten Werke zur Astronomie dar, das je erschienen ist – neben Ptolemäus' *Almagest*, Kopernikus' *De revolutionibus* und Galileis *Sidereus Nuncius*. Doch beinahe wäre der Druck dieses Buches doch noch gescheitert, weil ein vorher durch die *Royal Society* veröffentlichtes Buch über die Geschichte der Fische finanziell ein großer Reinfall war. Doch Halley stand zu seinem Wort und bezahlte die Veröffentlichung der *Principia* kurzerhand selbst.

Dieses Buch stellt das Fundament zur Erklärung des Universums dar. Darin beschreibt er nicht nur die Gesetze der Kraft und der Bewegung, sondern nutzt auch sein Gesetz der Schwerkraft, um die Bewegungen der Himmelskörper zu berechnen – und all das ist bis heute gültig, außer vielleicht unter Extrembedingungen, an denen dann Einsteins Allgemeine Relativitätstheorie einsetzt. William Stukeley formulierte diese Errungenschaft so: Newton halte »die Planeten davon ab, miteinander zu kollidieren oder ins Zentrum des Sonnensystems zu stürzen, und entfaltete auf diese Weise das Universum vor unseren Augen. Und durch diese erstaunlichen Entdeckungen gab er, zur Verwunderung ganz Europas, der Philosophie eine stabile Grundlage.«

Die *Principia* war der Höhepunkt einer Revolution in der Astronomie, die zwei Jahrhunderte zuvor mit Kopernikus ihren Anfang genommen hatte – und jetzt erst so richtig ins Rollen gekommen war.

KAPITEL 5

VOM HOLLÄNDISCHEN FERNROHR ZUM HUBBLE-WELTRAUMTELESKOP

Galileo und das Teleskop – diese Worte passen so selbstverständlich zueinander wie *Henry Ford und das Automobil* oder *Bill Gates und der Computer*. Doch in Wahrheit hat Galilei das Teleskop gar nicht erfunden, er war noch nicht einmal der Erste, der damit die Sterne beobachtete – er war lediglich sehr gut darin, sich zu vermarkten.

Denn die ersten Teleskope wurden entwickelt, noch lange bevor der große italienische Denker überhaupt auf der Welt war. Während der Herrschaft von Maria I. (der ältesten Tochter von Heinrich dem VIII.) im 16. Jahrhundert entwickelte der englische Landvermesser Leonard Digges mithilfe von *gleichförmigen Gläsern* ein Gerät, mit dem »weit entfernte Gegenstände gesehen werden konnten, oder Briefe gelesen und einzelne Münzen gesehen inklusive ihrer Beschriftung, hochgehalten von seinen Freunden auf Hügeln auf dem offenen Felde«.

Könnte es eine treffendere Beschreibung eines Teleskops geben? Und doch findet sich kein Hinweis darauf, dass Digges' Sohn Thomas – von dem die oben stehende Schilderung stammt und der selbst Astronom war – die großartige Erfindung seines

Vaters auf den Himmel und die Sterne richtete. Tatsächlich waren die Linsen der Tudorzeit auch so grob und lichtschwach, dass sie nur ein sehr unscharfes Abbild gezeigt hätten. Bevor also nicht bessere Instrumente entwickelt wurden, lagen die Geheimnisse des Universums zunächst weiter im Dunkeln. Der entscheidende Durchbruch kam jedoch nicht aus der Wissenschaft, sondern gelang einem geheimen Verbund von Handwerkern auf einer kleinen Insel vor Venedig.

Wie jeder Tourist weiß, ist Venedig für seine exklusive Glaskunst weltbekannt. In der Handelsstadt, die eine Schnittstelle zwischen dem Römischen Reich und den exotischen Kulturen des Orients darstellte, vereinte sich das gesamte Wissen dieser beiden Kulturkreise in Sachen Glasherstellung. Im Jahre 1291 wurde ein Gesetz erlassen, wonach alle Glasbläser auf die vorgelagerte Insel Murano übersiedeln mussten – vorgeblich aus Brandschutzgründen, doch in Wahrheit diente diese Maßnahme dazu, die Herstellungsweise des besten Glases Europas geheim zu halten.

Aber Industriegeheimnisse haben es an sich, irgendwann doch öffentlich zu werden. Und so wurde nach und nach auch an anderen Orten *venezianisches Glas* hergestellt, so etwa in der bedeutenden Hafenstadt Middelburg in den Niederlanden. Der Optiker Hans Lipperhey konnte so mit diesem hochwertigen Glas die Kunst des Brillenmachens perfektionieren. Eines Tages schaute er durch zwei Linsen, die er hintereinander hielt, und stellte fest, dass damit Objekte in der Ferne vergrößert wurden. 1608 beantragte er ein Patent mit folgendem Wortlaut: »Der Eigentümer dieses Schreibens erklärt, eine bestimmte Technik entwickelt zu haben, mithilfe derer man alle entfernten Dinge sehen kann, als seien sie nah, und zwar durch den Blick durch Gläser.« Das Teleskop war erfunden.

Schnell machten Gerüchte die Runde, dass die Entdeckung eigentlich von Lipperheys Lehrling gemacht worden sei oder gar von spielenden Kindern auf der Straße. Außerdem behaupteten zwei Niederländer, sie besäßen bereits ein funktionierendes Teleskop. Lipperheys Patentanmeldung wurde daraufhin abgelehnt; das stellte für ihn jedoch keinen großen finanziellen Nachteil dar. Er erhielt den Auftrag, mehrere dieser Geräte herzustellen, die der Beobachtung feindlicher spanischer Truppen dienen sollten. In einem zeitgenössischen Flugblatt heißt es: »Die besagten Gläser sind bei Belagerungen und ähnlichen Gelegenheiten sehr nützlich, da man aus einer Meile Entfernung oder mehr alle Dinge genauso erkennen kann, als ob sie uns sehr nahe wären.«

Es muss auch ein neugieriger Niederländer gewesen sein, der die neue Erfindung erstmals auf die Sterne richtete, denn auf dem Flugblatt steht weiter: »Auch die Sterne, die normalerweise unserem Blick und unseren Augen verborgen sind wegen ihrer geringen Größe und der Schwäche unserer Sicht, können mithilfe dieses Gerätes beobachtet werden.«

Die Erfindung des Teleskops war nun endgültig allgemein bekannt. Sobald klar war, wie das neue Gerät grundsätzlich funktionierte, konnten andere Optiker damit herumexperimentieren und neue Teleskope entwickeln. Innerhalb eines Jahres verbreiteten sich die neuen Instrumente in ganz Europa.

In England gelangten sie in die Hände des Mathematikers Thomas Harriot. Er hatte im Auftrag von Sir Walter Raleigh in den 1580er-Jahren an einer Expedition in die amerikanischen Kolonien teilgenommen (und vermutlich war eher er es und nicht wie allgemein angenommen Raleigh, der Tabak und Kartoffeln auf den Britischen Inseln einführte). Harriot richtete sein Teleskop in Richtung des Nachthimmels – und fertigte am 26. Juli 1609 die allererste Zeichnung des Mondes durch ein Teleskop an. Einer seiner adligen Förderer, Sir William Lower, hielt fest, dass der Mond »wie eine Torte aussieht, wie sie mir mein Koch vorige Woche gemacht hat; hier ein Stück aus hellem Material, dort eines aus dunklem und auf diese Weise ganz durcheinander«.

Einige Monate später richtete auch in Italien ein Unternehmer sein Teleskop auf den Mond: Galileo Galilei. Er hatte vor, mithilfe des neuartigen Instruments reich und berühmt zu werden. Denn er war nicht nur Professor für Mathematik an der Universität von Padua, sondern auch ein begnadeter Handwerker. Dementsprechend weigerte er sich, als er zum ersten Mal vom Teleskop hörte, eines zu kaufen; da die ausgezeichneten Glasbläserwerkstätten von Murano quasi vor seiner Haustür lagen, baute er sich lieber selbst eines, und zwar so ziemlich das beste seiner Zeit.

Doch zunächst dachte er dabei nicht an die Wissenschaft. Stattdessen lud Galilei die Stadtoberen auf die Spitze des Kirchturms ein, wo er ihnen vorführte, dass man feindliche Schiffe mit dem neuen Gerät zwei Stunden früher sehen konnte als mit dem bloßen Auge. Der Doge von Venedig verdoppelte daraufhin Galileis Gehalt.

Nachdem er nun also *reich* war, war es an der Zeit, auch *berühmt* zu werden. Galilei war davon überzeugt, dass er durch die teleskopische Betrachtung des Himmels zu einer Berühmtheit werden würde. Seine Instrumente waren um einiges besser als die billigen Teleskope, die damals sehr angesagt waren und in großer Zahl überall auf den Märkten Europas verkauft wurden. »Das Teleskop war zuvor im Grunde ein Spielzeug gewesen«, sagt der amerikanische Historiker Owen Gingerich. »Erst Galilei hat es zu einem astronomischen Instrument gemacht.«

Zu jener Zeit waren Europas Denker in der Frage gespalten, ob denn nun die Sonne um die Erde oder die Erde um die Sonne kreiste. Galilei glaubte fest daran, dass unser Planet sich bewegte, so wie es Nikolaus Kopernikus behauptet hatte. Doch noch fehlte der endgültige Beweis. Wie schon Harriot sah Galilei Berge auf dem Mond und auch Flecken auf der Sonne. Doch war er eben kein laienhafter Sternengucker, sondern interpretierte seine Beobachtungen als Wissenschaftler. Nach der alten griechischen Vorstellung waren die Bewegungen und alle Zusammenhänge im

Sonnensystem vollendet und perfekt. Das Teleskop bewies, dass dies eben nicht stimmte.

Der große Durchbruch kam im Januar 1610, als Galilei sein Teleskop auf den Planeten Jupiter richtete. Er war sehr erstaunt, in dessen Nähe kleine *Sterne* zu entdecken. Er verfolgte ihre Bewegungen jede Nacht und kam zu dem erstaunlichen Schluss, dass es Monde sein mussten, die den Jupiter ebenso umkreisten wie unser Mond die Erde.

Auch andere Astronomen hatten zu jener Zeit diese Monde beobachtet, doch nur Galilei erkannte ihre wissenschaftliche Bedeutung. Denn die Kritiker der kopernikanischen Theorie hatten gesagt, dass die Erde sich nicht durch den Raum bewegen konnte, da sie sonst den Mond abhängen würde. Galilei konnte dem nun entgegnen: Wenn der Jupiter seine Monde auf seiner Umlaufbahn mitnehmen kann, so könne die Erde dies zweifellos ebenso.

Galilei brachte seine neuen Erkenntnisse umgehend in Druck, und zwar in dem Buch *Sidereus Nuncius* (dt. *Der Sternenbote* oder *Nachricht von den Sternen*) – eines der wichtigsten Bücher in der Geschichte der Astronomie. Und es sollte ihn in der Tat auf ewig berühmt machen. Indem er das kleine Büchlein pflichtschuldigst dem Großherzog von Florenz widmete (inklusive eines wohlplatzierten astrologischen Schlenkers: »Ich nehme an, es war Jupiter, der die glückliche Geburt Eurer Hoheit von seinem erhabenem Throne herab verfolgte«), sorgte Galilei dafür, dass er zur Rückkehr in seine ursprüngliche Heimatstadt eingeladen wurde. Etwa zwanzig Jahre später, als er wegen der Theorie des heliozentrischen Weltbilds Ärger mit der katholischen Kirche bekam, gab Galilei die Astronomie auf. Der Vatikan stellte ihn in Florenz unter Hausarrest und Galilei widmete sich in seinen letzten Jahren vor allem der Lösung einiger grundsätzlicher physikalischer Probleme.

Aber ein ungelöstes astronomisches Rätsel hatte Galilei hinterlassen: Was hatte es mit dem Saturn auf sich? Im Lauf der Jahre hatte der Planet sein Erscheinungsbild verändert. Galilei war verwirrt – er hatte zwar eine Theorie, aber er war nicht sicher, ob sie richtig war. Also sicherte er sich ab, indem er einen Brief verschickte, der ein verschlüsseltes lateinisches Anagramm der Worte *Ich beobachtete den höchsten Planeten [Saturn] in dreigestaltiger Form* enthielt. Falls er damit recht hatte, dann hatte er auf diese Weise klargemacht, dass er der erste Mensch war, der dieses seltsame Phänomen beobachtet hatte. Lag er falsch, würde niemand davon erfahren.

Der Brief ging nach Deutschland, an Johannes Kepler, den großen Architekten des Sonnensystems. Scharfsinnig wie er war, löste Kepler das Anagramm (leider nicht ganz richtig) auf zu *Den beiden Freunden, Kinder des Mars, zum Gruß*. Am erstaunlichsten an dieser Anekdote: Die damaligen Teleskope Galileis waren noch zu schwach, er konnte sie also noch gar nicht gesehen haben, aber wir wissen heute, dass der Mars tatsächlich zwei kleine Monde besitzt.

Kepler war ebenfalls ein großer Anhänger der neuen Erfindung. Er entwickelte ein noch besseres Teleskop, das eine etwas anders geformte Linse als Okular hatte, und alle späteren Linsenfernrohre – auch bekannt als *Refraktoren* – folgten dieser Bauweise. Tragischerweise war Keplers Augenlicht so schwach, dass er niemals Beobachtungen durch sein Teleskop machen konnte.

In den folgenden Jahrzehnten bauten Astronomen in ganz Europa immer leistungsstärkere Refraktoren. Allerdings gab es dabei ein großes Problem: Die große Frontlinse bündelte nicht nur das Licht aus dem All, sie erzeugte zugleich einen regenbogenfarbigen Rand um die Sterne und Planeten. Dies verbesserte sich etwas durch die Nutzung einer schwächeren Linse, deren Brennpunkt weiter entfernt lag. Das führte dazu, dass die Teleskope immer größer wurden. In Danzig baute ein reicher Bierbrauer namens Johannes Hevelius ein 45 Meter langes Teleskop, das an einen Turm gehängt war. Mithilfe seiner immensen Vergrößerungskraft zeichnete Hevelius die erste genaue Karte des Mondes.

Christiaan Huygens, ein niederländischer Astronom, ließ die Hülle gleich ganz weg, sein *Luftfernrohr* bestand nur aus einer Linse, die an der Spitze eines Turms befestigt war, und die man durch ein langes Seil steuern konnte. Der Betrachter stand auf dem Boden, hielt das Okular in der Hand und blickte in Richtung der Linse, in der Hoffnung, dass alles gerade und korrekt ausgerichtet war. So umständlich das auch klingen mag, Huygens entdeckte damit dunkle Flecken auf dem Mars und fand heraus, dass der Planet rotiert. Und er konnte endlich das seltsame Erscheinungsbild des Saturn aufklären, auf das Galilei bereits hingewiesen hatte: »Er ist von einem dünnen, flachen Ring umgeben, der ihn nirgends berührt.«

Mit einem abermals verlängerten Teleskop erkannte der italienische Astronom Giovanni Domenico Cassini, dass die Ringe des Saturn von einer dunklen Lücke geteilt sind, die nach ihm benannt heute *Cassinische Teilung* heißt. Er erkannte außerdem Wolkenmuster und einen dunklen Fleck auf dem Jupiter. Nach und nach begannen die Astronomen jener Zeit, die anderen Planeten nicht mehr als leuchtende *Sterne* anzusehen, sondern als Welten wie unsere Erde.

Doch dem Wachstum dieser riesigen Teleskope war irgendwann eine Grenze gesetzt. Erst einige Jahrzehnte später wurde ein neuer Weg eingeschlagen – und zwar nicht von einem Wissenschaftler, sondern von einem Juristen aus Essex. Chester Moor Hall fragte sich, warum das menschliche Auge, anders als ein Teleskop, nicht um alles, was man sieht, farbige Ränder produziert. Das Auge besteht neben einer Linse auch aus mehreren mit Wasser gefüllten Kammern, und Hall vermutete, dass die Kombination dieser unterschiedlichen Materialien die störenden Farbeffekte beseitige. Damit lag er zwar falsch, denn das menschliche Auge ist nicht perfekt, das Bild, das auf die Netzhaut geworfen wird, hat nämlich durchaus solche farbigen Ränder. Aus diesem Grund kann ein Optiker auch die Gläser für eine Brille sehr genau festlegen, indem er den Kunden schwarze Kreise vor roten und grünen Hintergründen vergleichen lässt. Im Endeffekt ist es nämlich erst die erstaunliche Leistung unseres Gehirns, das das Bild aufbereitet und von den Farbrändern befreit.

Und doch bestätigte sich Halls Vermutung: Wenn man zwei Linsen aus unterschiedlichen Materialien miteinander kombiniert, verschwinden die farbigen Ränder. Traditionell wurden alle Linsen bis dahin aus derselben Glassorte gefertigt, nämlich dem sogenannten *Kronglas*, das früher auch für Fenster verwendet wurde (heute noch bekannt aus Butzenscheiben). Um 1700 begannen die Glaswerke jedoch mit der Herstellung eines neuen Glases, das sehr viel Bleioxid enthielt; es wurde etwa für Weingläser und Karaffen aus sogenanntem *Bleikristall* eingesetzt, dessen sorgfältig gearbeitete Facetten in allen Farben des Regenbogens schillerten.

1733 ordnete Hall die Herstellung zweier Linsen – je eine von jeder Glassorte – nach seinen genauen Spezifikationen an. Die zwei Aufträge vergab er an zwei unterschiedliche Firmen, um seine Absicht zu verschleiern, sie landeten jedoch letztlich beim selben Hersteller, dem Optiker George Bass. Das Experiment gelang: Hall konnte durch die Doppellinse schauen, ohne dass sich Farbränder oder Farbverfälschungen zeigten. Er war zufrieden, ließ die Sache ruhen und machte sich wieder an seine Arbeit als Anwalt.

In den 1750er-Jahren versuchte der Optiker John Dollond erfolglos, das Farbproblem zu lösen, als der eben schon erwähnte George Bass ihm von den zwei Linsen erzählte, die er für Chester Moor Hall hergestellt hatte. Der kleine Hinweis genügte und schon bald hatte Dollond ein Doppellinsenteleskop, das frei von Farbstörungen war. Natürlich ging daraufhin sofort der Streit um Dollonds Patentanmeldung los, aber für die Astronomen war die neue Erfindung ein Wunder. Sie konnten Refraktoren bauen, die sehr leistungsstark und dabei trotzdem relativ kurz waren.

Um 1840 entstanden also die ersten Präzisionsteleskope, mit denen man die Position eines Sterns und damit auch seine Entfernung genau bestimmen konnte. Zusammen mit der noch jungen Fotografie ermöglichten die neuen Refraktoren erstaunliche Bilder von Objekten, die sich weit entfernt in den Tiefen des Universums befanden. Und in Verbindung mit einem Spektroskop, mit dem das Licht analysiert wurde, verrieten die Teleskope sogar, woraus die Sterne und Gaswolken bestanden.

Die Zeit der großen Refraktoren erreichte ihren Höhepunkt am Ende des 19. Jahrhunderts, als mit den USA ein neuer wichtiger Akteur die internationale Bühne betrat. In Kalifornien hatte sich der unglaublich wohlhabende James Lick – der sein Vermögen mit dem Verkauf von Klavieren nach Südamerika gemacht hatte – vorgenommen, seinen Namen in die Geschichte einzuschreiben, indem er Geld zum Bau des leistungsstärksten Teleskops der Welt zur Verfügung stellte. Und genau das tat er, auch wenn ihn die Astronomie im Grunde nicht interessierte. Sein Teleskop hat eine Linse mit einem Durchmesser von 91 Zentimetern. Die Astronomen, die es heute nutzen, befinden sich noch immer in Licks Gesellschaft; auf einer Plakette am Stützpfeiler des riesigen Teleskops steht: »Hier ruht James Lick« – er ist auf dem Gelände beerdigt.

Ein Jahrzehnt später wurde Licks Fernrohr durch ein neues in den Schatten gestellt, dessen Linse sogar über einen Meter Durchmesser hatte; das *Yerkes-Teleskop* – bis heute der größte Refraktor der Welt –, gesponsert von Charles Yerkes, einem Finanzhai aus Chicago. Yerkes hatte sein Geld durch den Bau der dortigen städtischen Straßenbahnen verdient, später finanzierte er einen Großteil der neuen *London Underground*. Der Astronom, der Yerkes dazu verleitete, das geplante Teleskop zu bezahlen, war vielleicht der überzeugungskräftigste Unternehmer in der Geschichte der Astronomie. Sein Name war George Ellery Hale.

Für Hale kam es vor allem auf die Größe an. Mit einem größeren Teleskop konnte man lichtschwache Objekte in der Tiefe des Alls sehen und so ihr Licht noch genauer analysieren. Hales Errungenschaft bestand darin, hintereinander die drei größten Teleskope ihrer Art gebaut zu haben, die die Welt je gesehen hatte. Nachdem er das beste Linsenfernrohr gebaut hatte, läutete Hale auch zugleich das Ende der großen Refraktoren ein. Denn er stellte fest, dass sich jede Linse über einem Meter Durchmesser unter ihrem eigenen Gewicht verbiegen würde, sobald man das Teleskop bewegte; für den Betrachter würde das eine Verzerrung der Bilder bedeuten.

Hale wandte sich daher der Spiegeltechnik zu. Eine gebogene spiegelnde Oberfläche (etwa wie ein Rasierspiegel) kann das Licht der Sterne wie eine Linse bündeln, hat aber den Vorteil, dass man sie von hinten stabilisieren kann. Die Idee war nicht neu, schon Isaac Newton hatte 1668 das erste Spiegelteleskop gebaut, auch wenn dieser allererste *Reflektor* nicht viel mehr als ein Spielzeug war.

Die neue Bauweise wurde einer größeren Öffentlichkeit aber erst 1781 bekannt, als der Musiker und Hobbyastronom William Herschel seinen selbst gebauten Reflektor auf den Himmel richtete – und auf einen unbekannten Planeten jenseits des Saturn stieß (mehr zu seinen Entdeckungen im nächsten Kapitel).

Herschel baute einen Reflektor mit einem 1,20 Meter großen Spiegel. Doch obwohl dieses Gerät größer war als der erst hundert Jahre später gebaute *Yerkes-Refraktor*, hatte es keinen Einfluss auf die Welt der Astronomie; Herschel benutzte es eigentlich nur, um Besucher zu beeindrucken. Ein Problem dieses Teleskops lag in seiner umständlichen Handhabung: Herschel benötigte zwei Assistenten, die das Ungetüm bewegten, während er seine Beobachtungen machte. Der riesige Holzrahmen entspräche heutigen Sicherheitsbestimmungen definitiv nicht, es gab mehrere Unfälle und auch Herschel selbst wurde einmal beinahe erschlagen, als er den massiven Spiegel herausnahm. Daher wandte er sich im Alter wieder kleineren Teleskopen zu.

Trotz dieser Hindernisse gab es in Irland einen adligen Enthusiasten, der sich entschlossen der Erforschung des Himmels widmete. William Parsons, 3. Earl of Rosse, investierte in den 1840er-Jahren sein gesamtes Familienerbe in den Bau des weltgrößten Spiegelteleskops, mitten in den irischen Sümpfen, in Birr im County Offaly. Dieser Reflektor hatte einen Durchmesser von 1,83 Meter, wurde ebenfalls von zwei Assistenten bedient und hing zwischen zwei massiven, parallelen Mauern. Nach dem damaligen Namen von Birr ist das gewaltige Fernrohr auch als *Leviathan of Parsonstown* bekannt. Es ermöglichte Rosse detailliertere Einblicke ins Weltall als irgendjemandem zuvor. Als er es auf einen diffusen Fleck am Nordhimmel richtete, genannt *Messier 51*, stellte er etwas Überraschendes fest. »Spirale Muster«, notierte er, »und mit jeder Verbesserung der optischen Leistung wird diese Struktur komplexer.«

Seine Zeichnung davon zeigt etwas, das aussieht wie ein kosmischer Strudel, mit Spiralarmen, die sich in Richtung eines dunkleren Begleiters ausstrecken – man gab dem Ganzen den Spitznamen *Whirlpool-Galaxie*. Im Laufe der folgenden Jahre entdeckte Rosse 14 vergleichbare Objekte am Himmel.

Leider stand sein riesiges Fernrohr am falschen Platz. Wegen des schlechten irischen Wetters verbrachte er mehr Zeit mit Warten als mit der Beobachtung der Sterne. Zudem setzte die Witterung dem Herzstück des Teleskops, dem Spiegel, sehr zu. Seit Newtons Zeit hatten die Astronomen ihre Spiegel aus hartem Metall hergestellt, einer Legierung aus Kupfer, Zinn und geringen Mengen Arsen. Dieses sogenannte *Spiegelmetall* reflektierte das Licht allerdings nicht besonders gut, selbst wenn die Oberfläche frisch poliert war. Zudem lief es schnell an, wenn es hoher Luftfeuchtigkeit ausgesetzt war. Silber wäre eigentlich viel besser geeignet gewesen, und Rosse stellte einige kleine Spiegel aus diesem teuren Material her. Doch selbst als reicher Grundbesitzer konnte er sich keinen 1,80-Meter-Spiegel aus reinem Silber leisten. Rosse versuchte daher, sein Teleskop zu verbessern, indem er eine spiegelnde Silberschicht vor seinem Spiegel anbrachte, allerdings blieb dieser Versuch erfolglos.

Ohne dass die britischen Astronomen davon wussten, wurde die entscheidende Erfindung im *Crystal Palace* gezeigt, dem riesigen Pavillon, der zur Londoner Industrieausstellung 1851 (der ersten Weltausstellung) gebaut worden war. Und wie so oft kam der Durchbruch von Handwerksmeistern, denen die Herstellung einer ganzen Reihe von wundervollen Glasobjekten gelungen war. Ausgestellt wurden auch einige Vasen, die dünn mit glänzendem Silber beschichtet waren. Ein zeitgenössischer Autor sagte abfällig über sie: »Wir können uns nicht vorstellen, dass das pure klare Glas auf irgendeine Weise durch das Versilbern verbessert werden könnte.« Doch zwei Wissenschaftler auf dem europäischen Festland waren da anderer Ansicht. Der Münchner Carl August von Steinheil und Léon Foucault in Paris stellten fest, dass es viel einfacher war, einen Teleskopspiegel aus Glas zu formen als aus Spiegelmetall. Beschichtete man die Vorderseite mit einem sehr dünnen Silberfilm, erhielt man einen stark reflektierenden Spiegel.

Zu Beginn des 20. Jahrhunderts interessierte sich George Ellery Hale in den USA für die neuen Spiegelteleskope aus Glas. Er verließ Chicago, ging nach Kalifornien, wo der Himmel klarer war, und baute das Observatorium auf dem Mount Wilson in den Bergen hinter Los Angeles, wo er Spezialteleskope zur Erforschung der Sonne entwickelte. Er hatte große Pläne, sowohl astronomisch als auch was die Abmessungen seiner Teleskope anging. Er begann mit einem Reflektor von 1,50 Meter Durchmesser, der somit weit größer war als die Linse des Yerkes-Teleskops, allerdings noch nicht ganz so groß wie der nun obsolete Leviathan in Irland. Doch noch bevor das Gerät fertig war, plante er einen Spiegel von 2,50 Meter Durchmesser für ein noch größeres Teleskop. Dazu brauchte er Geld – zum Glück hatte Hale erstaunliches Geschick darin, reiche Leute davon zu überzeugen, ihre Mittel zur Verfügung zu stellen. Nach seinem Erfolg mit Yerkes in Chicago freundete er sich nun mit einem der reichsten Männer San Franciscos an: John Daggett Hooker hatte sein Vermögen mit Stahl gemacht, und da er zudem Hobbyastronom war, schien er Hale der richtige Mann zu sein.

Hooker willigte ein, die Kosten für den größten Spiegel der Welt zu übernehmen. Es gab Gerüchte, er habe sich damit Hales Freundschaft kaufen wollen, da der sich mit Hookers Frau und ihrer besten Freundin angefreundet hatte und Hooker sich ausgeschlossen fühlte. Schließlich wurde Hooker so eifersüchtig, dass er Hale den Zutritt zu seinem Haus verweigerte. Er zahlte auch nie die letzte Rate für den Spiegel, Hale organisierte den Rest der Baukosten von der *Carnegie Institution* in Washington. Trotz des Zerwürfnisses benannte Hale das weltweit führende neue Instrument großzügig *Hooker-Teleskop*. Es wurde 1917 in Dienst gestellt, und schon ein paar Jahre später sollte seine gewaltige optische Leistung auch angemessen genutzt werden, nämlich durch den legendären Edwin Hubble.

Dieser hatte zuvor als Anwalt gearbeitet und setzte seinen analytischen Verstand nun ein, um die neuen Beobachtungen zu untersuchen, die das großartige Teleskop in den Tiefen des Universums ermöglichte. Hubble richtete es auf einige der Spiralobjekte, die der Earl of Rosse entdeckt hatte. Die Größe des Spiegels ermöglichte es ihm, in der leuchtenden Masse einzelne Sterne auszumachen und auch ihre Entfernung zu messen. Zum Erstaunen der Öffentlichkeit fand Hubble heraus, dass diese Spiralobjekte gewaltige Sternensysteme sind, unserer Milchstraße gleich, nur eben Millionen Lichtjahre entfernt. Dies war der erste Beweis dafür, dass das Universum Milliarden andere Galaxien enthält (mehr über Hubbles Errungenschaften dann in Kapitel 12).

Chefentwickler Hale war aber davon überzeugt, dass noch viel mehr zu entdecken sei, als das Hooker-Teleskop zeigen konnte. Sein Motto lautete: *Do not make any mean plans* (also in etwa: *Gib dich nicht mit dem Gewöhnlichen zufrieden*). 1928 veröffentlichte er einen Artikel in *Harper's Magazine*, in dem er noch größere Teleskope forderte: »Wie vergrabene Schätze locken die Tiefen des Universums seit Menschengedenken diejenigen, die nach Abenteuern suchen.«

Der Ölmagnat John Davison Rockefeller las nur den ersten Satz, dann rief er Hale an und spendete schließlich 6 Millionen Dollar für den Bau eines neuen Teleskops, das mithilfe eines 5-Meter-Spiegels doppelt so weit ins All blicken konnte wie das von Hooker. Vollendet wurde es schließlich 1948, zehn Jahre nach dem Tod seines genialen Initiators; und erhielt den passenden Namen *Hale-Teleskop*. Mit ihm gelangen die wichtigsten Beobachtungen der zweiten Hälfte des 20. Jahrhunderts, wie etwa die Entdeckung der erstaunlich mächtigen Quasare, die nach heutigem Wissen vermutlich gewaltige Schwarze Löcher enthalten (mehr dazu in Kapitel 11).

Neueste Teleskope sind inzwischen auf bis zu acht Meter im Durchmesser angewachsen, doch ist es fast unmöglich, noch größere Spiegel herzustellen oder gar zu transportieren. Die größten Teleskope der Gegenwart sind daher aus vielen kleinen sechseckigen Spiegeln zusammengesetzt, die wie Badezimmerfliesen zusammenpassen und eine große spiegelnde Oberfläche ergeben. Die ersten Versionen dieser modernen Ungetüme sind die beiden *Keck-Spiegelteleskope*, die am Gipfel des Mauna Kea aufgestellt wurden, dem riesigen schlafenden Vulkan auf Hawaii. In dieser Höhe (immerhin auf der Hälfte der Höhe des Mount Everest) hat man einen einzigartigen Blick auf den Himmel. Doch trotz dieser Höhe muss man auch hier durch die Erdatmosphäre mit ihren turbulenten Luftströmungen hindurchschauen. Bedenkt man die Leistungsfähigkeit dieser riesigen Teleskope, ist das in etwa vergleichbar mit dem verschwommenen Blick, den man hat, wenn man vom Grund eines Swimmingpools nach oben schaut.

Die optimale Sicht hätte man folglich, wenn sich das Teleskop im Weltraum befinden würde. Bereits 1946 wurde ein solches erstmals konzipiert, doch dauerte es letztlich fast ein halbes Jahrhundert, bis das große Weltraumteleskop fertiggestellt und in eine Umlaufbahn um die Erde befördert werden konnte. Benannt wurde es nach Amerikas größtem extragalaktischem Astronomen und ist jetzt bekannt als *Hubble-Weltraumteleskop*. Es hat den größten Spiegel, den man gerade noch so in einem Space Shuttle unterbringen konnte. Zufällig ist dieser mit 2,40 Metern Durchmesser fast genauso groß wie das Hooker-Teleskop, mit dem Edwin Hubble in den 1920er-Jahren selbst das Weltall erforschte. Und obwohl es heute bei Weitem nicht das größte Teleskop ist, ermöglicht sein störungsfreier Blick auf das Universum ausgezeichnete Detailaufnahmen: Die Geburt neuer Sterne in den dunklen Silhouetten der *Pillars of Creation* etwa ist ein unvergesslicher Anblick.

Das nächste Weltraumteleskop wird sogar größer als die Rakete, die es nach oben befördert. Das *James Webb Space Telescope*, benannt nach dem früheren Leiter der NASA, hat einen segmentierten Spiegel, der beim Start zusammengefaltet ist. Sobald die Raumfähre im All ist, öffnet sich der Spiegel wie eine kosmische Blüte und wird zu einem gewaltigen Auge, fast dreimal so groß wie der Hubble-Spiegel. Wir müssen uns bis 2018 gedulden, um die Resultate sehen zu können, die das James Webb bringen wird. Aber schon das Hubble-Teleskop war eine reine Goldgrube, mit ihm konnte der Mensch weiter ins All blicken als mit jedem erdbasierten Instrument, mehr als 10 Milliarden Lichtjahre weit.

Dadurch wurde das Hubble-Teleskop gleichsam zu einer Zeitmaschine. Das Licht dieser entfernten Galaxien ist seit Urzeiten unterwegs durch den leeren Raum bis zu uns. Dadurch sieht man die Galaxien so, wie sie in ihrem Frühstadium waren, kurz nachdem das Universum im Urknall entstanden war. Mithilfe dieser *Babyfotos* können die Astronomen herausfinden, wie sich aus den chaotischen Gaswolken des frühen Universums die imposanten Spiralgalaxien entwickelten, mit ihren majestätischen Sternen und heimeligen Planeten, die wir heute kennen.

Noch vor 400 Jahren beobachteten Lipperhey und Galilei erstaunt Armeen und Schiffe, den Mond und die Planeten in Nahaufnahme. Wie überwältigt wären sie wohl, wenn sie von den unendlichen Entfernungen im All – und den gewaltigen Zeiträumen – wüssten, die uns die Nachfahren ihrer bescheidenen holländischen Fernrohre eröffnet haben.

KAPITEL 6

PLANETENSUCHER

»Entweder ein seltsam nebliger Stern oder vielleicht ein Komet«, schrieb William Herschel in sein Beobachtungstagebuch am 13. März 1781. Eine ziemliche Untertreibung für eine Entdeckung, die die Größe des Sonnensystems verdoppeln sollte – und die Astronomie revolutionieren.

William Herschel, der ursprünglich Friedrich Wilhelm Herschel hieß und aus Deutschland stammte, war der Sohn eines Militärmusikers der kurhannoverschen Fußgarde. Auch William spielte später als Oboist für die Garde, doch als Hannover durch die französischen Truppen in der Schlacht bei Hastenbeck 1757 besetzt wurde, floh er nach England.

Sein Vater hatte ihm nicht nur die Musik nahegebracht, sondern ihm auch eine große Begeisterung für die Astronomie mitgegeben. Williams Schwester Caroline erinnerte sich später daran, wie ihr Vater ihnen beiden seine Sicht auf den Nachthimmel und das All vermittelt hatte: »Mein Vater war ein großer Bewunderer der Astronomie; ich weiß noch, wie er uns in einer eiskalten klaren Nacht auf die Straße mitnahm und uns die verschiedenen wunderbaren Sternbilder zeigte, nachdem wir zuvor schon einen Kometen bestaunt hatten, der zu jener Zeit sichtbar war.«

Caroline, die selbst eine versierte Astronomin und Musikerin war, folgte ihrem Bruder ins englische Bath in sein elegantes georgianisches Anwesen. William hatte – nach einigen Jobs als Musiker in Nordengland – endlich den begehrten Posten als Organist und Musikdirektor in der neuen Octagon Chapel in Bath erhalten. Dort konnte er frei musizieren und komponieren.

Während William seinen Leidenschaften nachging, kümmerte sich Caroline um den Haushalt. Wie viele Musiker war William besessen von der Mathematik. Er verschlang Abhandlungen zur Harmonielehre wie etwa die des Mathematikers Dr. Robert Smith aus Cambridge. Als Fan dieses Autors las William dann gleich noch dessen Buch *A Compleat System of Opticks*. Die darin beschriebenen Teleskope faszinierten ihn, und schon bald wandte er sich der Astronomie zu, die zu seiner größten Leidenschaft werden sollte; die Tiefen des Weltraums hatten es ihm dabei besonders angetan.

Während zu jener Zeit die professionellen Astronomen darüber stritten, ob Newton mit seiner Gravitationstheorie recht hatte oder nicht, wollte Herschel lieber die Entfernungen der Sterne vermessen. Er vermutete, dass hellere Sterne (von denen er dachte, sie seien uns nahe) sich von der Erde aus betrachtet vor den weiter entfernten Sternen im Hintergrund bewegen müssten. Um das herauszufinden, musste er genaue Beobachtungen vornehmen, und dazu brauchte er ein Teleskop. Doch wie sollte sich ein armer Musiker ein Teleskop leisten? Seine Antwort: Er baute sich einfach selbst eines. Die einfachste Art, ein Teleskop zu bauen, war ein Spiegelteleskop, eine vergrößerte Version eines Rasierspiegels. Und Herschel wollte es so groß wie möglich bauen.

Damals wurden, wie wir im vorherigen Kapitel erfahren haben, die Spiegel ja noch nicht aus Glas, sondern aus einer Metalllegierung hergestellt. Herschel war so besessen davon, seinen Spiegel fertigzustellen, dass er über 15 Stunden täglich ununterbrochen daran arbeitete. Caroline musste ihn quasi füttern, während er an dem geschmolzenen Metall herumwerkelte. Einmal tropfte das Metall herunter und die Bodenplatten bekamen Risse: »... der Gießer und seine Männer mussten links und rechts aus den Türen herausrennen«, erinnerte sich Caroline, »da der Steinboden in alle Richtungen zersprang, bis hoch zur Decke. Mein armer Bruder fiel, von der Hitze und Anstrengung völlig erschöpft, auf einen Haufen Ziegelsteine.«

Doch die Mühen sollten sich lohnen. Während einer seiner nächtlichen Beobachtungen entdeckte er am 13. März 1781 jenen *nebligen Stern*. Noch in derselben Nacht untersuchte er das mysteriöse Objekt ausführlich mit seinem 2,13-Meter-Spiegel, der, wie selbst der Astronom des Königs später feststellen sollte, *von außerordentlicher Qualität* war. Da das Objekt mit zunehmender Vergrößerung wuchs, war Herschel davon überzeugt, dass es ein Komet sein musste. Und wenn es ein Komet war, würde er sich innerhalb weniger Tage merklich bewegen.

Vier Nächte später schaute Herschel in Begleitung seines Freundes, des Arztes Dr. William Watson, nach. »Ich suchte nach ihm und stellte fest, dass es ein Komet sein musste, da er seine Position verändert hatte«, schrieb Herschel.

Watson war skeptisch. Konnte es sich bei dem Objekt nicht vielleicht um etwas wesentlich Bedeutsameres handeln? Er war dafür, andere Astronomen auf die Entdeckung aufmerksam zu machen, und glücklicherweise war sein Vater ein sehr hochrangiges Mitglied der renommierten *Royal Society* in London. Watson brachte seinen Freund Herschel dazu, einen offiziellen Bericht seiner Beobachtung an Watson senior zu schicken. Er selbst trat als Mittler auf und bat den Vater darum, »die Güte zu haben, entsprechende Maßnahmen einzuleiten, um diesen Bericht bis Donnerstag gelesen und den Astronomen unverzüglich zur Kenntnis gebracht zu haben«.

Das Dokument hatte die gewünschte Wirkung: Viele Astronomen setzten sich an ihre Teleskope. Doch die nächsten Monate waren zunächst von Missverständnissen geprägt: Herschels Teleskop war auf eine starke Vergrößerung ausgelegt, nicht auf eine genaue Bestimmung der Position. Die professionellen Teleskope wiederum waren genaue Messinstrumente. Manche hatten jedoch eine so geringe Auflösung, dass die Forscher Probleme hatten, Herschels Objekt überhaupt ausfindig zu machen. Doch nach einiger Zeit fanden sich genügend Beobachtungen, die bewiesen, dass Herschels vermeintlicher Komet unzweifelhaft ein

Planet war. Und zwar erstaunlicherweise ein Planet, der doppelt so weit entfernt lag wie Saturn, viermal größer als die Erde war und fast 15 Mal so schwer.

Herschel war natürlich derjenige, der den Planeten entdeckt hatte, aber er war nicht der Erste, der ihn sah. Diese Ehre gebührt dem ersten Königlichen Astronomen, John Flamsteed, der ihn 1690 auf einer Karte als Stern *34 Tauri* einzeichnete. Vor Herschel gab es noch mindestens 15 weitere Sichtungen, doch muss man natürlich auch zugeben, dass keiner dieser Beobachter über solch ein lichtstarkes Teleskop wie Herschel verfügte. Jedenfalls stand die Welt der Wissenschaft nun vor einer bisher nicht da gewesenen Frage: Wie sollte man diesen neuen Planeten nennen? Herschel plädierte für *Georgium Sidus* (Georgs Stern), zu Ehren des damaligen Königs Georg III. Die Astronomen auf dem Festland dagegen waren von einem Planeten namens *George* nicht sehr begeistert. Unter Führung des einflussreichen Deutschen Johann Bode, dem Direktor des Berliner Observatoriums, drängten sie auf eine traditionellere Namensgebung, also einen mythologischen Namen. Wenn man von innen nach außen durchs Sonnensystem wandert, kommt nach Mars als Nächstes sein Vater Jupiter; nach diesem kommt dessen Vater Saturn – und so sollte der neue Planet wiederum nach dessen Vater benannt werden, nach Uranus, dem Gott des Himmels.

Der König war nicht allzu enttäuscht, dass aus seiner planetaren Unsterblichkeit nichts wurde, vielmehr war George von der Entdeckung an sich sehr begeistert. Auch wenn er in den späteren Jahren seiner langen Herrschaft (er regierte von 1760 bis zu seinem Tod 1820) erhebliche psychische Probleme hatte, die sogar dazu führten, dass er für verrückt gehalten wurde (vermutlich litt er allerdings eher an der Blutkrankheit Porphyrie), so war er in seinen jungen Jahren dynamisch und produktiv. Er fand nicht nur großen Gefallen an der Landwirtschaft (daher der Spitzname *Farmer George*), sondern auch an der Wissenschaft. Er ist tatsächlich sogar der einzige britische Herrscher, von dem diese

Leidenschaft bekannt ist. Er besaß ein eigenes Labor und sogar ein kleines Observatorium in Kew. Einmal soll er gesagt haben: »Für den Krieg gebe ich Geld aus, weil ich es muss; aber Geld für die Wissenschaft auszugeben – das ist für mich sehr angenehm. Sie erzeugt kein Leid, und sie ist eine Ehre für die Menschheit.«

Und eine solche Ehre sollte nun auch Herschel zuteilwerden: Der König bot ihm den Posten als sein privater Astronom an.

Als er von der Entscheidung des Königs erfuhr, schrieb der oben bereits erwähnte William Watson senior an Herschel: »Mein lieber Freund, ich muss Ihnen nicht sagen, mit welcher Freude ich vom Angebot des Königs an Sie gehört habe, macht es Sie doch unabhängig von Ihrem Musikerdasein. Sie sind nun dabei, einen neuen Abschnitt Ihres Lebens zu beschreiten ... Sie werden in einer Situation sein, die zum einen Respekt gebietet und Ihnen zum anderen, was noch wichtiger ist, ermöglicht, sich vollkommen einer höchst befriedigenden Beschäftigung hinzugeben.«

Als er allerdings hörte, dass Herschels Gehalt nur 200 Pfund betragen sollte, fügte er hinzu: »Wohl nie zuvor war Ehre für einen Herrscher so billig zu haben.«

Herschel zögerte nicht. Er war sowieso völlig auf die Astronomie fokussiert und nicht mehr auf die Musik. Seine Schwester Caroline schrieb, dass »die Aussicht, sich mit Lehre und Unterricht zu quälen, ihm wie eine unentschuldbare Zeitverschwendung erschien«. Er und Caroline sollten sich fortan, so die Vereinbarung, in der Gegend von Windsor niederlassen und sich ganz der Astronomie widmen. Die beiden siedelten nach Slough über, nahe Windsor Castle. Dort konnte William immer größere Teleskope bauen und die ihm lieb gewonnene Beobachtung des Himmels fortsetzen. Sein größtes Instrument war das gewaltige *Forty-Foot*, das einen Spiegel von 1,20 Meter Durchmesser enthielt. Selbst der Präsident der *Royal Society*, Joseph Banks, gratulierte ihm dazu: »Meine besten Glückwünsche an Mr. Herschel; mögen seine Nächte zum Wohle der Wissenschaft so schlaflos sein, wie er es selbst sich wünscht.« Aus allen Ländern kamen große und wichtige Persönlichkeiten, um den bemerkenswerten Wissenschaftler des Königs zu treffen. Und er schien nie müde zu werden, ihnen die Wunder des Weltalls mithilfe seiner riesigen Teleskope vorzuführen.

Währenddessen half Caroline nicht nur ihrem Bruder, sondern führte auch eigene Beobachtungen durch. Inspiriert durch den Kometen, den ihr Vater ihr als kleines Mädchen gezeigt hatte, entdeckte sie selbst weitere acht Kometen – und war damit die erste Frau, der so etwas gelang. Sie machte sich auch daran, den Sternenkatalog zu verbessern, den John Flamsteed im frühen 18. Jahrhundert erstellt hatte. Und sie sammelte die Positionen von insgesamt 2.500 *Nebulae* – den mysteriösen verschwommenen Flecken am Nachthimmel. 1828 verlieh ihr die *Royal Astronomical Society* in London die prestigeträchtige Goldmedaille. Erst Vera Rubin, eine Pionierin in der Erforschung von Galaxien, sollte im Jahr 1996 eine solche Ehre wieder zuteilwerden.

Springen wir nun ins Jahr 1841. Inzwischen hatte Uranus fast drei Viertel seiner 84 Jahre dauernden Sonnenumrundung vollendet. Doch er bewegte sich nicht so, wie er sollte.

Ein junger Student in Cambridge, John Couch Adams, schrieb in sein Tagebuch: »Habe zu Beginn der Woche einen Plan erstellt, so bald wie möglich die Unregelmäßigkeiten in der Bewegung des Uranus, die noch immer unerklärt sind, zu erforschen; und so herauszufinden, ob sie mit dem Einfluss eines noch unentdeckten Planeten zusammenhängen könnten, und falls möglich, ungefähr dessen Orbit etc. herauszufinden, was wahrscheinlich zu seiner Entdeckung führen könnte.«

John Couch Adams kam am 5. Juni 1819 in Lidcot zur Welt, einem Bauernhaus in Laneast in Cornwall. Sein Vater Thomas war ein Pachtbauer, seine Mutter Tabitha eine hingebungsvolle Ehefrau. Auch wenn sie arm waren, so schenkten sie John doch eine fröhliche, idyllische Kindheit, die er nie vergessen sollte. Aber wie sich herausstellte, war es gar nicht so einfach, den Jungen in der ländlichen Provinz zu unterrichten. Adams war seinen Lehrern ständig voraus und erwies sich als exzellenter Mathematiker – ein Gebiet, auf dem er sich fast alles selbst beigebracht hatte. Und er entwickelte ein Interesse für die Astronomie. Am 17. Oktober 1835 beobachtete er den Halleyschen Kometen und beschrieb ihn seinen Eltern: »Ihr könnt Euch sicher denken, mit welchem Vergnügen ich ihn beobachtet habe, meinen ersten Kometen, der bei seinem Besuch vor 380 Jahren ganz Europa in Angst und Schrecken versetzte, heute jedoch den Astronomen höchste Befriedigung bereitet, beweist er doch, dass ihre Berechnungen und Voraussagen korrekt waren.«

Es war klar, dass Adams studieren musste. Zum Glück hatte seine Familie gerade geerbt, was ihnen ermöglichte, die nicht unerheblichen Studiengebühren aufzubringen. Im Frühjahr 1839 trat er dann sein Studium bei Reverend George Martin an, einem Cambridge-Absolventen und hervorragendem Mathematiker. Wahrscheinlich war er es, der Adams dazu brachte, sich am St. John's College in Cambridge zu bewerben. Im Herbst desselben Jahres war es dann so weit.

Adams war ein freundlicher und warmherziger Mensch und fand an der Universität schnell Freunde, denen seine mathematischen Fähigkeiten natürlich auch umgehend bewusst wurden. Sein Mitstudent A. S. Campbell erinnert sich an die Treffen mit Adams mit einer Mischung aus Bewunderung und Verzweiflung: »Ich war mit großen Erwartungen nach Cambridge gekommen, doch gleich der Erste, den ich dort traf, war mir unendlich weit voraus ... wenn es davon noch mehr geben sollte, wären meine Hoffnungen, dort Erfolg zu haben, vergeblich gewesen. Doch nach ein paar Tagen stellte ich fest, was für einen außergewöhnlichen, großartigen Menschen ich da getroffen hatte. Wenn ich mich bei den Prüfungen in seiner Nähe halten würde, würde schon alles gut gehen.«

Die letzte Mathematikprüfung in Cambridge – der sogenannte Tripos – fand für Adams und Campbell im Januar 1843 statt.

Dieses Marathonexamen, das aus 18 dreistündigen Prüfungen bestand, war der ultimative Test der wissenschaftlichen Fähigkeiten eines Studenten. Auswendiglernen war dafür nicht ausreichend, vielmehr waren spontanes Denken und Reagieren gefragt. Die Studenten mit den besten Ergebnissen wurden *Wrangler* genannt und waren nach ihren Testergebnissen sortiert, beginnend mit dem *Senior Wrangler*.

Campbell, inzwischen sehr gut mit Adams befreundet, beobachtete diesen während der Prüfung. »Als alle anderen schon schwer vor sich hin schrieben, verbrachte Adams die erste Stunde nur damit, über die Fragen nachzudenken, nur ganz selten machte er sich eine Notiz. Schließlich schrieb er alles, was er bereits im Kopf gelöst hatte, nur noch auf, und zwar so viel, dass er die unzähligen Blätter fast auf dem Boden ablegen musste.« Natürlich erzielte Adams das beste Ergebnis und wurde, was niemanden überraschte (außer vielleicht ihn selbst), zum *Senior Wrangler*. Er erreichte über 4.000 Punkte in einer Prüfung, in der der zweitbeste Student nicht einmal 2.000 hatte. Campbell wurde zu seiner großen Erleichterung übrigens Vierter und bekam später auch eine Lehrstelle in St. John's.

Nach seinem Abschluss war Adams durch seine Lehrtätigkeiten in St. John's sehr eingespannt. Aber er hatte seinen Plan von 1841 nicht vergessen und wandte sich schließlich wieder der Frage zu, was es mit der seltsam unregelmäßigen Umlaufbahn des Uranus auf sich hatte.

An dieser Stelle betreten drei entscheidende Figuren die Bühne: James Challis, der Direktor des Observatoriums in Cambridge; George Airy, der Königliche Astronom in Greenwich; und Urbain Le Verrier vom Pariser Observatorium. Und hier wird die ganze Angelegenheit etwas undurchsichtig. Obwohl schon verschiedene Wissenschaftler versucht haben, die damaligen Geschehnisse nachzuvollziehen, ergibt sich einfach kein stimmiges Bild. Denn wir bekommen es hier zu tun mit egoistischen Persönlichkeiten, verpassten Gelegenheiten, Treffen, die niemals stattgefunden haben, fehlinterpretierten Daten, falschen Betrachtungsweisen, heimlichem Neid ... und jeder Menge zweifelhaften Geschichten. Kurz: Was jetzt geschah, war eine Farce.

Adams war sich sicher, kurz vor der Lösung des Problems zu stehen, doch brauchte er Daten vom Königlichen Astronomen in Greenwich. Er stellte eine offizielle Anfrage über James Challis, den Direktor des Observatoriums in Cambridge: »Ich schrieb an Mr. Airy, mit freundlicher Vermittlung durch Professor Challis, und bat um die Beobachtungen aus den Jahren, in denen die Umlaufbahn am wenigsten zufriedenstellend zu sein schien. Der Königliche Astronom schickte mir dankenswerterweise im Februar 1844 alle in Greenwich gemachten Beobachtungen des Uranus.« 1845 war sich Adams sicher: Er wusste, wo der geheimnisvolle weitere Planet war.

Nun war es an der Zeit, die Ergebnisse an George Airy zu schicken. Da Adams sowieso gerade auf dem Weg nach Cornwall war, um seine Eltern zu besuchen, wollte er die Unterlagen auf dem Weg gleich persönlich bei Airy abgeben. Challis schrieb abermals einen hilfreichen Empfehlungsbrief an Airy: »Mein Freund Mr. Adams (der Ihnen vermutlich diesen Brief überreichen wird) hat seine Berechnungen hinsichtlich der Störungen der Umlaufbahn des Uranus durch einen angenommenen äußeren Planeten beendet und kommt zu einem Ergebnis, das er sehr gerne mit Ihnen persönlich besprechen würde, wenn Sie ihm ein wenig von Ihrer wertvollen Zeit schenken könnten.«

Vor seiner Abreise nach Greenwich übergab Adams Challis eine Zusammenfassung seiner Ergebnisse zu dem neuen Planeten. Neben den üblichen Daten – also etwa die Entfernung des Planeten von der Sonne und seine Maße – fügte er noch einen wichtigen Hinweis hinzu: Die Position, an der sich der Planet am 30. September 1845 befinden würde. Adams hoffte, Challis könnte mit seinem *Northumberland-Teleskop* nach dem Planeten Ausschau halten; da jenes eine Linse mit einem Durchmesser von 29,5 Zentimetern hatte, sollte er in der Lage sein, ihn zu sehen.

Leider übersah Challis den Hinweis. Obwohl er selbst einmal *Senior Wrangler* gewesen war, war er in seinen wissenschaftlichen Fähigkeiten mit Adams nicht annähernd zu vergleichen. Einer seiner Kollegen beschrieb ihn einmal als »zuvorkommend, freundlich, von schlichtem und anspruchslosem Charakter«. Es scheint, Challis war nicht gerade der Herr im Hause. Verheiratet war er mit einer kleinen, temperamentvollen Lady, von der erzählt wird, sie habe eines Nachts einmal einen Einbrecher unter dem Ehebett hervorgezerrt, während Challis im Nebenraum zusammengekauert in der Ecke gehockt habe. Und als Challis einmal abends nicht nach Hause kam, suchte sie ihn im *Northumberland-Observatorium* – und fand ihn eingeklemmt hinter einem Teleskop.

Derweil hatte Adams in Greenwich auch kein Glück. Zuerst war Airy gerade in Paris, beim nächsten Versuch war er nicht im Hause, doch zumindest konnte Adams seine Visitenkarten und seine Unterlagen abgeben. Am selben Tag versuchte er es noch einmal, doch Airys Butler teilte ihm mit, der Königliche Astronom dürfe unter keinen Umständen beim Dinner gestört werden.

Eingeschüchtert kehrte Adams nach Cambridge zurück, er fühlte sich verletzt und eindeutig zurückgewiesen. Warum ignorierte Airy ihn?

Um zu verstehen, was Airy für ein Mensch war, muss man seine Geschichte kennen. Er wurde im Norden Englands geboren und war seit seiner Kindheit nicht sehr sozial veranlagt und konzentrierte sich zumeist wie besessen auf seine Hausaufgaben. Im Alter von zwölf erlernte er die doppelte Buchführung – und dieses System sollte seine Herangehensweise an alles Praktische in seinem Leben bestimmen. Einer seiner Kollegen in Cambridge sagte später über ihn: »Er war ein ausgesprochen praktischer Charakter. Entsprechend groß war seine Abneigung für rein theoretische Fragen. Mit einigen Mathematikern hier an der Universität war er deswegen dauerhaft zerstritten.«

Seine Aufgabe als Königlicher Astronom legte er entsprechend weit aus. Die industrielle Revolution war in vollem Gange und er befasste sich mit praktischen Fragen wie der Spurweite der *Great Western Railway* oder ging später der Ursache des Eisenbahnunfalls auf der Firth-of-Tay-Brücke im Jahre 1879 nach.

Im Grunde war er auch der offizielle wissenschaftliche Berater der Regierung. Er war sich seiner Verantwortung überaus bewusst und war nicht im Geringsten gewillt, seine staatlichen Aufgaben zu vernachlässigen, um irgendeiner obskuren Idee hinterherzulaufen.

Doch er war nicht nur besessen von Praktizismus und Ordnung, er war zudem ein extremer Perfektionist. Seiner Ansicht nach gab es nur zwei Sorten von Menschen: Die, die Erfolg hatten und etwas wert waren, und die, die das nicht hatten und folglich auch nichts wert waren. Junge Menschen fielen bei ihm fast immer automatisch in die zweite Kategorie. Daher ist es nicht sehr überraschend, dass der 26-jährige Adams auf ihn keinen Eindruck machte. Die Reaktionen des königlichen Observatoriums auf Adams' These waren entsprechend unterkühlt. Und auch wenn Airy versuchte, es zu kaschieren, so war doch klar, dass er auf Adams Idee ausgesprochen ablehnend reagierte.

Zur gleichen Zeit bewegte sich auf der anderen Seite des Kanals in Sachen Weltall einiges. Der französische Mathematiker Urbain Le Verrier verfolgte die gleiche Fährte wie Adams, war aber so klug, seine Voraussagen zu veröffentlichen. Doch seine fast schon zwanghafte Fixierung auf Leistung machte ihn in Frankreich so unbeliebt, dass keiner seiner Kollegen ihm bei der Suche nach dem mysteriösen Planeten helfen wollte. Einer von ihnen sagte über ihn: »Ich bin mir nicht sicher, ob Monsieur Le Verrier wirklich der verabscheuenswerteste Mann in Frankreich ist, aber er ist mit Sicherheit der am meisten verabscheute.«

Einer jedoch war Le Verrier gegenüber positiv eingestellt: Airy. Im Juni 1846 hatte er dessen Bericht über den gesuchten Planeten erhalten und sagte: »Ich kann gar nicht angemessen ausdrücken, mit welcher Freude und Befriedigung mich diese Nachricht erfüllt hat.« Le Verriers Voraussage über die genaue Position des Planeten wich von der von Adams nur um einen Grad ab. Und doch zweifelte Airy an der Arbeit des jungen Mannes. Trotzdem beauftragte er Challis damit, sich auf die Suche nach dem Planeten zu machen – mit der Begründung, dass Challis' Teleskop in Northumberland leistungsfähiger war als sein eigenes. Widerwillig machte sich Challis ans Werk. Sein Vertrauen in Adams war deutlich gesunken, nachdem dieser von Airy so zurückgewiesen worden war, und er wusste außerdem, dass Airy ihn selbst auch nicht gerade für das größte astronomische Talent hielt. Bei seiner Suche entdeckte er einmal ein Objekt mit einer Scheibe, kam aber nie auf die Idee, es mit einer höheren Vergrößerung zu betrachten. In der folgenden Nacht schlug ihm einer seiner Gäste beim Abendessen im Trinity College vor, dies doch zu tun; Challis lud den Gast ein, ihn zu begleiten. Als die beiden Männer am Observatorium ankamen, war der Himmel sternenklar, doch Challis bestand darauf, zunächst eine Tasse Tee zu trinken. Als sie dann endlich ans Teleskop traten, waren längst Wolken aufgezogen.

Unterdessen wurde Le Verrier in Frankreich immer unruhiger. Er wusste, dass Challis mit der Suche nach dem Planeten beauftragt worden war, doch keiner seiner französischen Kollegen wollte ihm helfen, selbst danach zu suchen. Mitte September 1846 war er mit seiner Geduld am Ende. Er war sich unsicher, wohin er sich wenden sollte. Doch dann fiel ihm etwas ein. Etwa ein Jahr zuvor hatte er die Doktorarbeit von Johann Gottfried Galle gelesen, der als Assistent am Berliner Observatorium arbeitete. Entweder hatte Le Verrier ihm nie geantwortet, oder die Korrespondenz ging verloren. Jedenfalls erinnerte sich Le Verrier an das Talent des jungen Mannes und schrieb ihm einen überschwänglichen Brief: »Sir, ich habe mit großer Sorgfalt und Aufmerksamkeit die Zusammenfassung von Ole Rømers Sternbeobachtungen gelesen, die Sie mir freundlicherweise zugeschickt haben. Die vollendete Klarheit Ihrer Erklärungen ... ist denen eines überaus fähigen Astronomen durchaus ebenbürtig. Ich bin derzeit auf der Suche nach einem beharrlichen Beobachter, der willens ist, etwas Zeit in die Erkundung eines Teils des Himmels zu stecken, in dem es möglicherweise einen Planeten zu entdecken gäbe. Zu diesem Schluss brachte mich die Theorie zur Bahn des Uranus ...«

Le Verrier fügte dem Brief die berechnete Position des unbekannten Planeten bei, seinen Orbit, sogar seine erwartete Größe, wenn man ihn mit einem *guten Teleskop* betrachtete. Außerdem enthielt der Brief Grüße an Johann Encke, den Direktor des Berliner Observatoriums, dem Le Verrier bisher noch nie begegnet war.

Als der Brief fünf Tage später, am 23. September 1846, in Berlin ankam, versuchte der junge Galle sofort, von seinem Vorgesetzten die Erlaubnis zu bekommen, mit der Suche zu beginnen. Aber Encke hatte jungen Leuten gegenüber eine, um es noch freundlich zu formulieren, ähnlich herablassende Einstellung wie Airy. Galle blieb hartnäckig und zudem stieg mit Heinrich Louis D'Arrest ein weiterer junger Astronom in die Diskussion ein, der ebenfalls darum bat, an der Suche teilnehmen zu dürfen.

Noch in derselben Nacht setzten sich die beiden an den 23-Zentimeter-Refraktor, den Stolz der Berliner Sternwarte, dessen Linse von dem zwanzig Jahre zuvor verstorbenen Joseph Fraunhofer, dem führenden Glasmacher jener Zeit, höchstpersönlich hergestellt worden war. Galle suchte an den von Le Verrier genannten Koordinaten nach einer Scheibe, fand aber nichts. Jetzt war D'Arrest am Zug. Er schlug vor, eine noch detailliertere Sternkarte zu nutzen; er wühlte sich durch einen ganzen Stapel unsortierter Karten und fand schließlich eine fast neue, die erst 1845 gedruckt worden war: Die *Hora XXI* aus dem Berliner Sternenatlas war bisher kaum benutzt worden und auch noch nicht im Handel erhältlich. Die Männer machten sich wieder an die Arbeit – Galle schaute durchs Teleskop und gab die Positionen und das Aussehen der Sterne durch, die er beobachtete, und D'Arrest saß am Schreibtisch und glich die Sterne mit der Karte ab. Schon nach kurzer Zeit atmete D'Arrest tief ein – »Dieser Stern ist nicht auf der Karte!«, rief er. Am 23. September 1846 hatte unser Sonnensystem also einen neuen Planeten bekommen.

Der Neue war praktisch ein Zwilling von Uranus. Er bestand aus Wasser und Gas, war nur wenig kleiner als sein erst kürzlich entdeckter Kollege, dafür aber schwerer – er wog etwa 17 Mal so viel wie die Erde.

Doch auch nach seiner Entdeckung gingen die Diskussionen weiter. Wer hatte ihn denn nun entdeckt? Diese Ehre wurde schließlich den beiden Männern ohne Teleskope zuteil, nämlich Adams und Le Verrier, die seine Position vorausgesagt hatten. Und dann gab es natürlich noch eine hitzige Debatte darüber, wie man ihn nennen sollte. Seine Entdeckung war ja eine grenzüberschreitende Kooperation gewesen, und so konnte man sich über den passenden Namen nicht gleich einig werden. Sollte man ihn *Herschel* nennen? *Janus*? *Oceanus*? Oder *Le Verrier*? Während Airy in der ganzen Sache nicht besonders gut dastand, da er die Chance verpasst hatte, das Ganze zu einer britischen Entdeckung zu machen, konnte ihn einer seiner Kollegen mit den richtigen Argumenten ausstatten: »Die Mythologie wäre eine neutrale Grundlage. Herschel ist vielleicht ein ganz passender Namen, aber Le Verrier oder Ähnliches hört sich eher nach einem Handwerker an, das ist eher nicht so gut. Und stellen Sie sich vor, wie unangenehm es wäre, wenn der nächste Planet von einem Deutschen entdeckt werden würde, einem Bugge oder Funk, oder ihrem heruntergekommenen Freund Boguslawski!« Am Ende siegte die Vernunft. Die grün-blaue Farbe des neuen Planeten ließ an eine Welt aus Wasser denken – und Le Verrier taufte ihn schließlich nach dem Gott des Meeres *Neptun*. Unser Sonnensystem mit seinen acht Planeten war nun komplett. Oder etwa doch nicht?

KAPITEL 7

DER PLANET, DER NIE EINER WAR

Alan Stern hatte eine Mission. Es hat ihn 14 Jahre seines Lebens gekostet, sie zu verwirklichen, und es war eine Mission, wie sie die Menschheit nie zuvor unternommen hatte: Eine Sonde an den Rand des Sonnensystems zu schicken. Am 14. Juli 2015 passierte die Raumsonde *New Horizons* in nächster Nähe einen sehr besonderen Himmelskörper, der die äußeren Grenzen unseres Planetensystems markiert[1].

Auch nach der ersten Sichtung des Neptun durch Johann Galle waren sich die Astronomen nicht sicher, ob sie schon den äußersten Planeten unseres Sonnensystems gefunden hatten. Le Verrier hatte immer noch Zweifel, es blieben Unstimmigkeiten in der Umlaufbahn des Uranus, die man auch mit dem Einfluss von Neptun nicht erklären konnte. Gab es da draußen noch eine weitere Welt?

In den Vereinigten Staaten von Amerika betrat Ende des 19. Jahrhunderts ein überaus talentierter Banker und Universalgelehrter die astronomische Bühne: Percival Lowell wurde 1855 geboren und stammte aus einer reichen Bostoner Familie.

---

1 Anmerkung des Übersetzers: Als die englische Ausgabe dieses Buches erschien, lagen die hier geschilderten Ereignisse um *New Horizons* noch in der Zukunft. Ich habe die Schilderung zeitlich entsprechend angepasst und um die tatsächlichen Begebenheiten ergänzt.

In Sachen Reichtum und Ansehen wurden die Lowells nur von den Cabots übertroffen, über sie gab es sogar ein Sprichwort:

And this is good old Boston
The home of the bean and the cod
Where the Lowells talk only to Cabots
And the Cabots talk only to God.

Diese holprigen Verse wurden von Studenten der Harvard-Universität verfasst, an der auch der junge Lowell einen ausgezeichneten Abschluss in Mathematik machte. Seine Abschlusspräsentation, eine Analyse der sogenannten *Nebularhypothese* – also der Theorie, wie Planeten entstehen –, war für sein Alter extrem anspruchsvoll. Lowell machte nach seinem Abschluss eine glanzvolle Geschäftskarriere, doch zog es ihn immer wieder hin zu seiner alten Leidenschaft, der Astronomie. Dank seines erheblichen Reichtums konnte er 1894 in Flagstaff, Arizona ein aufsehenerregendes Observatorium bauen lassen. Es befand sich 2.100 Meter über dem Meeresspiegel, in einer Höhe, in der der Himmel fast immer klar war, und stellte damit die erste Sternwarte dieser Art dar.

Lowell hatte zwei ganz besondere Interessen: Einerseits den Mars, andererseits die Suche nach *Planet X*, von dem er sicher war, er müsse noch hinter Neptun liegen. 1906 begann er, systematisch nach ihm zu suchen, doch der Bildausschnitt seines Teleskops war zu klein. Bis 1915 griff er immer wieder auf mathematische Berechnungen zurück, doch nach Hunderten von Vorhersagen musste er erkennen, dass »die Berechnungen uns die Präzision eines Gewehrs versprechen, wir aber letztlich mit dem Wirrwarr einer Schrotflinte zurechtkommen müssen«. Schließlich wandte er sich der Fotografie zu, die damals für astronomische Beobachtungen immer häufiger eingesetzt wurde. Doch obwohl er *X* im Jahre 1915 sogar zweimal fotografierte, erkannte er ihn nicht – das Objekt war einfach so dunkel, dass es kaum zu sehen war.

Lowell starb 1916 an einem Schlaganfall und die Zukunft seines Observatoriums war zunächst ungewiss. Er hatte für seine Witwe Constance gut vorgesorgt, jedoch das meiste Geld für die Fortführung seiner Sternwarte beiseite gelegt. Mehr als zehn Jahre lange versuchte Constance daher, das Erbe anzufechten, bis schließlich Roger Putnam das Observatorium in seine Obhut nahm, ein Neffe Lowells und ebenfalls leidenschaftlicher Hobbyastronom. Und obwohl der verbitterte Rechtsstreit bereits die Hälfte des 2,3-Millionen-Dollar-Vermögens gekostet hatte, war Putnam bestrebt, den Traum seines Onkels wieder zum Leben zu erwecken. Er investierte einen großen Teil seines eigenen Geldes und gab einen neuen 33-Zentimeter-Fotorefraktor in Auftrag, um die Suche nach *X* wieder aufzunehmen – oder *Onkel Percys Planet*, wie er ihn nannte.

Vesto M. Slipher, der neue Direktor der Einrichtung, begann 1929 mit der Arbeit. Er brauchte einen jungen und eifrigen Mitarbeiter, der Nacht für Nacht den Himmel fotografieren und auf den Fotos nachsehen sollte, ob sich etwas vor dem Hintergrund der Sterne bewegt hatte. Er fand ihn schließlich in dem 23-jährigen Clyde Tombaugh, einem Hobbyastronomen aus Kansas, der Slipher kurz zuvor einige seiner Planetenbeobachtungen geschickt hatte. Tombaughs Begeisterung über das Angebot war offensichtlich: »Es hätte keinen besseren Zeitpunkt geben können, Herrn Dr. Slipher, dem Direktor des *Lowell-Observatoriums*, meine Zeichnungen des Mars und des Jupiter zu schicken«, erzählte er uns in den 1980er-Jahren (leider verstarb er 1997). »Slipher suchte nach einem passenden Kollegen, der mit dem neuen Teleskop arbeiten sollte, und antwortete mir sofort. Er warnte mich allerdings, dass die Nachtschichten lange Aufenthalte in der unbeheizten Kuppel bedeuten würden. ›Wären Sie daran interessiert, für drei Monate auf Probe in Flagstaff zu arbeiten, ab Mitte Januar?‹, fragte Slipher mich. Mein Vater sagte daraufhin zum Abschied: ›Clyde, sieh zu, dass du dich nützlich machst, und halt dich von den leichten Mädchen fern.‹«

Schnell machte sich Tombaugh mit den Eigenheiten des Teleskops und des Blinkkomparators vertraut, den er tagsüber nutzte, um die Fotografien zu vergleichen. Der Komparator zeigte ihm zwei Fotografien derselben Himmelsregion abwechselnd, in schneller Folge. Tombaugh musste die Fotoplatten so einrichten, dass die Sterne exakt an derselben Position waren. So würde er auf alles automatisch aufmerksam werden, was sich in den zwei oder drei Tagen, die zwischen den Aufnahmen vergangen waren, bewegt hatte, da es auf den Bildern hin- und herspringen würde.

Slipher bat ihn, mit seiner Suche im Sternbild Zwillinge zu beginnen, dort hatte Lowell den neuen Planeten vorausgesagt. Lowell hatte dabei ein relativ helles Objekt erwartet, etwa sieben Mal so massereich wie die Erde. Aber Tombaugh fand nichts. Nach einigen Monaten nahm er die Suche selbst in die Hand: Was wäre, wenn der gesuchte Planet gar nicht so schwer wäre, wie Lowell es errechnet hatte? Wenn es sich vielleicht um etwas völlig anderes handeln würde? Tombaugh beschloss, den gesamten Tierkreis (also den Himmelsstreifen, den die Planeten durchlaufen) abzusuchen und nach allem Ausschau zu halten, was jenseits des Neptun liegen könnte.

Am 18. Februar 1930 verglich er zwei Fotos, die am 23. und 29. Januar gemacht worden waren – und etwas darauf bewegte sich. Es war genau die passende Bewegung, um ein Planet jenseits des Neptun sein zu können. »Ich war furchtbar aufgeregt«, erinnerte er sich. »Ich glaube nicht, dass sich dieses Gefühl noch einmal übertreffen lässt.«

Um wirklich sicherzugehen, verglich er andere Aufnahmen des blassen Objekts. Als er weitgehend Gewissheit hatte, klopfte er an der Tür des Direktors. Er atmete tief ein, dann sagte er: »Dr. Slipher, ich habe Ihren Planeten X gefunden.« Der Direktor erhob sich voller Freude. »Ich konnte ihm kaum folgen, als er zum Blinkkomparator rannte«, erinnerte sich Tombaugh.

In England wurde die Nachricht von der Entdeckung in der *Times* gemeldet. Die elfjährige Venetia Burney, die sich für

Astronomie und Mythologie begeisterte, schlug beim Frühstück vor, der dunkle neue Himmelskörper könnte doch *Pluto* heißen, wie der römische Gott der Unterwelt. Ihr Großvater reichte den Vorschlag beim Oxforder Professor für Astronomie ein, der ein Telegramm an Slipher sandte: *Bezüglich des Namens des neuen Planeten. Bitte erwägen Sie Pluto; Vorschlag für dunklen und grauen Planeten von jungem Mädchen Venetia Burney*. Der Name gefiel den Verantwortlichen. Er hatte außerdem den zusätzlichen Vorteil, dass seine ersten beiden Buchstaben die Initialen von Percival Lowell waren und das Kürzel PL sich gut eignete.

Doch Pluto ist ein eigenartiger Planet. Bei der Durchsicht älterer Fotografien fanden die Astronomen weitere Bilder des Himmelskörpers und konnten so seine Umlaufbahn relativ genau berechnen. Sie fanden heraus, dass Pluto die ovalste Bahn von allen Planeten hatte und dass er zeitweise sogar näher an der Sonne stand als sein Nachbar Neptun, jedoch im Vergleich zu diesem an anderen Punkten seiner Bahn bis zu sechzig Prozent weiter von der Sonne entfernt war. Und obwohl sich die beiden Planetenbahnen kreuzten, besteht keine Gefahr eines Zusammenstoßes, Plutos Orbit ist stark geneigt und die beiden Planeten stehen zueinander in einem fixen Umlaufverhältnis, sodass sie immer weit genug voneinander entfernt sind.

Aber war Pluto nun der vorausgesagte Planet, der die Bahn des Uranus so massiv beeinflusste? Er war deutlich dunkler, als Lowell es sich vorgestellt hatte; es konnte sich also nur um einen recht kleinen Planeten handeln. Auch Tombaugh war skeptisch. Schon bald setzte er sich wieder ans Teleskop, fotografierte jede Nacht den Himmel und verglich tagsüber die Aufnahmen. Aber in den folgenden 13 Jahren, in denen er sich mit der Suche befasste, tauchte kein weiterer Planet auf. Und doch hinterließ er mit seiner Arbeit ein bemerkenswertes Erbe: Er überprüfte 45 Millionen Sterne, entdeckte 775 Asteroiden und identifizierte 1.700 sogenannte *Veränderliche Sterne*, die in ihrer Helligkeit schwanken.

Um die Masse von Pluto festzustellen, gab es nur einen Weg: Man musste herausfinden, ob er einen Mond besaß. Tombaugh und seine Kollegen vom *Lowell-Observatorium* untersuchten Pluto mit den leistungsstärksten Teleskopen – und fanden nichts.

Das änderte sich erst 1978, als Jim Christy, der am *US Naval Observatory* arbeitete, die genauen Positionen von Himmelskörpern auf Fotoplatten vermaß, die mit einem neuartigen, sehr präzisen Teleskop erstellt worden waren. Während die Bilder von Sternen perfekte Kreise zeigten, erschien ihm Pluto zu seiner Verwunderung auf allen Fotos birnenförmig. Er legte diese Bilder zunächst in eine Kiste mit der Aufschrift *Defekt*. Doch die Aufnahmen ließen ihn nicht los. Es gab da noch eine andere Möglichkeit. Die Birnenform konnte aus der Kombination zweier Kreisformen herrühren, eine heller als die andere; die hellere wäre dann Pluto, die dunklere ein Mond, der den Planeten sehr eng umkreiste.

»Ich habe es zuerst nicht geglaubt«, gab Christy zu. »Ich machte zunächst mit etwas anderem weiter, und dachte dann später: Ich bin mir sicher, dass das ein Mond ist – und ich sollte dem nachgehen!« Er sah andere, mit noch höherer Vergrößerung aufgenommene Bilder durch, und tatsächlich wirkte Pluto auf einigen davon etwas ausgebeult. Die Ausbeulung bewegte sich langsam im Kreis herum, ganz so wie ein Mond, der um einen Planeten kreist.

Als Entdecker des Mondes wurde Christy die Ehre zuteil, ihn zu benennen. Er wollte ihn gerne nach seiner Frau Charlene nennen, doch seine Kollegen wiesen ihn darauf hin, dass dies nicht so ganz im Sinne der klassischen Tradition sei. Also verbrachte Christy eine ganze Nacht über einem griechischen Wörterbuch. Zu seiner Freude stellte er fest, dass der Name von Plutos treuem Fährmann, der die Toten über den Fluss Styx in die Unterwelt brachte, *Charon* lautete. *Char* (ausgesprochen: *Schar*) lautete zufällig auch der Kosename von Christys Frau Charlene – konnte es also einen besseren Namen geben? Bis heute sprechen Astronomen den Namen des Mondes zu Ehren von Charlene

Christy wie *Scharon* aus, anstatt klassisch *Kaaron*. Seine Frau zeigte sich entzückt: »Viele Männer wollen ihren Frauen die Sterne vom Himmel holen – und mein Mann hat mir tatsächlich einen Mond geschenkt.«

Innerhalb von 24 Stunden hatte Christy die Frage nach Plutos Masse und seiner Anziehungskraft beantwortet, die die Astronomen fast ein halbes Jahrhundert beschäftigt hatte. Die entscheidende Erkenntnis: Bei einem Durchmesser von nur 2.300 Kilometern wiegt Pluto nur etwa ein Fünfhundertstel der Erde und kann folglich nicht dafür verantwortlich sein, Gasriesen wie Uranus auf ihrer Bahn zu beeinflussen. Als 1989 die Sonde *Voyager 2* am Neptun vorbeiflog, stellten die Wissenschaftler schließlich fest, dass sie dessen Masse bisher geringfügig falsch berechnet hatten. Der korrekte Gravitationseinfluss von Neptun erklärte die Diskrepanz der Uranusbahn dann vollständig – obwohl genau sie es ja gewesen war, die die Suche nach *Planet X* überhaupt veranlasst hatte.

Pluto war offenbar nicht viel mehr als ein kosmischer Zwerg, eine unbedeutende Welt, die in den Randzonen unseres Sonnensystems auf einer eigenwilligen Bahn vor sich hin kreiste. Aber es sollte noch schlimmer kommen. Eine neue Generation von Astronomen, ausgestattet mit immer besseren Instrumenten, fand heraus, dass Pluto noch nicht einmal einzigartig war – es gab noch mehr von seiner Sorte.

Einer dieser Forscher ist Dave Jewitt. Schon als Kind in London beobachtete er den Sternenhimmel: »Die einzigen Objekte, die ich mit meinem kleinen Teleskop sehen konnte, waren die Sonne, der Mond und die Planeten. Sie haben mich seitdem nie mehr losgelassen.« Ihn verfolgte auch die Frage, warum die äußeren Bereiche des Sonnensystems fast leer zu sein schienen. 1988 suchten er und seine Kollegin Jane Luu mit dem gewaltigen Teleskop auf der Spitze des 4.200 Meter hohen Mauna Kea auf Hawaii die Tiefen des Alls sorgfältig nach sich langsam bewegenden Objekten ab. Wie schon Clyde Tombaugh benutzten sie dabei einen Blinkkomparator, dieser war jedoch dank

Computerunterstützung unendlich viel schneller und effektiver. 1992 landeten sie dann einen Volltreffer.

»Nach jahrelanger Suche waren wir überrascht, schließlich doch etwas zu finden«, erinnert sich Jewitt. Was sie entdeckt hatten, war das erste der vielen kleinen gefrorenen Objekte, die seitdem jenseits des Neptun gefunden wurden.

Die Theorie, dass es am Rande des Sonnensystems einen ganzen Schwarm von Eistrümmern geben könnte, war nicht neu; schon viele Astronomen hatten diesen Gedanken vorher postuliert. Schließlich wurde die Formation *Kuipergürtel* genannt, nach dem Astronomen Gerard Kuiper. Mehr als tausend *KBOs* (*Kuiper Belt Objects*) wurden seither entdeckt.

Nun wuchsen die Zweifel, ob es sich bei Pluto überhaupt um einen Planeten handelte. »Pluto ist ein vollkommen normales Objekt des Kuipergürtels«, sagte Jewitt 1999. »Ich denke, dass wir innerhalb der nächsten zwei oder drei Jahre ähnlich große Objekte dort entdecken werden, vielleicht sogar größere.«

Mike Brown vom *California Institute of Technology* (*Caltech*), der mit seinem Team ebenfalls nach kleinen gefrorenen Himmelskörpern im äußeren Sonnensystem Ausschau hält, hat den Ruf, besonders große, spektakuläre Funde zu machen. Doch 2003 fand er etwas, das selbst ihn erstaunte. Er hatte das *Samuel-Oschin-Teleskop* auf dem Palomar Mountain in Kalifornien aufwändig restauriert, suchte nun mit ihm den Himmel ab und bemerkte auf seinem Bildschirm plötzlich die Umrisse eines sich langsam bewegenden Objekts. Das Team verfolgte seine Bahn mehr als zwei Jahre lang; der Körper musste *sehr* weit weg sein – und war dafür ungewöhnlich hell. Browns Planetensucherinstinkt sagte ihm: Dieses Objekt musste größer als Pluto sein. Beobachtungen durch das Hubble-Weltraumteleskop stützten dann diese Vermutung, das Objekt war tatsächlich etwas größer als Pluto, wenn auch nur sehr wenig. Bis heute wird über die genaue Größe diskutiert, aber *Eris*, wie der neue Flugkörper getauft wurde, ist auf jeden Fall der massereichere der beiden. 2005 wurde es dann öffentlich: Das

Sonnensystem hat offenbar einen neuen Planeten, der dreimal so weit weg ist wie Pluto und damit das entfernteste bekannte Objekt in unserem System. Eine monatelange Debatte entstand: Gab es wirklich einen zehnten Planeten? Wie sollte man ihn nennen? Brown, der bekannt dafür war, seinen Entdeckungen ungewöhnliche Namen zu verpassen, schlug *Xena* vor, nach der Heldin der gleichnamigen Fernsehserie. Die Zuständigen waren davon allerdings nicht sehr begeistert, sie wollten eine konventionellere Benennung und landeten schließlich bei *Eris*, nach der griechischen Göttin der Zwietracht. Ein sehr passender Name, denn die Frage blieb bestehen: War Eris denn nun ein Planet? Oder war er, wie Dave Jewitt es vorausgesagt hatte, nur ein weiteres Objekt des Kuipergürtels, ein KBO, so wie Pluto? Es kam zu hitzigen Diskussionen in der Fachwelt. Die Wissenschaftler mussten ihre Kriterien dafür, was einen Planeten definiert, neu überdenken. Eine solche Situation hatte es bisher noch nie gegeben, und die Frage wurde letztlich 2006 bei der hochkarätig besetzten Generalversammlung der *Internationalen Astronomischen Union* in Prag per Abstimmung entschieden. Das Ergebnis: Pluto wurde zu einem *Zwergplaneten* herabgestuft – und Eris ebenso. Mike Brown sagte der Presse: »Pluto ist raus. Er ist kein Planet. Es gibt also offiziell nur acht Planeten im Sonnensystem.«

Und wie nahm Clyde Tombaughs Familie die Neuigkeit auf? »Es ist schon enttäuschend, auf eine bestimmte Weise, und auch verwirrend«, sagte Patricia, seine Witwe, »aber ich verstehe auch, dass die Wissenschaft nicht stillsteht.« Tombaughs Sohn Alden ist der Ansicht, dass sein Vater dennoch einen wichtigen Beitrag zu unserem Wissen über das Sonnensystem geleistet hat. »Dies ändert an den Errungenschaften meines Vaters nichts. Wissenschaft ist ein stetig fortschreitender Prozess, und mein Vater war ein Teil davon.«

Doch es gibt eine lautstarke Minderheit unter den Astronomen, die die Herabstufung Plutos nicht einfach so hinnehmen will, angeführt von Alan Stern, einem verdienten Planetenforscher am *Southwest Research Institute* in Boulder, Colorado. Schon sein ganzes Leben begeisterte er sich für Pluto. Er sagte zu der Entscheidung: »Weniger als fünf Prozent aller Astronomen haben an der Abstimmung teilgenommen. Das kann nicht gültig sein, das wäre eine Farce.«

Stern leitete die Mission der Sonde *New Horizons*, die im Januar 2006 startete und im Juli 2015 an Pluto und seinem Mond Charon vorbeiflog. Im August 2014 kreuzte *New Horizons* die Neptunbahn, zufälligerweise auf den Tag genau 25 Jahre, nachdem *Voyager 2* den Gasgiganten im Jahre 1989 besucht hatte.

»*Voyager 1* und *2* untersuchten die gesamte mittlere Zone des Sonnensystems, wo sich die Gasriesen befinden«, sagt Stern. Nun gehen wir von da aus einen Schritt weiter und erforschen die noch weiter entfernte und unbekannte Plutoregion.« Für Stern und seine Kollegen stellt Pluto weit mehr als nur ein Anhängsel des Sonnensystems dar; für sie ist er vielmehr eine Art Grenze. Pluto, Eris und ihre Begleiter sind Teil einer gewaltigen, unerforschten Region unserer kosmischen Nachbarschaft. Stern ist von seiner ambitionierten Mission daher natürlich sehr begeistert. *New Horizons* näherte sich Pluto schließlich am 14. Juli 2015 auf bis zu 12.500 Kilometer und kam auch auf bis zu 28.800 Kilometer an Charon heran. Die Sonde sollte dabei beide Körper und die ganze Umgebung mit diversen Instrumenten fotografieren und vermessen. Stern konnte sich zuvor viele verschiedene Ergebnisse vorstellen: Es gab die Möglichkeit, Ringe zu entdecken, vielleicht auch Eisvulkane, wie man sie auf dem Neptunmond Triton gefunden hatte, und vielleicht noch unbekannte Wechselwirkungen zwischen Pluto und Charon.[2]

---

2 Anmerkung des Übersetzers: Der Vorbeiflug klappte wie geplant am 14. Juli 2015, die Fotos von der Annäherung und dem Vorbeiflug waren sehr detailliert und wurden in den internationalen Medien vielfach gezeigt. Die Übertragung und Auswertung der Daten läuft derzeit (Sommer 2016) noch.

Am meisten aber freut sich Stern auf die Erforschung eines völlig neuen Bereichs unseres Sonnensystems – ein Gebiet, das weit größer ist als jenes, das wir bisher erforscht haben. »Ich werde keine Vorhersagen machen, es geht vor allem darum, zu entdecken«, sagt Stern. Und *New Horizons* hat auch jenseits von Pluto noch jede Menge zu entdecken. Die Sonde hat genug Treibstoff an Bord, um auch andere, noch weiter entfernte Welten zu besuchen; derzeit wird noch ausgewählt, welche das sein werden. Der Reiz immer neuer unbekannter Himmelskörper regt die Vorstellungskraft der Astronomen und Raumforscher an: »In einigen Hundert Jahren«, sagt Alan Stern, »wird das Sonnensystem leicht zu bereisen sein, sodass Forscher wie ich die Möglichkeit haben werden, diese Welten auch zu besuchen. Und doch gibt es so viel da draußen, dass es selbst bei sehr schnellen Transportmöglichkeiten sehr lange dauern wird, alles zu entdecken, zu erforschen und es wissenschaftlich und dann auch ökonomisch zu erschließen.«

Die Schlussworte dieses Kapitels kommen von jemandem, der selbst bereits einen ersten Schritt gemacht hat auf dem langen Weg der Menschheit in den Weltraum.

»Wir müssen selbst dorthin reisen«, sagt Gene Cernan, der bislang letzte Mensch auf dem Mond. »Wie es dort ist, wie es sich anfühlt, dort zu sein, kann weder ein Roboter beantworten noch eine Kamera oder ein Computerchip, nur der Mensch selbst kann das. Und soweit ich weiß, gab es für einen Roboter bislang auch noch nie eine Konfettiparade in New York! Wir sind jetzt wirklich im Raumfahrzeitalter angekommen. Ein Raumschiff zum Pluto zu bringen scheint derzeit vielleicht noch unvorstellbar – aber zum Mond zu fliegen war auch irgendwann einmal nicht mehr als ein Traum.«

KAPITEL 8

FLAMMENDES INFERNO

»Atomkraft? Nein, danke!« Seit den 1970er-Jahren kennt man das Logo mit der fröhlichen Sonne, das uns sagt, dass Atomkraft etwas Schlechtes ist, Solarenergie dagegen natürlich und gut.

In Wahrheit ist es selbstverständlich ganz anders. Die vermeintlich gütige und lebensspendende Sonne ist in Wirklichkeit selbst ein riesiger Kernreaktor, und der liegt direkt vor unserer kosmischen Haustür. In jeder Sekunde produziert die Sonne mehr Kernenergie als ein Kraftwerk auf der Erde in Millionen von Jahren. Und die Strahlung, die die Sonne abgibt, ist so tödlich, dass alles Leben auf unserem Planeten längst ausgelöscht wäre, gäbe es nicht das schützende Magnetfeld der Erde und den Schutz durch die Atmosphäre.

Die Sonne ist uns wohl das vertrauteste Objekt am ganzen Himmel, daher ist es umso erstaunlicher, wie wenig die Astronomen noch bis vor Kurzem über sie wussten. Noch immer können wir ihre unregelmäßigen Ausbrüche, die innerhalb von Sekunden unsere Zivilisation auslöschen könnten, nicht zuverlässig voraussagen. Bis Mitte des 19. Jahrhunderts machte sich die Wissenschaft über derlei Szenarien noch wenig Gedanken. Und zum Nachdenken brachte sie schließlich auch erst jemand, der weder Astronom noch Physiker war, sondern Biologe: Charles Darwin.

Darwins Buch *On the Origin of Species*, in dem er behauptet hatte, dass sich alles Leben auf der Erde aus einfacheren Vorfahren entwickelt habe, hatte 1859 wie eine Bombe in die beschauliche Welt des Viktorianischen Zeitalters eingeschlagen. Das umstrittene Buch brachte ihm nicht nur den bekannten Zwist mit der Kirche ein, seine Theorie verärgerte auch einige der führenden Physiker jener Zeit. Darwin hatte nämlich festgestellt, dass es eine sehr lange Zeit gedauert haben musste, bis sich die verschiedenen Formen des Lebens auf der Erde entwickelt hatten, folglich musste die Erde viel älter sein, als die meisten Menschen damals glaubten. Um das wirkliche Alter unseres Planeten herauszufinden, untersuchte Darwin die Erosion der Kreidefelsen im Weald-Gebiet im südenglischen Kent. Indem er beobachtete, mit welcher Geschwindigkeit die Steine dort abgetragen wurden, kam er zu folgendem Schluss: »Der Abtragungsprozess in Weald muss etwa 306.662.400 Jahre gedauert haben, also mehr als 300 Millionen Jahre.«

Für viele Wissenschaftler war das schwer zu glauben, ein solcher Zeitraum erschien ihnen viel zu lang. Hauptkritiker Darwins war der Physiker Lord Kelvin. Die Erde könne nicht älter als die Sonne sein, argumentierte dieser richtig, und machte sich daran, das Alter der Sonne zu bestimmen. Man wusste damals bereits, wie heiß die Sonne war und mit welcher Geschwindigkeit sie ihre Energie abgab. Wenn Kelvin jetzt noch herausfinden konnte, was die Quelle dieser Energie war, konnte er die Lebensdauer der Sonne berechnen.

Der amerikanische Astronom und Luftfahrpionier Samuel Pierpont Langley hatte zuvor bereits untersucht, ob die Sonne ein gewaltiger Klumpen brennender Kohle sein könnte. Aber nach seinen Berechnungen kam das bei Weitem nicht hin: »Es wäre die gesamte Kohle aller Kohlefelder Pennsylvanias nötig, um die Energie der Sonne auch nur für eine Tausendstelsekunde aufrechtzuerhalten.« Wenn die Sonne also aus Kohle bestünde, wäre sie nach wenigen Jahrtausenden vollständig verbrannt.

Inspiriert durch den spektakulären Anblick hell leuchtender Sternschnuppen, glaubte Lord Kelvin zunächst, dass fallende

Meteore die Sonne erhitzen würden. Doch seine Berechnungen zeigten, dass dann innerhalb von 47 Jahren so viele Meteore auf die Sonne hätten fallen müssen, dass sie zusammen etwa die Masse der Erde hätten. Dies hätte aber erheblichen Einfluss auf die Umlaufbahnen der Planeten.

Daher wandte sich Kelvin einer Theorie zu, die der deutsche Wissenschaftler Hermann von Helmholtz aufgestellt hatte: Wenn man Gas verdichtet, wird es heiß, und Helmholtz glaubte, dass die Schwerkraft der Sonne das Gas zusammenpresst und so Hitze erzeugt. Kelvin basierte seine Berechnung auf dieser *Kontraktionshypothese* und kam zu dem Ergebnis, dass die Sonne etwa 20 Millionen Jahre alt sei – nicht annähernd genug, damit sich Leben hätte entwickeln können. In seinem vermeintlichen Triumph der Physik über die Geologie fragte er hämisch: »Und was ist jetzt von solchen geologischen Schätzungen wie den 300 Millionen Jahren beim Abtragungsprozess in Weald zu halten?«

Wie von Kelvin beabsichtigt, war Darwin schwer verunsichert. Er entfernte seine geologischen Berechnungen aus den folgenden Auflagen von *On the Origin of Species* und sagte später, Kelvins Schätzungen des Erdalters seien für einige Zeit seine schlimmsten Sorgen gewesen.

Im Rückblick wissen wir nun natürlich, dass der Physiker falschlag und der Biologe recht hatte. Tatsächlich sind sowohl die Sonne als auch die Erde noch um einiges älter, als selbst Darwin es vermutete: Die Sonne lebt nun schon etwa fünfzehn Mal so lang, nämlich 4.567 Millionen Jahre.

Das Rätsel der Sonnenenergie wurde schließlich von zwei der besten Denker des frühen 20. Jahrhunderts gelöst. 1905 hatte Albert Einstein in der Schweiz postuliert, dass Masse sich in Energie verwandeln kann – prägnant zusammengefasst in seiner berühmten Formel $E=mc^2$, wobei E für die Energie steht, die aus einer Masse m gewonnen werden kann, und c für die Lichtgeschwindigkeit.

15 Jahre später nun brachte diese Formel dem britischen Wissenschaftler Arthur Eddington seinen eigenen *Heureka*-Moment ein. Er war schon immer voller Verachtung für Kelvins Theorie: »Es ist der Trägheit der Tradition geschuldet, dass die Kontraktionshypothese immer noch lebt – oder treffender, nicht lebt, sondern daliegt wie eine unbestattete Leiche.« Eddington selbst glaubte, die Lösung des Rätsels im gasförmigen Wasserstoff in der Sonne gefunden zu haben.

Die Theorie besagt, dass man vier Wasserstoffatome zu einem Heliumatom umwandeln kann, dem nächsten Element im Periodensystem. Doch interessanterweise wiegt ein Heliumatom geringfügig weniger als die vier Wasserstoffatome: Was passiert mit der verschwundenen Masse? Die Antwort findet sich in Einsteins berühmter Gleichung: Die fehlende Masse wird in Energie umgewandelt, und sie ist es, die die Sonne scheinen lässt. Eddington glaubte, die Quelle der Sonnenenergie »kann wohl kaum etwas anderes sein als die subatomare Energie, die, wie man weiß, in aller Materie im Übermaß vorhanden ist; wir können nun davon träumen, dass der Mensch eines Tages verstehen wird, sie freizusetzen und für seine Zwecke zu nutzen«.

In einem Vortrag, der wohl als eine der erstaunlichsten Reden in der Geschichte der Wissenschaft gilt, sagte Eddington, dass die Sonne genug Wasserstoff enthielte, um ihren Hitzeausstoß für 15 Milliarden Jahre aufrecht zu erhalten – mehr als genug Zeit also, damit sich das Leben auf der Erde entwickeln konnte. Er schloss mit den vorausschauenden Worten: »… dies bringt uns der Erfüllung unseres Traums ein wenig näher, diese verborgene Energie zum Wohle der Menschheit zu nutzen – oder zu ihrem Verderben.« Eddington sagte damit quasi die zerstörerische Kraft der Wasserstoffbombe voraus – und das schon unmittelbar nach dem Ende des Ersten Weltkriegs!

Und er lag richtig: Die Sonne ist in der Tat eine unvorstellbar mächtige Wasserstoffbombe, deren Explosion zum Glück aber in Zeitlupe abläuft. Das immense Gewicht der äußeren

Sonnenschichten verhindert, dass der Kern einfach in einem verheerenden Ausbruch explodiert.

Im Inneren der Sonne herrschen nur schwer vorstellbare Bedingungen. Die Gravitation wirkt hier so stark, dass das Gas zusammengepresst wird, und zwar siebzig Mal dichter als Gold. Die Temperatur beträgt bis zu 15,7 Millionen °C. Die Kernfusion verwandelt unglaubliche Mengen an Wasserstoff zu Helium: In jeder *Sekunde* vernichtet die Sonne 4 Millionen Tonnen ihrer eigenen Masse – und verwandelt sie in pure Energie. Und doch hat man Erstaunliches festgestellt: Wenn man ein Stück aus der Sonne schneiden würde, das so groß ist wie ein Mensch, würde dieses Stück weniger Energie erzeugen als der menschliche Körper! Der Energieausstoß der Sonne ist nur deswegen so gewaltig, weil ihr Zentralreaktor riesig ist – in ihm hätten Tausende von Erden Platz.

Diese Energie tritt als tödliche Strahlung aus dem Kern. Wäre man ihr direkt ausgesetzt, könnte man nicht eine Sekunde überleben. Zum Glück ist dieser Kernreaktor sicher durch eine Schicht aus dichtem Gas verhüllt, die fast 1 Million Kilometer dick ist. Trifft die Strahlung nun auf diesen dichten Nebel, wird sie beständig in unterschiedliche Richtungen abgelenkt, was die Wissenschaftler *random walk* nennen, also eine Zufallsbewegung. Man kann es sich ein bisschen vorstellen wie einen Betrunkenen, der versucht, von einem Laternenpfahl aus geradeaus die Straße hinunterzulaufen, jeder Schritt geht in eine zufällige Richtung, insgesamt kommt er kaum vorwärts.

In der Sonne führt das zu dem Ergebnis, dass die Strahlung aus dem Kern für etwa 100.000 Jahre im Inneren des Sterns herumirrt. Wenn sie dann schließlich die Oberfläche erreicht, ist die Kraft der gefährlichen Gammastrahlung stark abgemildert; die gewaltige Energie der Sonne tritt dann vor allem als Hitze und Licht aus. Diese Verzögerung bedeutet demnach auch, dass das Licht der Sonne, das wir heute sehen, zu einer Zeit im Kern erzeugt wurde, als unsere frühen Vorfahren gerade Afrika verließen! Doch einmal an der Oberfläche, dauert es nur acht Minuten, bis das Licht und die Wärme ihre dankbaren Empfänger auf der Erde erreichen.

Ohne die wärmenden Sonnenstrahlen wäre das Leben auf unserem Planeten nicht möglich. Daher ist es verständlich, dass die Menschen seit ihren frühesten Tagen der Sonne huldigen. In Jinsha in China haben Archäologen eine antike Goldscheibe gefunden, auf der die Sonne dargestellt ist, umgeben von vier Vögeln, die sie, der Legende nach, bei Sonnenuntergang zum Horizont hinabziehen. In einer astrologischen Schrift aus der Qin-Dynastie ist zu lesen: »Die Sonne, als Essenz des reifen Yang, herrscht über Leben, Nahrung, Wohlwollen und Tugend, sie ist das Gegengewicht zum Herrscher der Menschen.« Sollte der menschliche Herrscher, also der chinesische Kaiser, so der Text weiter, irgendwelche Fehler haben, würde die Sonne sie aufdecken. Aus diesem Grund hielten die Chinesen die Sonne stets unter genauer Beobachtung. Und in der Tat fanden sie von Zeit zu Zeit verräterische Makel, die wir heute als *Sonnenflecken* kennen. »Erscheint auf der Sonne eine Krähe, dann ist der Herrscher nicht erleuchtet und seine Herrschaft ist chaotisch«, heißt es. Und es geht noch weiter: »Wenn sich auf der Sonne schwarze Flecken befinden, mal zwei, mal mehr, dann werden Vasallen ihren Herrscher stürzen.«

Vor einiger Zeit haben Astronomen herausgefunden, dass diese dunklen Sonnenflecken tatsächlich bösartige und zerstörerische Kräfte haben können. Die Ersten, die davon direkt betroffen waren, waren die Betreiber der britischen Radaranlagen zur Zeit des Zweiten Weltkriegs. 1942 machte sich unter den Alliierten die Angst vor einer mächtigen neuen Waffe der Deutschen breit: An Bord der deutschen Bomber sollte es angeblich Sender geben, die die britischen Radaranlagen außer Kraft setzen könnten. Und tatsächlich war das britische Radar am 27. und 28. Februar von starken Signalen so sehr gestört, dass nichts mehr geortet werden konnte. »Es gab große Aufregung darüber, was diese unbekannte Strahlung wohl zu bedeuten hatte«, erinnert sich Stanley Hey in seiner Autobiographie *The Secret Man*. Als junger Physiker arbeitete er damals für die britische Armee an den Radaranlagen. Als die Militäroberen in Panik gerieten, untersuchte Hey die Berichte aus den Radarstationen genauer. Er bemerkte, dass die Störung mit dem Sonnenaufgang begann und bei Sonnenuntergang wieder endete. Zudem folgte die allgemeine Richtung der Signale der Bewegung der Sonne über den Himmel, also von Osten nach Westen.

»Ich rief beim *Royal Observatory* an«, erzählt Hey, »und fragte, ob mit der Sonne irgendetwas Ungewöhnliches vor sich gehe. Ich bekam die Antwort, dass sich gerade ein sehr großer Sonnenfleck in der Mitte der Sonnenscheibe befinde.«

Die vermeintliche Geheimwaffe der Deutschen war in Wirklichkeit ein gewaltiger Ausbruch von Radiowellen, der von der Oberfläche der Sonne stammte, 150 Millionen Kilometer entfernt. Und die Quelle war der magnetische Wirbel des Sonnenflecks.

Schon als das Teleskop erfunden wurde, stießen die westlichen Astronomen auf diese dunklen Stellen. Da sie nicht direkt durchs Fernrohr in die Sonne schauen konnten, weil sie sonst erblindet wären, mussten sie das Abbild der Sonne auf einen Schirm projizieren. Diese Warnung gilt übrigens heute noch: Will man die Sonne anschauen, muss man sie als Bild projizieren oder man muss einen vernünftigen Filter verwenden. Jedenfalls soll angeblich Galilei der Erste gewesen sein, der die Sonnenflecken gesehen hat. In Wahrheit malte allerdings der britische Astronom und Entdecker Thomas Harriot schon ein Jahr vor Galilei ein Bild davon, nämlich am 8. Dezember 1609. Doch Galilei war es immerhin, der – zu seiner eigenen Freude – nachweisen konnte, dass sich ein Sonnenfleck tatsächlich auf der Sonnenoberfläche befindet und nicht einfach nur die Silhouette eines vorbeiziehenden kleinen Planeten ist.

Auf der Suche nach genau einem solchen war zwei Jahrhunderte später der deutsche Apotheker und Hobbyastronom Samuel Heinrich Schwabe. Jeden Tag beobachtete er die Sonne, in der Hoffnung, einen vorbeiziehenden Planeten zu finden, doch die irreführenden Sonnenflecken standen seinem Vorhaben dabei ziemlich im Weg. Also fing er an, ihre Positionen genau festzuhalten, um Irrtümer auszuschließen. Er steigerte sich irgendwann so in die Suche nach Sonnenflecken hinein, dass seine ursprüngliche Jagd nach Planeten völlig in den Hintergrund geriet. Wenn er krank war, bat er seine Familie, ihm das Teleskop ins Schlafzimmer zu bringen; musste er verreisen, beauftragte er sie, in seiner Abwesenheit die Sonne für ihn zu zeichnen. Über einen Zeitraum von 43 Jahren hielt der unermüdliche Sonnenjünger unglaubliche 134.000 Sonnenflecken inklusive ihrer Größe und Position fest.

Dabei bemerkte er etwas Ungewöhnliches. »Aus meinen bisherigen Beobachtungen«, so Schwabe, »scheint erkennbar, dass es eine bestimmte Periodizität im Auftreten der Sonnenflecken gibt, und diese Theorie scheint sich durch die Resultate aus diesem Jahr immer weiter zu bestätigen.« Schwabe hatte den *Sonnenfleckenzyklus* entdeckt – eine regelmäßige Zu- und Abnahme der Anzahl der dunklen Stellen auf der Oberfläche. Dieser Zyklus wiederholt sich etwa alle elf Jahre. Die Hauptursache dafür ist der Magnetismus der Sonne. Innerhalb ihrer rotierenden Gasmasse bilden sich Magnetfelder – so, wie ein Gummiband sich um einen rotierenden Ball spannen würde. In einem elfjährigen Turnus brechen immer größere Bündel dieser Magnetfeldlinien als dunkle Flecken durch die leuchtende Oberfläche; danach beruhigen sie sich wieder und mit ihnen die Sonnenaktivität.

Diese Sonnenflecken sind sehr beeindruckend. Die größten von ihnen sind größer als die Erde. Sie sind kühler als der Rest der

Sonnenoberfläche – aber *kühl* bedeutet hier immer noch ca. 4.000 °C. Sie wirken zwar schwarz, aber das liegt schlichtweg daran, dass sie dunkler sind als der Rest der gleißenden Oberfläche; würde man einen Sonnenfleck alleine sehen, wäre er immer noch so hell wie der Vollmond!

Die Magnetfelder der Sonne erheben sich, umgeben von schwach leuchtendem Gas, in gewaltigen Schlaufen über den Sonnenflecken, ähnlich den winzigen Metallspänen, die man in der Schule benutzt, um mit einem Magneten ein Feld zu erzeugen. Mit dem bloßen Auge kann man diese prächtigen Magnetfelder nur ganz selten sehen: Nämlich bei einer totalen Sonnenfinsternis, wenn die blendende Oberfläche der Sonne verdeckt ist. Wir durften bisher schon ein halbes Dutzend dieser Finsternisse erleben und können sagen, dass es sich dabei wirklich um den ungewöhnlichsten Anblick am Himmel handelt, den man überhaupt erfahren kann – in jedem Fall etwas, das man in seinem Leben einmal gesehen haben sollte.

Für unsere erste Finsternis sind wir nach Bangka Island gereist, eine abgelegene Insel in Indonesien. Eine Gruppe von Astronomen aus Europa und den USA hatte am Strand ihre Kameras, Teleskope und allerlei elektronische Gerätschaften aufgebaut, alles in Richtung des Meeres ausgerichtet, wo die Sonne aufgehen würde.

Hinter uns versammelte sich die Bevölkerung der Insel, ebenfalls gespannt – nicht nur wegen der Finsternis, sondern auch, um die mondgesichtigen Weißen zu begutachten, die sie zwar aus dem Fernsehen kannten, aber noch nicht in echt gesehen hatten. Eine Finsternis ist eine einmalige Gelegenheit, Menschen aus den verschiedensten Kulturen zusammenzubringen, vereint in der Bewunderung der Natur. Wir schauten also durch unsere Filter und sahen, wie die dunkle Silhouette des Mondes sich langsam vor die Sonne schob. Als die Sonne sich zu einer schmalen Sichel reduziert hatte, änderte sich um uns herum das Licht. Die

Landschaft wirkte immer grauer und flacher, bis das Sonnenlicht schließlich fast vollständig verschwand. Die warme tropische Luft um uns kühlte sich ab. Wir konnten jetzt die ersten schwachen Ausläufer der Sonnenatmosphäre erkennen, schon kurz bevor die Sonnenscheibe selbst komplett verschwunden war. Dann, mit einem Mal, war da am Himmel dieses vollkommen fremdartige und Furcht einflößende Objekt, ein gewaltiges neues Himmelswesen, das an die Stelle der strahlenden Sonne getreten war. Heather Couper schrieb damals auf: *Wie ein mächtiger Herrscher mit Kriegsmaske, fast schon wie eine Gottheit, die ihre Stärke demonstriert.* Nigel Henbest dagegen erkannte darin eher einen orientalischen Drachen, dessen schwarzes Maul von goldenen Spitzen umgeben war. Vielleicht stammt daher auch die fernöstliche Legende, dass die Sonne während einer Finsternis von einem Drachen verschluckt wird. Der schwarze Schlund des Drachen war umgeben von farbenprächtigen roten Lippen – dem tieferliegenden Teil der Sonnenatmosphäre, der wegen seiner intensiven Farben als *Chromosphäre* bezeichnet wird.

Jetzt war es an der Zeit, die Ferngläser rauszuholen – eine totale Sonnenfinsternis ist der einzige Zeitpunkt, an dem man ohne Schaden zu nehmen mit einem Fernrohr in die Sonne schauen kann. Heather Couper notierte: *Der Rand der Scheibe ist ausgefranst, und zwar mit den dunkelrotesten Protuberanzen, die man sich vorstellen kann – und wahnsinnig viele davon! Eine davon ist wirklich gewaltig: ein riesiger doppelter Bogen.*

Selbst mit dem bloßen Auge konnten wir die äußeren Bereiche der Atmosphäre erkennen, die schwach leuchtende *Korona*: Um die Chromosphäre herum ragte sie wie die Mähne eines Löwen in den dunkellilafarbenen Himmel hinein. Wellen leuchtenden Gases erstreckten sich nach außen, weiter raus als der Durchmesser der Sonne. Sowohl die roten Protuberanzen in der Chromosphäre als auch die leuchtenden Ranken in der Korona darüber waren sichtbare Zeichen für das Magnetfeld der Sonne, das sehr weit hinausreicht und die dünne, aber ultraheiße Atmosphäre formt.

Doch vor allem wissenschaftlichem Interesse stand für uns erst einmal pures Erstaunen. In dem Moment, in dem die Sonne verschwunden war, hörte man von überall Rufe und Schreie. Selbst für erfahrene Finsternis-Veteranen war es kaum zu glauben. Die Kraft und Erhabenheit der verdeckten Sonne ist einfach unbeschreiblich. Nach einigen Minuten, die leider viel zu schnell vergingen, sah man das nächste Wunder: Einen Diamantring am Himmel. Die gleißende Oberfläche der Sonne kehrte als blendender Schmuckring um den dunklen Umriss des Mondes herum wieder. Es wurde wieder heller, und überall um uns herum konnten wir die erstaunten Gesichter erkennen, die sich hier am Strand eingefunden hatten. Alle waren euphorisch. Erfahrene Astronomen und indonesische Einwohner umarmten sich voller Freude. Wir erkannten, dass die Sucht nach Sonnenfinsternissen eine ernste Sache war – und begannen sofort mit der Planung für unsere nächste Tour!

So manch professioneller Astronom nimmt noch immer lange Reisen auf sich, um die Magnetfelder der Sonne genauer zu untersuchen. Doch wirklich notwendig ist das inzwischen nicht mehr, mittlerweile gibt es Weltraumteleskope, wie etwa das *Solar Dynamics Observatory* der NASA, die natürliche Röntgenstrahlen einfangen und die pulsierenden, wogenden Magnetfeldschlaufen bis ins kleinste Details wiedergeben können. Deren aufwühlende, brodelnde Aktivitäten erreichen ihren Höhepunkt, wenn sich zwei Magnetschlaufen berühren und eine Art Kurzschluss entsteht, der sich in einer Sonneneruption entlädt, einer unglaublich heißen Explosion, bei der tödliche Strahlung mit Lichtgeschwindigkeit in den Weltraum schießt. Bei diesem Vorgang können auch riesige Wolken aus heißem Gas ins All entweichen, was als *Koronaler Massenauswurf* bezeichnet wird. Diese Superstürme brauchen zwar länger als die Strahlungseruptionen, um die Erde zu erreichen, aber sie können unserem Planeten dafür mehr Schaden zufügen.

Glücklicherweise ist die Erde von einem stabilen Schirm umgeben. Ihr Magnetfeld lenkt die Gaswolken in Richtung der Pole ab, wo sie abwärts strömen und dann unsere zweite Abwehrschicht erreichen – den Luftmantel, der unseren Planeten umgibt. Dabei bringt die Energie der Sonnenstürme die oberen Regionen der Atmosphäre zum Leuchten, was man als spektakuläre Nordlichter kennt. Diese Polarlichter sind ein großartiger Anblick, es lohnt sich, dafür eine Reise zu unternehmen. Die beste Gelegenheit, sie zu sehen, bietet sich natürlich in der Nähe der Pole: In Finnland kann man sogar ein transparentes Iglu mieten, in dessen Innerem man im Bett liegen und zugleich den Lichtern am Himmel zusehen kann!

Die Polarlichter (auch *Aurora* genannt) wirken wie grelle Vorhänge oder Bänder aus grünem Licht, an den Rändern von verschiedenen Rot- und Lilaschattierungen eingefasst, die sich kräuselnd und tanzend über den Himmel bewegen. Steht man genau darunter, strahlt die Aurora von ihrer Mitte aus in alle Richtungen und verwandelt den gesamten Himmel in eine Art riesige Blume, die direkt über dem Betrachter blüht.

Wenn die Störungen auf der Sonne besonders stark sind, kann es vorkommen, dass die Polarlichter auch jenseits ihrer üblichen Gegenden bis in Regionen nahe des Äquators zu sehen sind. Im September 1859 berichtete die *New York Times*: »Seltsame Feuer überzogen den gesamten Himmel, teilten sich dann in mehrere Ströme auf, trafen im Zenit wieder aufeinander, wobei sich ein prächtiges Dach bildete, verteilten sich zuletzt wie Dampfwolken und tauchten dabei alles in einen sanften Glanz. Dann huschte eine neue Lichtwelle über den Himmel, wie die kaum wahrnehmbare Bewegung, die ein leiser Windhauch auf der ansonsten völlig ruhigen Oberfläche eines Sees erzeugt.« Dieses unglaubliche Phänomen war sogar in der Karibik noch sichtbar. Die erstaunten Einwohner Jamaikas konnten das rötliche Leuchten im Nordosten sehen und dachten, Kuba stünde in Flammen.

Doch zu dieser schönen Himmelsansicht gesellte sich ein riesiges Chaos in den Büros der Telegrafenfirmen – dem Internet jener Tage, in denen Morsenachrichten über große Distanzen übertragen wurden. In dieser Nacht stellten die Telegrafenbetreiber fest, dass gewaltige elektrische Ströme durch die Leitungen liefen. Sie versuchten, ihre Batterien zu schützen, indem sie sie vom Netz nahmen – doch die natürliche Elektrizität erzeugte noch immer genug Strom, um weiter Nachrichten durch die ganzen USA zu schicken. In Büros, in denen chemisch beschichtetes Papier genutzt wurde, um die Morseübertragungen aufzuzeichnen, flogen Funken aus den Geräten und setzten das Papier in Brand. Der Telegrafenbetreiber Frederick Royce aus Washington berichtete: »Ich erlitt einen starken Stromschlag, der mich kurz lähmte. Ein alter Mann, der mir gegenübersaß, sagte, er habe einen Funken aus meiner Stirn treten sehen.«

Kurz vor diesen Ereignissen hatte ein englischer Bierbrauer und Hobbyastronom, Richard Carrington, eine Sonneneruption beobachtet, die so außergewöhnlich hell war, dass man sie mit einem normalen Teleskop sehen konnte. Heutige Astronomen haben errechnet, dass diese Eruption mit einer Kraft explodiert sein muss, die 10 Milliarden Mal so stark war wie die Atombombe von Hiroshima 1945. Dieser gewaltige Ausbruch – heute unter dem Namen *Carrington-Ereignis* bekannt – setzte einen Sturm elektrisch geladener Teilchen frei, die auf das Magnetfeld der Erde trafen. Dieser Schutzschild leitete zwar die meisten der gefährlichen Teilchen zu den Polen um, wo sie die Polarlichter erzeugten, doch die Stärke des Aufpralls dehnte und verformte die unsichtbaren Magnetlinien. Das verzerrte Magnetfeld erzeugte gewaltige Ströme im Erdinneren – und ganz besonders natürlich auch in den langen Leitungen zwischen den Telegrafenstationen. Vor dem Viktorianischen Zeitalter hätten die Menschen eine solche Sonneneruption lediglich an den Polarlichtern erkannt. 1859 wurde das gerade errichtete Kommunikationssystem schwer getroffen. Und da die Welt sich heute noch weit mehr auf Elektrizität und elektronische Kommunikationskanäle verlässt, besteht die zunehmende Gefahr, dass ein Sonnensturm unsere Zivilisation ins Wanken bringen könnte.

»Die Welt, wie wir sie heute kennen, würde schwer geschädigt werden, sollte sich etwas wie das Carrington-Ereignis wiederholen«, sagt Ashley Dove-Jay, ein britischer Ingenieur, der zusammen mit einer internationalen Gruppe von Weltraumexperten mit der Risikoerforschung beauftragt ist. »Die Folgen könnten katastrophal und langwierig sein«, sagt er. Zuerst würde man bemerken, dass unsere Smartphones nicht mehr funktionierten. Der Sonnensturm würde das Gerät selbst nicht beschädigen, wohl aber die Signale, die von Funkturm zu Funkturm wandern, auch die Sender selbst könnten zerstört werden. Aber das ist erst der Anfang. Massive Stromstöße würden die Stromleitungen überlasten, die sich heute um die ganze Welt ziehen. Ein erstes Vorzeichen einer solchen Situation gab es im März 1989, als ein kleinerer Sonnensturm einen weitreichenden Stromausfall in Kanada verursachte, der 6 Millionen Menschen neun Stunden lang in Dunkelheit, Kälte und Verwirrung stürzte.

Ein Vorfall von der Stärke des Carrington-Ereignisses könnte die Umspannwerke zerstören. Die Reparaturen würden etwa ein Jahr dauern. Wenn das Stromnetz ausfällt, versagen aber auch die Kühlsysteme der Kernkraftwerke, was eine katastrophale Kernschmelze zur Folge haben könnte. Ohne Strom würde auch das Internet versagen. Pumpen an Tankstellen würden aufhören zu funktionieren, Lieferungen würden daher immer schwieriger werden, in den Läden würde der Nachschub an Lebensmitteln ausbleiben. Wasser- und Abwassersysteme würden Probleme bekommen und Krankheiten würden sich in den Städten ausbreiten.

In Indien und China würde man einen solchen Vorfall am wenigsten spüren, da sich diese beiden Länder am weitesten von den magnetischen Polen der Erde entfernt befinden und zudem einfachere und robustere Stromnetze besitzen. Außerdem sind die Böden dort weniger leitend, was den Schaden ebenfalls einschränken würde. Dove-Jay sagt daher voraus, dass diese Länder dem Rest der Welt beim Wiederaufbau helfen könnten.

»Das Weltraumwetter macht einiges kaputt«, fasst es der NASA-Experte Pete Worden zusammen, der 2013 ein Observatorium zur Beobachtung des Magnetfeldes der Sonne auf den Weg gebracht hat. »Es ist entscheidend, dass wir lernen, wie wir mit unserem Stern leben können.«

Worden kann an einem konkreten Beispiel festmachen, dass diese verhängnisvollen Voraussagen nicht nur Panikmache sind. Am 23. Juli 2012 beobachteten Satelliten eine Sonneneruption von der Stärke des Carrington-Ereignisses. Zum Glück schoss der Sturm in eine andere, von uns abgewandte Richtung. Wäre er nur eine Woche früher aufgetreten, wäre unser Planet davon voll getroffen worden.

Wenn man also nur lange genug abwartet, wird die Sonne irgendwann Ausbrüche haben, die den von 1859 sogar noch übertreffen können. Wissenschaftler haben bei der Untersuchung von Jahresringen an Bäumen in Japan festgestellt, dass einige uralte Zedern im Jahre 774 von einer starken Strahlung getroffen wurden – höchstwahrscheinlich eine Sonneneruption, die zehn bis zwanzig Mal so stark war wie das Carrington-Ereignis.

Aufzeichnungen über solche Vorfälle sind rar und unvollständig. Doch indem sie andere Sterne beobachten, können Wissenschaftler errechnen, wie oft wir in etwa Gefahr laufen, von den Schwankungen der Sonne betroffen zu sein. Die Forscher schauen sich die Daten des *Kepler-Teleskops* genau an, dessen Hauptmission es ist, Planeten in anderen Sternensystemen aufzuspüren. Die Ergebnisse sind ernüchternd: Unser Planet wird wahrscheinlich alle 500 Jahre von einem Sonnensturm getroffen, der die hundertfache Stärke des Carrington-Ereignisses hat – und manchmal, wenn auch seltener, wird es Ausbrüche geben, die nochmal um das Zehnfache stärker sind. Solche Stürme könnten unsere Zivilisation zerstören. Aber was können wir tun, um uns zu schützen?

»Wir können die Launen unseres Sterns nicht kontrollieren«, meint Dove-Jay. Er schlägt vor, eine Gruppe kleiner Sonden loszuschicken, die die Sonne in einem niedrigen Orbit umkreisen und das Magnetfeld quasi *vor Ort* beobachten. Ein solches System könnte uns zumindest eine Woche im Voraus vor einem Sonnensturm warnen und es uns ermöglichen, gefährdete Stromnetze auszuschalten und Notfallpläne für Treibstoff, Nahrung und Medizin in Kraft zu setzen.

Nachdem in jüngster Zeit mehrere Asteroiden die Erde nur knapp verfehlt haben, sind sich viele Menschen der Gefahr bewusst, die von den gewaltigen Steinbrocken ausgeht (mehr dazu in Kapitel 15). In Filmen wie *Armageddon* wurde bereits durchgespielt, wie wir uns möglicherweise retten könnten, indem wir nämlich Astronauten auf die heldenhafte Mission schicken, den gefährlichen Asteroiden zu sprengen. Doch auf jeden Asteroideneinschlag, der vielleicht 10 Billionen Dollar Schaden anrichtet, kommen zehn Sonnenstürme, die für die Weltwirtschaft jeweils einen ähnlichen Schaden verursachen. Was kosmische Gefahren angeht, ist die Sonne ganz klar die Hauptbedrohung, die jedoch von den Regierungen nicht ernst genug genommen wird.

»Hollywood hat einen unglaublichen Einfluss«, sagt Dove-Jay. »Um ein allgemeines Bewusstsein für die Gefahr zu erzeugen und öffentliche Gelder zur Vorsorge zur Verfügung zu stellen, bräuchten wir vielleicht mal einen Bruce-Willis-Film über Sonnenstürme!«

KAPITEL 9

DIE SCHMELZTIEGEL DES UNIVERSUMS

Die Welt zu sehn im Korn aus Sand
Das Firmament im Blumenbunde
Unendlichkeit halt' in der Hand
Und Ewigkeit in einer Stunde.

So dichtete William Blake in seinen *Auguries of Innocence* – aber diese Worte passen auch sehr gut zu der Perspektive, die wir heutzutage auf das Leben und Sterben der Sterne haben. Während unser Leben vielleicht siebzig Jahre dauert, existieren die Sterne für Milliarden oder gar Billionen von Jahren. Daher ist es umso erstaunlicher, dass wir es in dem winzigen Augenblick, den ein Menschenleben im Vergleich also dauert, dennoch geschafft haben, die ewig währenden, komplizierten Lebensläufe der Sterne herauszufinden.

Der Schlüssel dazu liegt in der glücklichen Fügung, dass es Millionen dieser Himmelsjuwelen gibt, alle in unterschiedlichen Phasen ihrer Entwicklung. Dadurch war es den Astronomen möglich, die Geburt, das Leben und den Tod eines Sterns zu verfolgen. Stellen wir uns einmal vor, wir wären ein Marsmensch und hätten nur fünf Minuten Zeit auf der Erde. Wir landen also mit unserem Ufo auf der Oxford Street in London oder auf der Fifth Avenue in New York. Die Straßen sind voller unterschiedlicher Menschen von ganz verschiedenem Aussehen. Aber es würde uns als

Marsianern natürlich schnell klar werden, dass die Menschen unterschiedlich aussehen, weil sie unterschiedlich alt sind. Da gibt es Babys in Kinderwagen, coole Jugendliche, junge Berufstätige und ältere Menschen, die sich langsamer bewegen als die anderen. Ein ganzes Menschenleben breitet sich vor unserem Blick aus.

Genauso ist es mit den Sternen. Doch noch vor zwei Jahrhunderten waren die Menschen der Ansicht, dass wir über unsere himmlischen Begleiter so gut wie nichts wissen können. Der französische Philosoph Auguste Comte schrieb: »Wir können uns vorstellen, dass es Möglichkeiten gibt, die Form der Sterne herauszufinden, ihre Größe oder ihre Bewegungen; aber es gibt keinen Weg, auf dem wir ihre chemische Zusammensetzung untersuchen könnten.«

Doch Comte wusste nicht, welch revolutionäre Entwicklung bevorstand. Die Astronomen des frühen 19. Jahrhunderts besaßen bereits Teleskope, die stark genug waren, um die Entfernung der Sterne und damit ihre Größe berechnen zu können. Ein junger Glasmacher aus Bayern, Joseph von Fraunhofer, stellte damals hervorragendes Glas her, das für Teleskoplinsen verwendet wurde. Daneben produzierte er auch dreieckige Glasprismen, die weißes Licht in ein Spektrum auffächerten, gleich den Farben eines Regenbogens. Als er entdeckte, dass das Spektrum des Sonnenlichts von dunklen Linien durchzogen war, nahm er zunächst an, seine Prismen seien fehlerhaft. Fraunhofer war entsetzt – und ratlos. »Bei all meinen Versuchen durfte ich, aus Mangel an Zeit, hauptsächlich nur auf das Rücksicht nehmen, was auf praktische Optik Bezug zu haben schien«, klagte er.

Der nächste Schritt passierte dann in den 1850er-Jahren an der Universität Heidelberg. Der Chemiker Robert Bunsen (richtig, der mit dem berühmten Bunsenbrenner) und sein Kollege, der Physiker Gustav Kirchhoff, waren fasziniert von der Tatsache, dass Fraunhofer seine Prismen-Experimente auch an Feuer durchgeführt hatte. Fraunhofer hatte dabei helle Linien gefunden, anstelle der dunklen Linien im Sonnen- und Sternenlicht. Mithilfe des Bunsenbrenners stellten sie die Experimente nach und erhitzten verschiedene Stoffe (Natrium, Lithium, Kalium und Kalzium), bis sie glühten. Jedes Element ergab im Spektrum ein unterschiedliches Linienmuster. Dann gingen die beiden kosmischen Detektive noch einen Schritt weiter. Kirchhoff entdeckte, dass sich die hellen *Emissionslinien* ihrer Versuche in Fraunhofers dunkle Linien (die als *Absorptionslinien* bezeichnet werden) verwandeln ließen, indem man im Hintergrund der Flamme eine helle Lichtquelle positionierte.

Bunsen war sofort klar, was das bedeutete: »Im Augenblicke bin ich und Kirchhoff mit einer gemeinschaftlichen Arbeit beschäftigt, die uns nicht schlafen lässt. Kirchhoff hat nämlich eine wunderschöne, ganz unerwartete Entdeckung gemacht, indem er die Ursache der dunklen Linien im Sonnenspectrum aufgefunden und diese Linien künstlich im Sonnenspectrum verstärkt und im linienlosen Flammenspectrum hervorgebracht hat, und zwar der Lage nach mit den Fraunhofer'schen identische Linien.«

Anders gesagt: Die dunklen Linien im Licht der Sonne und der Sterne kamen von einer kühleren Atmosphäre, die eine heiße Kugel umgab. Bunsen schrieb weiter: »Hierdurch ist der Weg gegeben, die stoffliche Zusammensetzung der Sonne und der Fixsterne nachzuweisen.« Die zwei Sternenforscher hatten die Welt der Spektroskopie betreten: Eine neue Methode, die Comtes Annahme widerlegen sollte und die Möglichkeit eröffnete, die Zusammensetzung von Sternen zu untersuchen, die Millionen Lichtjahre weit entfernt waren. Fraunhofers geheimnisvolle Linien wurden nach ihm benannt – und leisteten einen ganz entscheidenden Beitrag bei der Untersuchung der Geheimnisse des Universums.

Im späten Viktorianischen Zeitalter war die Spektroskopie allgegenwärtig. Reiche Hobbyastronomen bauten sich zum eigenen Vergnügen Observatorien, um die Zusammensetzung der Sterne zu analysieren. Eine bahnbrechende Entdeckung gelang einer Astronomin aus der unbedeutenden Kleinstadt Wendover in der Grafschaft Buckinghamshire: Cecilia Payne-Gaposchkin, geboren 1900. Im Alter von fünf Jahren sah sie einen Meteor – und dieser Anblick sollte ihr weiteres Leben bestimmen. Sie war entschlossen, Astronomin zu werden, und hatte dabei stets die Sorge, dass die Menschheit »alles herausgefunden haben könnte, bevor ich alt genug sein würde, um überhaupt anzufangen«. Zum Glück gab es für sie noch mehr als genug zu entdecken. Ihr gelang es, in Spektroskopie an der Harvard-Universität zu promovieren, was für eine Frau damals mehr als ungewöhnlich war. Der Historiker Owen Gingerich, der später ihre Seminare besucht hatte und *Mrs. G* gut kannte, spricht von ihrer Doktorarbeit mit großer Hochachtung: »*Stellar Atmospheres* war zweifelsfrei die brillanteste Dissertation, die in der Astronomie jemals geschrieben wurde.« Cecilia Payne-Gaposchkin war die erste Studentin überhaupt, die am *Harvard College Observatory* einen Doktortitel erhielt.

Sie entdeckte einen der Grundpfeiler des Universums: Bei ihrer Spektroskopieforschung stellte sich heraus, dass Wasserstoff mit Abstand das häufigste Element im All ist. Doch zunächst waren die anderen Astronomen von dieser These nicht sehr überzeugt – sie gingen von der chemischen Zusammensetzung der Erde aus, die viele schwere Elemente wie Eisen enthielt. Doch die Beweise, die Payne-Gaposchkin lieferte, waren letztlich eindeutig.

Payne-Gaposchkin erhielt 1976, drei Jahre vor ihrem Tod, den prestigeträchtigen *Henry-Norris-Russell-Prize* der *American Astronomical Society*. In ihrer Dankesrede sagte sie: »Die größte Belohnung für eine junge Wissenschaftlerin ist die Aufregung, die man verspürt, wenn man der erste Mensch überhaupt ist, der etwas entdeckt oder versteht. Mit dieser Erfahrung ist nichts anderes zu vergleichen.« Indem sie Wasserstoff den ersten Rang unter allen Elementen im Kosmos zuwies, hatte Payne-Gaposchkin die Grundlagen geschaffen, die es allen nachfolgenden Astronomen ermöglichte, zu verstehen, wie Sterne geboren werden, wie sie leben und wie sie sterben.

Das Weltall ist bei Weitem kein Vakuum. Es ist nicht leer, sondern voll von den Elementen, die bei der Geburt eines Sterns benötigt werden: Wasserstoffgas im Überfluss, dazu dunkle Partikel aus *kosmischem Ruß* – Staubkörner, die von der Oberfläche abgekühlter Sterne stammen. Über unvorstellbar lange Zeiträume hinweg vereint die Schwerkraft diese Materialien zu gewaltigen dunklen Wolken. Ein klassisches Beispiel für eine dieser sogenannten Dunkelwolken ist der *Kohlensack* im Sternbild Kreuz des Südens, in der Kultur der Aborigines auch *Kopf des Emu* genannt. Auch der *Pferdekopfnebel* im Sternbild Orion ist so eine Wolke, er sieht aus wie eine kleine, perfekt geformte Schachfigur. Und im ganz großen Maßstab betrachtet, zählt der dunkle Streifen im Sternbild Schwan ebenfalls dazu; es wirkt, als teile er die Milchstraße der Länge nach. Es ist nicht möglich, in diese Wolken hineinzusehen, aber die Astronomen haben trotzdem einen Weg gefunden, im wahrsten Sinne des Wortes Licht ins Dunkel zu bringen, und zwar indem sie jene Geburtsorte der Sterne in einem neuen Licht betrachten, nämlich mit Infrarotlicht.

Infrarot ist ein besserer Ausdruck für Wärmestrahlung. Man kann sie gut bei einem altmodischen Elektrokamin beobachten: Man fühlt die Wärme, noch bevor das rote Glühen zu sehen ist. Die Infrarotstrahlung wurde von William Herschel entdeckt (den wir noch vom Uranus-Kapitel kennen); er fand heraus, dass man, wenn man das Sonnenlicht in ein Spektrum auffächert und dann ein Thermometer *hinter* das rote Ende der Farbreihe platziert, einen Anstieg der Temperatur feststellen kann. Herschel zog daraus den Schluss, dass dies auf den Einfluss einer unsichtbaren Strahlung zurückzuführen sei: *Unterhalb von Rot* oder eben *Infrarot*.

In den Dunkelwolken ist, da es keine anderen Einflüsse gibt, die Gravitation die treibende Kraft. Unter ihrem Einfluss teilt sich die Wolke in verschiedene dunkle Bereiche, von denen jeder in sich zusammenfällt. Während dieser Kontraktion erhitzen sich die jungen Protosterne, in etwa so wie sich die Luft in einer

Fahrradpumpe aufheizt, wenn man den Reifen mit wachsendem Druck aufpumpt. Und die Infrarotstrahlung, die von diesen neu entstandenen Gaskugeln ausgeht, ist ein eindeutiges Zeichen dafür, dass die Geburt eines Sterns in Kürze bevorsteht.

Die Protosterne mögen in ihren dunklen Nestern gut verborgen sein – aber ein angenehmer Ort für eine Geburt ist das wahrlich nicht. Astronomen nennen diese dunklen Regionen *Molekularwolken*, und das aus gutem Grund. Sie sind nicht nur mit gewaltigen Mengen an Wasserstoffgas angefüllt, sondern darüber hinaus auch voller anderer Moleküle, auf die selbst ein gut ausgestattetes Chemielabor neidisch wäre. Und die Gerüche erst! Eine Mischung aus beißendem Ammoniak, Schwefelwasserstoff, der nach faulen Eiern riecht, dazu der an Mottenkugeln erinnernde Gestank von Naphthalin. Und in den Untiefen der Wolken verbergen sich giftige Cyanidmoleküle. Gebunden wird dieser chemische Cocktail durch große Mengen von Alkohol. Jetzt wartet diese berauschende Mischung darauf, zu einem neuen Stern verbunden zu werden.

Das freudige Ereignis steht nun unmittelbar bevor. Die Schwerkraft hat zwar noch die Kontrolle über die kollabierenden Stoffe (die sie weiter zusammenpresst), bekommt aber Konkurrenz durch die Hitze, die im Inneren des schrumpfenden Protosterns entsteht (und die von innen nach außen drängt). Wenn die Temperatur des Kerns 10 Millionen °C beträgt, kommt eine weitere Kraft dazu, womit der *point of no return* erreicht wäre: Das Zentrum des Protosterns ist nun so heiß, dass das Gas zu einer Kernreaktion gebracht wird. Es entzündet sich, Energie fließt hindurch und der Einfluss der Schwerkraft ist – zumindest zeitweise – außer Kraft gesetzt. Ein neuer Stern ist geboren.

So ein Babystern ist ein ziemliches Biest. Aus seinen Polen schießen üble Strahlen heißen Gases, die die dunklen Wolken, aus der der Stern geboren wurde, zerstören. Nachdem sich die Reste der Gaswolke zerstreut haben, ist der junge Stern erstmals vom Universum aus zu sehen.

Sterne kommen aber nicht allein zur Welt. Dadurch, dass die dunkle Wolke zu Beginn des Prozesses in viele verschiedene Teile zerfallen ist, entsteht jeder Stern immer zusammen mit mehreren Geschwistern. Zu Beginn sind sie noch eng zusammengeballt, wie Eier in einem Nest.

Um sie herum sind die Reste der Gaswolke zerstreut – allerdings hat diese sich ziemlich verändert: Die Dunkelwolke ist für immer verschwunden und an ihre Stelle ist ein hell strahlender Nebel getreten, den die intensive ultraviolette Strahlung seines Nachwuchses im Inneren zum Leuchten gebracht hat.

Nebel (oder *Nebulae*) gehören zu den prächtigsten und meistfotografierten Objekten im All. Da gibt es etwa den Orionnebel, den Rosettennebel, den Lagunennebel, den Trifidnebel ... die Liste ist endlos. Sie alle wirken wie ruhige Stätten sanfter Sternengeburten. Doch ihre Schönheit täuscht darüber hinweg, dass sich in ihnen zerstörerische Prozesse abspielen. In jedem Moment, auch jetzt, reißen interstellare Stürme diese strahlende Himmelspracht weiter auseinander. In nur wenigen Augenblicken, zumindest nach kosmischen Zeitmaßstäben, werden die Nebel verschwunden sein, ihr Gas im Universum verteilt.

Parallel wachsen die jungen Sterne heran. Die Schwerkraft hat sie noch immer in ihrer Gewalt, sie hält die Gruppe junger Sterne so lange wie möglich zusammen. Gemeinsam bilden sie einen sogenannten *Sternhaufen* – bekanntestes Beispiel dafür sind die hübschen Plejaden, die *Sieben Schwestern*. Meistens sieht man dort allerdings nicht sieben, sondern eine andere Anzahl, oft nur sechs, manche Adleraugen erkennen bis zu elf Sterne. Alfred Lord Tennyson beschreibt die Plejaden sehr schön in seinem Gedicht *Locksley Hall*:

> *In mancher Nacht sah ich die Plejaden aufgehen durch*
> *einen nebligen Schleier wie ein Schwarm Glühwürmchen,*
> *verflochten in einem silbernen Zopf.*

Aber auch Sternhaufen halten nicht ewig. Irgendwann entkommen die Sterne dem Einfluss der Schwerkraft und ziehen dann auf eigenen, unterschiedlichen Wegen durch die Galaxie.

Für den größten Teil seines Lebens bezieht ein Stern – wie unsere Sonne – seine Energie aus der Fusion von Wasserstoffatomkernen zu Helium, die sich in seinem Kern abspielt. Dabei wird ständig ein kleiner Teil der Masse in Energie umgewandelt, die den Stern leuchten lässt. Sterne sind quasi natürliche Kernreaktoren. Nachdem sich die Turbulenzen seiner Geburt gelegt haben, beruhigt sich der Stern für den Hauptteil seines Lebens, die sogenannte *Hauptreihenphase*. Dies ist mit Abstand die längste Phase im Leben eines Sterns, und sie ist meist recht eintönig. Dennoch unterscheiden sich Sterne im Erwachsenenalter sehr voneinander. Wie Lebewesen variieren sie stark in ihrer Größe, ihrem Gewicht, ihrer Lebensdauer – und sogar ihrem Charakter! Man schaue sich nur einmal in einer dunklen, klaren Nacht die Sterne an. Es dauert etwas, bis sich die Augen an die Dunkelheit gewöhnt haben, dann kann man versuchen, die verschiedenen Farben der Sterne zu erkennen. Man wird feststellen, dass nicht alle weiß sind. Im Sternbild Orion etwa gibt es den unheilvoll rot leuchtenden *Beteigeuze* – man vergleiche ihn nur einmal mit dem hellen, fast stahlblauen *Rigel* im selben Sternbild.

Die Farbe der Sterne hängt von ihrer Temperatur ab. Die heißesten Sterne sind blau und blau-weiß, Rigel etwa ist an der Oberfläche bis zu 12.000 °C heiß. Danach kommen die weißen Sterne, dann die gelben (so wie unsere Sonne), dann orangene, dann rote. Die Temperatur auf Beteigeuze beträgt kaum 3.500 °C. Die Vorstellung ist schon erstaunlich: Mit dem bloßen Auge kann man die Temperatur von Sternen erkennen, die Hunderte von Lichtjahren entfernt sind!

Viele Sterne sind nicht allein, sondern bilden Doppelsterne, die seit ihrer Geburt zusammen sind. Im Sternbild Großer Bär liegt das berühmte Doppelsternsystem *Mizar* und *Alkor* (auch bekannt als *Pferd und Reiter*), das auch mit bloßem Auge gut zu erkennen ist. Und *Castor* im Sternbild Zwillinge ist sogar ein sechsfaches Sternensystem.

Andere Sterne verändern ihre Helligkeit. Sie nimmt zu und ab, wobei sich auch die abgegebene Menge von Licht und Hitze verändert – für Planeten, die einen solchen Stern umkreisen, muss das ein ziemlicher Albtraum sein.

Aber die wichtigste Eigenschaft eines Sterns ist sein Gewicht; die Masse ist entscheidend. Schwergewichtige Sterne leben kurz und unbändig, sie sterben schon nach wenigen Millionen Jahren. Mittelschwere Sterne, so wie unsere Sonne, können mehrere Milliarden Jahre alt werden. Und das Leben eines leichten Sterns kann gar mehrere Billionen Jahre dauern.

Spica, der hellste Stern im Sternbild Jungfrau, ist wirklich gewaltig. Er ist zehn Mal massereicher als die Sonne und 12.100 Mal so hell. Auf seiner Oberfläche herrscht eine Temperatur von 22.100 °C (zum Vergleich: Die Sonnenoberfläche ist 6.000 °C heiß).

Vergleichen wir dieses Monster mit unserem nächsten Nachbarstern: Proxima Centauri. Dieser winzige rote Stern – seine Masse beträgt nur ein Siebtel der Sonnenmasse – hat dennoch recht starke Magnetfelder, die riesige Eruptionen hervorbringen. Aber seine Helligkeit beträgt nur ein Tausendstel unserer Sonne, der Stern gibt seine Energie so sparsam ab, dass er für viele Billionen Jahre leben wird.

Doch egal wie hell strahlend oder bescheiden vor sich hin glimmend ein Stern ist, irgendwann ist sein Ende erreicht. Der Nachschub an Wasserstoff in seinem Kern ist nicht unendlich, an einem bestimmten Punkt ist er aufgebraucht. Nun wird die Gravitation in ihrem ewigen Kampf mit der Kernreaktion wieder zur bestimmenden Kraft. Sie lässt den Kern schrumpfen, wobei Helium – das Produkt des vorhergegangenen *Wasserstoffbrennens* – zu Kohlenstoff und Sauerstoff fusioniert. Dieser neue, viel heißere

Prozess hat einen deutlichen Einfluss auf den Umfang des Sterns: Seine Atmosphäre bläht sich auf wie ein praller Ballon. Der Stern wird zu einem *Roten Riesen*.

Dieses Schicksal erwartet auch unsere Sonne. Während sie sich aufbläht, wird sie zunächst den Merkur verschlucken, dann die Venus. Langsam und unerbittlich dehnt sich die glühende Oberfläche weiter aus in Richtung Erde. Es wird immer heißer, so dass die Ozeane verdampfen. Von der Erde aus gesehen, wird die unheilbringende Sonne immer größer, bis sie irgendwann den ganzen Himmel ausfüllt. Schließlich verschlingt ihr heißes Gas die Erde, der Planet schmilzt. Und dann verdampft er komplett, verwandelt sich in Gas und wird eins mit der Sonne.

Die rote Riesensonne wird wirklich gewaltig sein – größer als die derzeitige Erdumlaufbahn. Doch im Vergleich zu so manch anderen ihrer roten aufgeblähten Kollegen wird sie noch immer quasi unbedeutend sein. Einige dieser Roten Riesen sind von unglaublichen Ausmaßen. 1920 untersuchte der amerikanische Physiker Albert Michelson (der vor allem berühmt wurde, weil er die Lichtgeschwindigkeit gemessen hat), den Durchmesser des Roten Riesen Beteigeuze. Mit seinem 2,50-Meter-Teleskop auf dem kalifornischen Mount Wilson kombinierte er verschiedene Lichtquellen des Sterns, um seinen Umfang zu ermitteln. Michelson fand heraus, dass Beteigeuze tatsächlich Hunderte Male größer ist als die Sonne. Platzierte man ihn in unser Sonnensystem, würde er über den Asteroidengürtel hinausreichen und alle Planeten bis zum Jupiter hinausdrängen.

Als das bekannt wurde, strömten die Journalisten in Scharen zu Michelsons Haus. Er, ganz Wissenschaftler alter Schule, hatte für so etwas aber keine Zeit. »Die Reporter werden mit Sicherheit alle Fakten durcheinanderbringen und aufbauschen, um öffentliches Interesse zu erzeugen.« Er weigerte sich, mit den Journalisten zu sprechen, und natürlich wurden seine Befürchtungen bestätigt. »Michelson vermisst den Koloss des Himmels«, titelte eine Zeitung, und weiter: »Beteigeuze ist so groß wie Billionen Erdkugeln!«

Rote Riesen wie Beteigeuze und sein Konkurrent Antares auf der anderen Seite des Nachthimmels sind in sich aber auch keine stabilen Objekte. Die Schwerkraft hat auf ihre äußeren Schichten nur geringen Einfluss, die Kolosse wabbeln wie ein Pudding, gleichzeitig verändert sich beständig ihre Helligkeit, da ihre Atmosphären sich ausdehnen und zusammenziehen. Irgendwann ist es dann zu viel, der Rote Riese wird zunehmend instabil und verstreut schließlich seine aufgeblähte Atmosphäre sanft ins All. Dabei entstehen wunderschöne kosmische Rauchkringel, sogenannte *planetarische Nebel.* Verantwortlich für diesen irreführenden Begriff ist William Herschel, der – damals residierte er gerade bei König Georg III. in der Nähe von Windsor – seine großen Teleskope auf diese Nebel richtete. Anfang September 1782 beobachtete er ein seltsames Objekt im Sternbild Wassermann: »Einen eigentümlichen Nebel, oder ich weiß nicht, wie ich es sonst nennen soll. Es hat etwa ovale Form, fast schon rund …« Es erinnerte Herschel an den Planeten Uranus, den er entdeckt hatte – also nannte er es *planetarischen Nebel*, und bei diesem Begriff blieb es bis heute.

Die hauchzart wirkenden Nebel sind gleichsam die Irrlichter des Universums, sie sind erstaunlich fragil und vergänglich. Aber sie sind auch oft sehr schön und komplex. Der Ringnebel, der Helixnebel, der Eulennebel, der Hantelnebel, der Katzenaugennebel – alles wunderbare Beispiele und großartige Fotomotive obendrein. Planetarische Nebel existieren nur für einige Zehntausend Jahre, dann lösen sie sich in der Dunkelheit des Alls auf. Doch trotz ihrer kurzen Lebenszeit sind sie extrem wichtig für die Geburt zukünftiger Sterne. Sie verteilen die Elemente im All, die der sterbende Stern produziert hat: Kohlenstoff-, Stickstoff- und Sauerstoffatome, die die Grundlagen für Leben auf den Planeten dieser zukünftigen Sterne legen könnten.

Doch das Leben eines Sterns ist noch nicht vorbei. Schaut man durch die glitzernden Schleier des planetarischen Nebels hindurch ins Zentrum, entdeckt man einen winzigen Lichtpunkt. Es ist der ehemalige Kern des Sterns, quasi das ehemalige Kraftwerk. Seiner Kernreaktion beraubt, liegt er nun da, zerstört und zusammengefallen. Dieser kleine Himmelskörper hat die Masse der Sonne, ist jedoch lediglich so groß wie die Erde. Astronomen nennen diese zombieartigen Objekte, die halb lebendig, halb tot sind, *Weiße Zwerge*. Der uns nächste Weiße Zwerg ist 8,6 Lichtjahre entfernt. Der erste Wissenschaftler, der seine Existenz vermutete (obwohl er nicht wissen konnte, woraus er bestand), war Friedrich Bessel. In den 1830er-Jahren vermaß er die Positionen von Sternen, die er für erdnah hielt, und prüfte sie auf winzige Bewegungen, die ihre Entfernung verraten könnten. Er konzentrierte sich auf Sirius, den hellsten Stern am Nachthimmel, und fand heraus, dass sich dieser tatsächlich bewegte, allerdings über einen Zeitraum von Jahrzehnten, was viel zu lang war. Er schloss daraus, dass Sirius von einem unsichtbaren Begleiter umkreist wurde.

Zwei Jahrzehnte später testete der führende amerikanische Teleskophersteller Alvan Graham Clark sein neuestes Instrument an Sirius. Zu seinem Erstaunen entdeckte er, dass Sirius von einem kleinen Stern begleitet wurde, der etwa 10.000 Mal lichtschwächer war als Sirius. Da er den sogenannten *Hundsstern* begleitet, nannte der Astronom den blassen Begleiter *Der Welpe*.

Zunächst war das keine sehr große Überraschung – Sterne gibt es nun einmal in einer großen Bandbreite an Helligkeit, und der Welpe konnte einfach ein kühlerer Stern sein, der weniger Licht abgab als der heiße, weiße Sirius. Doch 1914 fand man heraus, dass der Stern genauso heiß war wie Sirius.

Wenn die beiden Sterne nun aber gleich heiß waren, wie konnten sie dann so unterschiedlich hell sein? Die einzige Antwort war die, dass der Welpe bedeutend kleiner war als Sirius, etwa von der Größe der Erde. Die Astronomen waren erstaunt – sie hatten bis dahin angenommen, dass Sterne deutlich größer als Planeten sein müssen.

Doch der wirkliche Schock kam erst noch, nämlich als die Forscher den Orbit des Sterns untersuchten und sein Gewicht berechneten: Es stellte sich heraus, dass er so schwer wie die Sonne war. Ein solches Objekt war schlicht unglaublich. Wir zitieren die Worte des großen Sternenforschers Sir Arthur Eddington:

»Wir erfahren viel von den Sternen, indem wir die Botschaften, die ihr Licht uns überbringt, untersuchen. Die Nachricht, die uns der Begleiter des Sirius zukommen ließ, lautete in etwa so: *Ich bestehe aus einem Material, das 3.000 Mal dichter ist als alles, was ihr bisher kennt; eine Tonne davon wäre eine winzige Kugel, die man in eine Streichholzschachtel legen könnte*. Was lässt sich auf solch eine Botschaft antworten? Die Antwort, die die meisten von uns im Jahre 1914 gaben, war: *Sei still und erzähl keinen Blödsinn*.«

Schon bei der Geburt eines Sterns hatte die Schwerkraft einen wesentlichen Einfluss, jetzt hat sie vollends gewonnen. Es mag Milliarden von Jahren gedauert haben, aber nun hat sie das Material, aus dem der Stern besteht, letztlich bezwungen. Die Atome im Inneren des Sterns wurden zu einem dichten Meer aus Kernen und Elektronen zusammengedrückt. Dies stellt für die allermeisten Sterne das Ende ihrer Reise dar. Und auch wenn ein weißer Stern zu Beginn noch sehr heiß ist, geht es von da an nur noch bergab. Ohne Kernreaktionen, die ihn anheizen, bleibt ihm nichts übrig, als sich immer weiter abzukühlen. Wie die Glut eines ehemals rasenden Feuers lässt der Zwerg immer weiter nach, von einem hellen Weiß über ein Gelborange bis hin zu einem matten Rot.

Wenn wir in einigen Milliarden Jahren in unser Sonnensystem zurückkommen könnten, würden wir einen Weißen Zwerg vorfinden, der von einer drastisch dezimierten Gruppe von Planeten umkreist wird. Der innerste ist der stark verkohlte Mars. Jupiter und Saturn sind nur noch Schatten ihrer selbst, ihr Gas wurde von der Sonne weggebrannt, als sie ein Roter Riese war. Und der Weiße Zwerg nimmt immer weiter ab, da er die letzten Reste seiner

Hitze ans All abgibt. Wie schon viele andere Sterne vor ihm wird die Sonne als dunkler, kalter Ascheklumpen enden – ein vergessener Steinbrocken im Universum.

KAPITEL 10

STERNEN-DÄMMERUNG

Es war ein kalter Oktobermorgen im Jahre 1997, etwa 4:30 Uhr am Morgen. Der Informatiker Tom Boles saß alleine in der dunklen Kuppel seines kleinen Observatoriums und hatte gerade einen Riesenschreck bekommen. Es waren keine Aliens, über die er gestolpert war, keine Computerviren, auch keine wilden Tiere, die ihn in seinem Garten im ruhigen Hinterland Englands angefallen hatten. Vielmehr war es die aktuelle Aufnahme seines Teleskops, die sein Herz schneller schlagen ließ.

»Da gab es eine sehr helle Region in der Galaxie NGC 3451«, erinnert sich Boles. Diese Galaxie, in der er den Lichtfleck entdeckt hatte, lag so weit entfernt, dass das Licht sie verlassen hatte, als auf der Erde noch die Dinosaurier lebten. Boles wurde klar, dass dies seine erste Supernova-Entdeckung sein könnte – ein in einem verheerenden Feuerball explodierter, weit entfernter Stern, Milliarden Mal heller als die Sonne. Doch Boles wusste auch, dass es sich genauso gut um einen viel näher liegenden Stern handeln konnte, der kurz aufflackerte, oder um einen Asteroiden in unserem Sonnensystem, der gerade zufällig genau vor der Galaxie vorbeiflog. »Auf so eine Entdeckung hatte ich schon über ein Jahr gehofft«, sagt Boles, »und trotzdem: Wenn es dann wirklich passiert, ist man nicht darauf vorbereitet.«

Sobald er sich sicher sein konnte, dass es sich bei dem Fund um eine Supernova handelte, würde er die *Internationale*

Astronomische Union (IAU) kontaktieren. Diese würde dann weltweit große Observatorien benachrichtigen, damit professionelle Astronomen ihre Teleskope auf die Galaxie richten konnten, die Boles beschrieben hatte. »Aber was wäre, wenn eines der großen Teleskope meinetwegen von seinem vorgesehenen Forschungsplan abweichen würde und sich dann herausstellte, dass ich mich geirrt hatte? Meine Sorgen wurden immer größer und größer.«

Boles verbrachte die nächsten Tage damit, die Fundstelle zusammen mit einem kleinen Team von britischen Hobbyastronomen wieder und wieder zu überprüfen. Schließlich schickten sie eine Mail zum altmodisch benannten *Central Bureau for Astronomical Telegrams* in Cambridge, Massachusetts, einer offiziellen Dokumentationsstelle der IAU für alle astronomischen Entdeckungen. Geleitet wurde sie zu dieser Zeit von Brian Marsden, einem sympathischen Engländer. Marsden prüfte alle neuen Entdeckungen, bevor die Info an die Observatorien weiterging. Anders als der Name es vermuten lässt, werden solche Nachrichten inzwischen natürlich nicht mehr per Telegramm, sondern elektronisch verschickt.

»Das Schlimmste war die lange Wartezeit, in der wir nichts von ihm hörten«, sagt Boles. »Vier Tage vergingen. Das waren die längsten Tage meines Lebens. Meine Zweifel wurden immer größer.«

Dann kam die Nachricht, in der IAU-Rundmail Nummer 6763: Darin war die Rede von der *Entdeckung einer Supernova (Magnitude ca. 16.0) durch Tom Boles, Wellingborough*. Anschließend folgte der Beleg: Die Astronomen hatten mit einem Teleskop in Arizona das Licht des verdächtigen Objekts in ein Spektrum aufgefächert – und damit den Beweis erbracht, dass es sich tatsächlich um eine *Typ-II-Supernova nach dem Maximum* handelte.

»Ich hatte erwartet, nach diesem Ergebnis ein Hochgefühl zu erleben«, erinnert sich Boles. »Aber ich war einfach nur erleichtert und müde. In der Nacht danach habe ich 14 Stunden lang geschlafen.« Am nächsten Tag bekam Boles eine Nachricht von Marsden: »Gut gemacht! Und um zu beweisen, dass es kein Glückstreffer war, finden Sie noch eine!«

Und genau das tat Boles. Bis 2014 hat er insgesamt 155 Supernovae entdeckt – mehr als jeder andere Astronom in der Geschichte der Menschheit. Und das tut er auch heute noch.

Wie fühlt es sich an, der erfolgreichste Supernova-Jäger der Welt zu sein? Boles gibt sich wie immer bescheiden: »Ich hab mich schon eine Weile daran gewöhnt, und ich denke nicht viel darüber nach«, sagt er. Inzwischen darf er die professionellen Astronomen direkt kontaktieren – sein Ruf hilft ihm dabei, ihre Aufmerksamkeit zu erlangen.

In gewisser Weise ist Tom Boles in die Fußstapfen eines anderen legendären Supernova-Jägers getreten, der am Ende der Welt lebt: Der Pastor Robert Evans aus dem australischen New South Wales hat zwei Interessen, die beide mit dem Himmel zu tun haben: Tagsüber predigt er in der *Uniting Church*, nachts sucht er entfernte Galaxien nach Supernovae ab.

Boles und Evans benutzen beide ihre eigenen Teleskope von bescheidener Größe, aber es gibt einen entscheidenden Unterschied zwischen ihnen: Während Boles eine elektronische Kamera nutzt, die an einen Computer angeschlossen ist, bemüht Evans einfach nur seine Augen. Seitdem er 1981 seine erste Supernova entdeckt hat, hat Evans sich eine Liste von 1.500 zu untersuchenden Galaxien angelegt. »Ich versuche, mir das Aussehen von vielen dieser Galaxien genau einzuprägen«, erklärt er, »sodass ich jede Veränderung sofort bemerke.« Damit spielt er seine außergewöhnliche Erinnerungsfähigkeit natürlich sehr herunter. »Die meisten Menschen können sich Hunderte verschiedener Gesichter ihrer Freunde und Familienmitglieder ganz gut merken. Diese Galaxien sind für mich wie Freunde.« Wenn irgendwo eine neue Supernova erscheint, sticht sie für Bob Evans aus dem Bild heraus wie ein großer Pickel im Gesicht eines Freundes. Er bringt es auf phänomenale 42 Entdeckungen dieser explodierenden Sterne und hält damit den Rekord für die Entdeckung der meisten Supernovae lediglich mithilfe des Teleskops und des bloßen Auges.

Doch in einer Nacht im Februar 1987 verhinderten Wolken über Evans' Haus in den Blue Mountains eine Entdeckung, die unzweifelhaft das Juwel in seiner Supernova-Sammlung gewesen wäre. Über dem *Las-Campañas-Observatorium* in Chile dagegen war der Himmel klar. Der junge kanadische Astronom Ian Shelton hatte dort regelmäßig Aufnahmen von der Großen Magellanschen Wolke gemacht. Als er am 24. Februar eine aktuelle Aufnahme aus dem Entwicklerbad fischte, stellte er fest, »dass da an dieser Fotoplatte etwas sehr komisch war. Da war ein ganz besonders heller Stern drauf.«

Die Große Magellansche Wolke erscheint als leuchtender Fleck am Nachthimmel der südlichen Erdhalbkugel, sie wirkt wie ein Teil der Milchstraße, der von ihr abgetrennt und in den dunklen Himmelsbereich daneben geschleudert wurde. Sie ist die Quelle vieler Legenden und Mythen. Im westlichen Australien glauben die Aborigines, die Wolke sei der Lagerplatz eines alten Mannes, der zu schwach ist, um jagen zu gehen; die umliegenden Sterne bringen ihm Fische aus dem himmlischen Fluss, den die Milchstraße bildet.

Etwas nüchterner betrachtet wissen wir heute, dass die Große Magellansche Wolke aus einem ganzen Haufen von Sternen besteht – und damit diejenige Galaxie darstellt, die unserer eigenen Milchstraße am nächsten ist. Wobei *am nächsten* in diesem Fall noch immer eine Entfernung von 160.000 Lichtjahren bedeutet – die Galaxie, die wir sehen, ist also in dem Zustand, in dem sie war, als sich die ersten modernen Menschen der Art Homo sapiens in Afrika entwickelten.

Immer noch irritiert von dem seltsamen Objekt auf seiner Aufnahme, rannte Shelton nach draußen und blickte zur Großen Magellanschen Wolke hinauf. Er konnte den neuen Stern mit bloßem Auge erkennen. Er war so hell, es musste einfach eine Supernova sein – und wenn das der Fall sein sollte, wäre sie uns näher als jede andere in den vergangenen 400 Jahren. Shelton beeilte sich, zum naheliegenden Observatorium an der Spitze des Berges zu kommen, und informierte die Astronomen dort: »Wir versammelten uns alle, gingen zusammen raus und starrten sie an. Es war einfach unglaublich.«

Sie versuchten, das *Central Bureau for Astronomical Telegrams* telefonisch zu erreichen, landeten jedoch nur auf dem Anrufbeantworter, das Internet gab es damals ja noch nicht. Sie konnten die Astronomen der Welt also nicht informieren und sicher würde bald noch jemand anderes das helle Objekt entdecken. »Wir verzweifelten langsam, die Sonne ging schon fast wieder auf«, sagt Shelton. »Und bald würde es auf der anderen Seite der Erde dunkel werden.«

Und so kam es dann auch – als es in Neuseeland zu dämmern anfing, setzte sich dort Albert Jones an sein Teleskop. Er hatte als Müller gearbeitet, war inzwischen im Ruhestand und verbrachte seine gesamte Freizeit damit, nach Sternen Ausschau zu halten, die ihre Helligkeit veränderten. Als er 2013 starb, hatte er unfassbare 515.000 sogenannte *Veränderliche Sterne* entdeckt – weit mehr als jeder andere vor ihm. Seine Leistung war so erstaunlich, dass die Königin Elisabeth II. ihn mit einer der höchsten Ehrungen auszeichnete, dem *Order of the British Empire*.

In jener Februarnacht 1987 richtete Jones sein Teleskop auf die Große Magellansche Wolke, um diese reichhaltige Fundgrube an Veränderlichen Sternen genauer zu erforschen.

»Und auf einmal war da etwas im Sichtfeld, was in der Nacht zuvor noch nicht da gewesen war«, sagte er. »Ach du lieber Himmel, dachte ich mir. Das war ungewöhnlich – ein heller blauer Stern.«

Jones vermaß dessen Helligkeit, dann rief er einen Kollegen an, der die Nachricht ans Observatorium von Siding Spring in Australien weiterleitete. Oben in den Warrumbungle Mountains nahm der Astronom Rob McNaught den Anruf entgegen. »Ich verfiel sofort in einen Zustand irgendwo zwischen Schock und Aufregung«, erzählte uns McNaught kurze Zeit später. »Da war also tatsächlich eine helle Supernova in der Großen Magellanschen Wolke.«

McNaught hatte eine leistungsstarke Kamera bei sich, die er normalerweise nutzte, um Satelliten am Nachthimmel zu verfolgen. Er richtete sie sofort auf die Supernova, um sie zu fotografieren. Dabei konnte er ihre Position auch genau bestimmen. »Und dann verglich ich das mit alten Fotos – und tatsächlich: An genau dieser Stelle war vorher nur ein blasser Stern gewesen.«

McNaught hatte den explodierenden Stern, der heute als Supernova 1987A bekannt ist, nicht nur fotografiert, er hatte auch alte Aufnahmen ausfindig gemacht, auf denen der Stern zu sehen war, bevor er sich auf solch spektakuläre Weise selbst in die Luft sprengte. Er war ein ziemliches Schwergewicht von etwa zwanzig Sonnenmassen gewesen, der sich zu einem Riesen aufgebläht hatte. Zum ersten Mal hatten die Astronomen die Gelegenheit, ihre Berechnungen einer Supernova an einem realen Objekt zu überprüfen. »Es ist erst fünfzig Jahre her, dass man angefangen hat, sich für Supernovae als wirklich ungewöhnliche Phänomene zu interessieren«, sagte McNaught. »Und diese helle Supernova war daher nun die erste, die wir näher untersuchen konnten. Vorher gab es im Wesentlichen nur theoretische Überlegungen dazu.«

Das bringt uns zurück zu der Frage, wie ein Stern eigentlich genau funktioniert. Zu Beginn ihres Daseins beginnen Sterne, wie wir im vorherigen Kapitel gesehen haben, damit, in ihrem glühenden Inneren Wasserstoff in Helium zu verwandeln. Doch dieser Treibstoff ist irgendwann verbraucht. Der Kern des Sterns schrumpft und wird dabei immer heißer. Und dann entzündet sich das Helium plötzlich und *brennt* zu Kohlenstoff; dies lässt den Stern gewaltig wachsen, er wird zu einem aufgeblähten Roten Riesen. Für ein Leichtgewicht wie unsere Sonne ist dies der Anfang vom Ende.

Wie wir im letzten Kapitel gesehen haben, verpuffen ihre äußeren Schichten ins All – als schöne planetarische Nebel –, während der freigelegte Kern als winziger Weißer Zwerg vor sich hin dämmert.

Doch einem sehr massereichen Stern steht noch einiges bevor. In seinem Inneren passiert etwas völlig anderes. Die Schwerkraft presst seinen Kern immer mehr zusammen, dabei steigt die Temperatur im Inneren weiter an. In diesem nuklearen Inferno beginnt der Kohlenstoff, zu schweren Elementen zu *brennen*. Dies passiert sehr geordnet und der Reihe nach, fast wie bei einer Matroschkapuppe oder den Schalen einer Zwiebel. Könnten wir in einen großen Stern eintauchen, würden wir zunächst auf eine Schicht Kohlenstoff treffen, dann auf eine Schicht Neon und schließlich auf eine aus Silizium. Irgendwann beginnen die nuklearen Kräfte im innersten Kern damit, das Silizium in Eisen zu verwandeln. Und jetzt bekommt der Stern große Schwierigkeiten. Eisen ist das stabilste aller Elemente, in Bezug auf die Kernenergie ist es praktisch nur Asche. Egal wie hoch die Temperatur wird: Eisen verbrennt nicht weiter zu etwas anderem. Allerdings zerstören die immer höher werdende Temperatur und der steigende Druck die eiserne Asche. Innerhalb weniger Sekunden implodiert daher der Kern des Sterns. Und ohne ihn als Stütze stürzen die ihn umgebenden Schichten ein. Und es kommt noch schlimmer. In der Höllenglut zerfällt das Eisen zu winzigen Partikeln, Neutronen genannt, die sich zu einer dichten Kugel formen.

»Die Implosion des Kerns endet somit abrupt«, sagt Ian Shelton. »Zuvor hatte der Kern etwa die Größe der Erde, jetzt ist er nur noch so groß wie eine Stadt.« Das ihn umgebende Gas stürzt nun auf diesen festen Ball. Es ist vergleichbar mit einer großen Welle: Wenn sie auf eine Kaimauer trifft, spritzt die Gischt hoch in die Luft. Genauso prallt das herabfallende Gas mit hoher Geschwindigkeit vom Kern ab und reißt dabei den Stern auseinander. So weit die Theorie.

Aber genau das ist es, was Ian Shelton und Albert Jones in jener Nacht im Jahr 1987 gesehen haben – eine Schockwelle, die den Stern von innen auseinanderreißt und eine glühende Explosionswolke hinterlässt.

Man verfolgte diesen expandierenden Feuerball damals mit den größten Teleskopen der Welt. Und auch Jahrzehnte später noch beobachtet das Hubble-Weltraumteleskop den verbliebenen Gasring, der inzwischen blasser geworden ist und sich immer weiter von dem toten Stern entfernt.

Es gab damals aber noch ein anderes Teleskop, das die Richtigkeit der Theorie der explodierenden Sterne bewies. Dieses befindet sich allerdings weder im Weltall noch auf einem Berggipfel. Vielmehr liegt es tief im Erdinneren, in einer Mine in Japan. Das *Kamiokande* ist auch nicht wirklich ein Teleskop, sondern ein riesiger Tank voll hochreinen Wassers, der mit äußerst sensiblen Detektoren ausgestattet ist, die die winzigsten Lichtsignale aufspüren können. Um 7:35 Uhr am Morgen dieses 23. Februars 1987 regte sich etwas im Tank. Die Detektoren konnten elf Lichtblitze im Wasser feststellen. Ein kleiner Schwarm von Energieteilchen war ungehindert durch die feste Erdmasse gedrungen und hatte den Tank erleuchtet. Es gab nur eine Art von Teilchen, die ein solches unterirdisches Feuer erzeugen konnte: Die geisterhaften *Neutrinos*, die quasi jedes noch so dicke Material durchdringen können. Neutrinos entstehen nur an den heißesten Orten im Universum, allen voran im Kern einer Supernova-Explosion, wenn der eiserne Kern zu einer Kugel aus Neutrinos zusammenfällt.

»Im Kern einer Supernova muss es wirklich die Hölle sein«, sagt Ian Shelton. Die Temperaturen steigen dort auf bis zu 50 Milliarden Grad Celius an – Tausende Male heißer als im Inneren der Sonne. Das ist der ideale Ort, um Neutrinos zu produzieren. Und ebensolche Neutrinos aus dem Kern der Supernova 1987-A hatten ihren Weg durchs All und bis in den japanischen Tank gefunden. Obwohl nicht mal ein Dutzend von ihnen aufgespürt worden war, übermittelten sie uns doch eine erstaunliche Nachricht: Damit auch nur eine solch kleine Anzahl die Erde überhaupt erreichen kann, muss der ursprüngliche Neutrinostrom 99 Prozent der Energie der Supernova mit sich gerissen haben. Er hat dabei den Stern in einer gewaltigen Explosion auseinandergerissen, was etwa einen Tag in Anspruch nahm und dann als der helle, vermeintlich *neue* Stern zu sehen war, den Shelton und Jones am nächsten Morgen entdeckt hatten. Doch dieser sichtbare Feuerball, so groß er auch war, war nichts im Vergleich zur unsichtbaren Neutrinoexplosion, die parallel stattfand.

»Die Energie, die in diesem Moment frei wurde«, schwärmt Shelton, »hat wahrscheinlich für wenige Augenblicke alles andere im gesamten Universum überstrahlt.«

Nach diesem großartigen Abgang bleibt der Kern der Supernova als kleiner Fleck im riesigen All zurück, eine kleine dichte Kugel, die die Theoretiker *Neutronenstern* genannt haben. Dabei hatte allerdings niemand erwartet, dass es den Astronomen je gelingen würde, eine solch winzige Sternleiche in den Tiefen des Alls wirklich zu entdecken.

Auch Jocelyn Bell Burnell, eine junge Forscherin in Cambridge, war nicht auf der Suche nach Neutronensternen, als sie im Winter 1967 mit ihrem etwas seltsam wirkenden Radioteleskop den Himmel absuchte.

»Wir hatten zwei Jahre hart an diesem neuartigen Teleskop gearbeitet«, erzählt Bell. »Es sah aus wie tausend Fernsehantennen, die etwa eine Fläche von 16.000 Quadratmeter einnahmen. Sie mussten auf Holzpfähle gesteckt werden, damit sie über das nasse Gras hinausragten – es war also wirklich viel Handarbeit nötig, wir mussten hämmern, löten und schweißen.« Das Gras unterhalb der Antennen wurde auf einer Fläche von sechzig Tennisplätzen kurz gehalten, indem man Schafe darauf grasen ließ.

Als Bell die Ergebnisse ihrer Himmelsscans analysierte, wartete eine große Überraschung auf sie. Die natürlichen Radiowellen aus dem All wurden von einem Messschreiber aufgezeichnet – ähnlich wie bei einem EKG-Gerät, das einen Herzschlag durch eine durchgängige, gezackte Linie anzeigt. Bell war gar nicht auf der Suche nach regelmäßigen Signalen aus dem All, sie suchte vielmehr nach vereinzelten, stark schwankenden Radiowellen, ähnlich dem Blinken der Sterne, wie wir es am Nachthimmel beobachten können.

»Aber als der Stift übers Papier lief«, sagt Bell, »machte es *piep, piep, piep* – ein regelmäßiger Puls, etwa alle 1,3 Sekunden.« Bell war mehr als erstaunt.

Die wahrscheinlichste Erklärung dafür war, dass es eine Interferenz eines elektronischen Geräts in der Nähe gab, das nicht richtig abgeschirmt wurde. Bells Vorgesetzter Tony Hewish, der das Teleskop entwickelt hatte, untersuchte alles sehr genau. Zu seiner eigenen Überraschung musste er jedoch feststellen, dass die Radiowellen tatsächlich aus den Tiefen des Weltraums kamen, von einer Quelle, die Hunderttausende von Lichtjahren von uns entfernt sein musste.

»Es war so regelmäßig«, lacht Hewish, »dass wir uns einen Witz draus machten und es *Little Green Men* (oder *LGM*) nannten.« Der Leiter des Observatoriums, Martin Ryle, war allerdings sehr besorgt. Wenn man annahm, dass dies tatsächlich Übertragungen von Außerirdischen wären, und sich diese Nachricht verbreitete, dann könnte irgendjemand auf der Erde auf die Idee kommen, die Aliens zu einem Besuch einzuladen. Ryle war davon überzeugt, dass die Außerirdischen unsere Zivilisation auslöschen würden. Er ordnete an, dass, falls die Signale sich also wirklich als intelligente Botschaft herausstellen sollten, sein Team alle Aufzeichnungen darüber vernichten müsse.

Jocelyn Bell sah die ganze Sache dagegen mit Humor. Sie hatte ja nur vorgehabt, unregelmäßige Radioquellen im All zu untersuchen – aber »dummerweise mussten sich die Außerirdischen ausgerechnet meine Antenne aussuchen, um mit uns zu kommunizieren«.

Während alle anderen Weihnachten feierten, war Bell ganz in ihre endlosen Papierrollen mit den aufgezeichneten Radiowellen versunken. Dabei entdeckte sie ein weiteres auffälliges Signal aus einer anderen Richtung und fuhr zum Observatorium, um es zu überprüfen. Mit ihrem Lambretta-Motorroller fuhr sie die acht Kilometer durch die eisigen Winterwinde.

»Das Teleskop war quasi halb eingefroren wegen der Kälte«, sagt sie, »aber ich habe es, kein Witz, so lange angehaucht, bis es wieder lief. Und als das Papier sich wieder unter dem Stift bewegte, war es wieder da, dieses *piep, piep, piep*. Es war großartig! Und es war natürlich äußerst unwahrscheinlich, dass zwei Gruppen von kleinen grünen Männchen von den entgegengesetzten Seiten des Universums mit dem gleichen Signal zur Erde funkten.«

Bell und Hewish hatten kein außerirdisches Leben entdeckt, sondern eine neue Art Himmelsobjekt. »Wir nannten sie *pulsierende Radioquellen*«, sagt Hewish. Doch der etwas langweilige wissenschaftliche Ausdruck machte bald der Bezeichnung *Pulsar* Platz. Erfunden hatte sie wahrscheinlich der Wissenschaftskorrespondent der Tageszeitung *Daily Telegraph*. Es war aber nicht nur Glück, das zu dieser Entdeckung geführt hatte. Das Team in Cambridge war auch offen genug, von seinem ursprünglichen Forschungsplan abzuweichen, um das seltsame Signal zu untersuchen.

Ganz anders dagegen war es bei einem amerikanischen Radioastronomen gewesen, der einige Jahre zuvor bemerkt hatte, dass der Stift seines Messschreibers regelmäßige Impulse zu Papier brachte. »Muss eine Oszillation im Empfänger sein«, murmelte er und löste das Problem – wie man das eben so macht –, indem er gegen das Gerät trat. Der Stift stoppte. Der Forscher verpasste die Entdeckung seines Lebens – und damit auch den Nobelpreis.

Doch was waren diese Pulsare denn nun? Klar war, dass sie unglaublich starke Signale abgaben. Und die Schnelligkeit des Impulses musste bedeuten, dass sie sehr klein waren – kleiner als die Sonne, sogar kleiner als der kleinste damals bekannte Stern, ein Weißer Zwerg.

Als einzige Möglichkeit blieb nur ein Neutronenstern übrig – der kollabierte Kern einer Supernova. So ein Neutronenstern mag klein sein, aber er ist ein ganz schöner Brocken. Zwar ist er nur etwa so groß wie London oder New York, doch enthält er so viel Masse wie 1 Million Erden. Nähme man einen Fingerhut seines Materials auf, wöge dieser 1 Million Tonnen.

»Könnte man auf einem Neutronenstern landen«, sagt Bell, »wäre die Schwerkraft vollkommen unglaublich. Wenn man auch nur einen winzigen Berg erklimmen wollte, sagen wir von auch nur einem Zentimeter Höhe, wäre das so anstrengend wie die Besteigung des Mount Everest.«

Neben der immensen Schwerkraft verfügt ein Neutronenstern auch über ein stark überdimensioniertes Magnetfeld – es ist etwa 1 Billion Mal stärker als das Magnetfeld der Erde. Er verfügt, wie die Erde, über zwei magnetische Pole, an denen konzentrierte Energie als mächtige Radiowellenstrahlen ins All schießt.

»Der Strahl rotiert, da sich der Stern dreht«, sagt Bell. »Man muss es sich vorstellen wie bei einem Leuchtturm – wenn der Strahl gerade in unsere Richtung zeigt, empfangen wir das Signal der Radiowellen.«

Man könnte also sagen, dass Pulsare Zombies sind, also Wesen, die nach dem Tod des Sterns weiterleben. Doch es gibt noch andere Himmelsobjekte, deren Kräfte weit über die eines Pulsars hinausgehen. Erst vor einigen Jahren wurden sogenannte *Magnetare* entdeckt – Neutronensterne, deren Magnetfeld Hunderte Mal stärker ist als das anderer Neutronensterne. Wenn ein solcher Magnetar etwa in der Entfernung des Mondes an der Erde vorbeiflöge, würde er die Daten auf sämtlichen Kreditkarten löschen! Der Königliche Astronom, Sir Martin Rees, ist von diesen Herrschern des Universums begeistert. »Magnetare sind für die Wissenschaft von besonderem Interesse«, erklärt er, »da sie unser Wissen über die Gesetze der Physik bis an deren Grenzen bringen.«

Die meisten Neutronensterne in unserer Galaxie – Pulsare wie Magnetare – sind die Überreste von Supernovae, die vor vielen Millionen Jahren entstanden sind. Mit der Zeit werden diese kosmischen Leuchttürme langsamer, ihre Frequenz verringert sich und ihr Licht wird schwächer. Doch es gibt da eine Ausnahme. Im Zentrum des Krebsnebels findet sich ein Pulsar, der erst vor weniger als tausend Jahren entstand, wie uns der Bericht des chinesischen Astronomen Yang Wei-te erzählt: »Ich habe die Erscheinung eines fremden Sterns beobachtet, im fünften Mond des östlichen Himmels in T'iem-kuan. Wie die Venus war er auch tagsüber sichtbar, spitze Strahlen schossen ihm aus allen Seiten heraus.«

Nach unserer Zeitrechnung stammt dieser Bericht aus dem Jahr 1054, und der helle fremde Stern war im Sternbild Stier zu sehen. Für 23 Tage war die Supernova auch tagsüber sichtbar, nachts konnte man sie sogar zwei Jahre lang beobachten.

Ohne die chinesischen Berichte zu kennen, bemerkte der englische Arzt und Amateurastronom John Bevis eine kleine leuchtende Gaswolke, als er 1731 diesen Teil des Nachthimmels beobachtete. Leider gelangten seine Aufzeichnungen davon nicht wirklich in Umlauf, da sein Verleger bankrottgegangen war. Bevis starb 40 Jahre später im Alter von 76 Jahren, als er von seinem Teleskop stürzte. Kurz nach seinem Tod nahm der französische Astronom Charles Messier den Krebsnebel als erstes Objekt in seinen berühmten *Messier-Katalog* auf, in dem er diffuse Flecken auflistete, die man auf den ersten Blick mit Kometen verwechseln konnte – Messiers eigentliche Leidenschaft.

Ein Jahrhundert später untersuchte der 3. Earl of Rosse, der reiche Hobbyastronom, der das große Observatorium inmitten der irischen Sümpfe gebaut hatte (siehe Kapitel 5), das Ganze aufs Neue. »Er ist kein ovaler Nebel mehr«, notierte er, »stattdessen sehen wir deutlich erkennbare, einzelne Fäden.« Sein Assistent schrieb von »Bändern, die sich wie Zangen in alle Richtungen strecken« – vermutlich stammt daher der Name *Krebsnebel*.

Es dauerte bis in die 1960er-Jahre, bis die Forscher schließlich alle diese Beobachtungen miteinander in Verbindung brachten und herausfanden, dass der Krebsnebel etwa vor 900 Jahren aus einer Supernova-Explosion entstanden war. In seinem Zentrum fand man einen merkwürdigen blauen Stern – doch da Pulsare damals noch nicht bekannt waren, wusste man noch nicht genau, wie merkwürdig er wirklich war. Man hätte es herausfinden und eine großartige Entdeckung machen können, hätte man auf die Besucherin eines Observatoriums gehört.

»In den späten 1950er-Jahren«, erzählt Jocelyn Bell Burnell, »öffnete das Observatorium in Chicago für eine Nacht seine Türen fürs Publikum. Das Teleskop war auf eine Sternregion in der Mitte des Krebsnebels ausgerichtet. *Der Stern blinkt!*, rief eine Besucherin, aber niemand hörte auf sie.«

Und in der Tat steht im Zentrum des Krebsnebels ein Pulsar, der etwa dreißig Mal pro Sekunde blinkt – für das menschliche Auge gerade eben noch erkennbar. Die Besucherin war vermutlich die erste Zeugin eines Pulsars, Jahre bevor Bell und Hewish ihre große Entdeckung machten. Seine Lichtblitze wurden erst viel später offiziell festgestellt, als ein britisches Team die Region mit einem großen Teleskop und einer elektronischen Kamera untersuchte. Ihre Reaktion, die auf Band mitgeschnitten wurde, sagt alles: *»It's bloody pulsing!«*

In den 1960er-Jahren wurde der Krebsnebel zu einem Kultobjekt. Der britische Astrophysiker Geoffrey Burbidge witzelte: »Man kann die Astronomie in zwei Bereiche aufteilen: Die Astronomie des Krebsnebels einerseits und alles andere andererseits.« Der Krebsnebel lag Burbidge sehr am Herzen, er vermutete darin den Beweis für etwas, nach dem er jahrelang gesucht hatte: Die Antwort auf die Frage, wie Supernovae neue Elemente produzieren.

Und schließlich fand er sie dort auch, zusammen mit drei anderen großen Denkern des 20. Jahrhunderts. Margaret Burbidge, seine Frau, war eine der führenden Spürnasen, wenn es darum ging, das Licht der Sterne und Nebel zu interpretieren und herauszufinden, woraus sie bestehen. Willy Fowler arbeitete in einem Physiklabor, wo er die Details von Kernreaktionen erforschte. Die drei kannten sich über den brillanten Astrophysiker Fred Hoyle. Geoffrey Burbidge erinnert sich: »Fred war der Initiator. Willy war der experimentelle Nuklearphysiker. Margaret war die Beobachterin und ich konnte einiges in Sachen kreativer Physik beitragen.« Das Spitzenteam wurde später allgemein nach ihren Nachnamen unter er Bezeichnung B^2FH bekannt. In den 1950er-Jahren hatten sie die These aufgestellt, dass ein Stern explodieren würde, wenn sein Kern sich mit eiserner Asche angefüllt hat. Und sie fanden heraus, wie genau die Schmelzöfen im Inneren der Sterne ein Element in ein anderes verwandeln (und so den uralten Traum der Alchemisten wahr werden lassen).

Am Anfang bestand das Universum nur aus Wasserstoff und Helium. Alles andere entstand erst im Inneren der Sterne. Die *Zangen* des Krebsnebels enthalten große Mengen an Atomen, die im vormaligen Stern produziert wurden – Stickstoff, Schwefel und Argon. In gewissem Sinne ist der leuchtende Nebel so etwas wie die Eingeweide des vorherigen Sterns, die ins Weltall geschleudert wurden. Bei den Gaswolken anderer Sterne haben die Astronomen sogar noch größere und unterschiedlichere Mengen an neu entstandenen Elementen entdeckt.

Auch wenn ein Stern lange tot ist, lebt sein Vermächtnis also weiter. Die Druckwelle der Explosion presst die Gaswolken in der Umgebung so stark zusammen, dass sie sich zu einer neuen Generation von Sternen zusammenballen – und mit ihnen entstehen auch Planeten. Der Stern vermacht diesen neuen Welten zugleich eine große Zahl unterschiedlicher, neuer Atome. Auch unsere Erde ist aus der Asche einer alten, vergangenen Supernova entstanden. Von den Kohlenstoffatomen im menschlichen Körper bis hin zu den Goldatomen in unseren Ringen – alles stammt aus einem lange vergangenen Stern. Wir sollten das Sterben eines

Sterns daher auch nicht als etwas Negatives ansehen. Der Stern ist vielmehr wie der sprichwörtliche Phönix: Aus seiner Asche entsteht eine neue Generation reichhaltig ausgestatteter Sterne und Planeten.

KAPITEL 11

SCHWARZE LÖCHER

»Diese Objekte bestehen nicht aus normaler Materie«, so Physiker Kip Thorne. »Und sie bestehen auch nicht aus Antimaterie. Sie bestehen überhaupt nicht aus Materie – sondern sind einzig eine Verkrümmung von Raum und Zeit.« Der Astronom Phil Charles sagt über sie: »Nichts kommt aus ihnen mehr heraus, alles geht immer nur hinein. Ich glaube, es ist diese Einseitigkeit, die die Menschen am meisten verwirrt, sie sogar beunruhigt – und ehrlich gesagt geht es uns Wissenschaftlern da nicht anders.«

Willkommen in der unglaublichen Welt der Schwarzen Löcher: Objekte, die den Raum krümmen, die Gesetze der Physik auf den Kopf stellen und vielleicht sogar Tore zu anderen Universen sind. Doch so ausgefallen unsere heutigen Annahmen über sie auch sind, so hat unser Wissen über sie doch einen überraschend provinziellen – und sehr englischen – Anfang genommen.

Wenn man heute die Stadt Thornhill in Yorkshire besucht, sieht man eine bezaubernde mittelalterliche Kirche, die über dem Tal des Calder-Flusses thront. Im 18. Jahrhundert war sie das Zuhause des Pfarrers John Mitchell und seiner Familie.

Über ihn weiß man nur sehr wenig. Es gibt keine Porträts von hm, keine Briefe, keine persönlichen Unterlagen. Auf seinem Denkmal in der Kirche steht: »Er war für 26 Jahre der Pfarrer dieser Gemeinde und als Philosoph und Gelehrter hoch angesehen. Er war von vollendetem christlichen Charakter, was sich in seinen sozialen und verwandtschaftlichen Verpflichtungen zeigte, aber auch in seiner Ausübung seiner Pflichten als liebevoller

Ehemann, als nachsichtiger Vater, zugeneigter Bruder und geschätzter Freund – all das machte ihn zu einem durchweg liebenswerten Menschen.« Mitchell hatte in Cambridge studiert und war ein Universalgelehrter in den Bereichen Mathematik, Griechisch, Hebräisch und Theologie. Aber sein Hauptgebiet war die Geologie. Nach dem Erdbeben von Lissabon 1755 veröffentlichte er eine Abhandlung, in der er die korrekte Auffassung vertrat, dass Erdbeben durch unterirdische Wellen verbreitet würden. Dafür wurde er in die prestigeträchtige Londoner *Royal Society* aufgenommen. Doch ging er auch einer anderen Leidenschaft nach: Der Astronomie. 1783 wurde er eingeladen, einen Vortrag in der *Royal Society* zu halten, und wählte dafür als Thema die Schwerkraft der Sterne. Er fragte sich, wie die Gravitation das Licht, das aus der Oberfläche des Sterns austritt, beeinflusst. Sehr massereiche Sterne, so sein Gedanke, müssten ihr eigenes Licht wieder zu sich zurückziehen, so wie ein Ball durch die Schwerkraft wieder zur Erde zurückfällt. Und daraus folgte seine geniale Erkenntnis: »Alles Licht, das ein solcher Körper ausstrahlt, wäre durch seine Schwerkraft dazu gezwungen, wieder zu ihm zurückzukehren ... wenn ein solches Objekt in der Natur wirklich existieren sollte, könnte uns sein Licht niemals erreichen.«

Der Königliche Astronom Martin Rees ist voller Bewunderung für Mitchell, der mit seiner Erkenntnis seiner Zeit um Jahrhunderte voraus war: »John Mitchell hat herausgefunden, dass das Licht eines Sterns, dessen Masse ungefähr 100 Millionen Mal so groß ist wie die der Sonne, den Stern nicht verlassen kann. Daher schlussfolgerte er, dass die massereichsten Objekte im Universum für uns wahrscheinlich unsichtbar sind.« Kurz: Ein englischer Pfarrer im 18. Jahrhundert hat die Existenz von Schwarzen Löchern vorausgesagt.

Ein Stern von 100 Millionen Sonnenmassen ist physikalisch ein Ding der Unmöglichkeit. Die massereichsten Sterne, die wir kennen, übertreffen die Sonne etwa um das 200-fache – aber auch das ist nicht vollkommen bewiesen, da es schwierig ist, die Eigenschaften von weit entfernten Sternen genau zu vermessen. Aber die Schwerkraft hat noch ein Ass im Ärmel: Presst man einen Stern zu unglaublich hoher Dichte zusammen, wird seine Anziehungskraft unüberwindbar. Wenn man die Erde auf die Größe einer Murmel zusammenschrumpfen könnte, wäre ihre Schwerkraft so groß, dass das Licht die Erde nicht verlassen könnte.

Zum Glück kann so etwas mit einem Planeten nicht passieren. Doch beim Ableben eines Sterns können sehr wohl ultradichte Körper entstehen, die eine entsprechend starke Gravitation besitzen. Wenn unsere Sonne einmal stirbt, wird ihr Kern zu einem Weißen Zwerg zusammenfallen, der dann etwa die Größe der Erde hat, aber 200.000 Mal so viel Materie enthält. Um von einem solchen Weißen Zwerg in den Weltraum zu starten, bräuchte man eine Geschwindigkeit von über 6.000 Kilometer in der Sekunde! Zum Vergleich: Für einen Start von der Erde braucht man 11,2 Kilometer pro Sekunde.

Neutronensterne sind sogar noch kleiner und dichter. Oft treten sie (siehe auch Kapitel 10) als Pulsare auf, die in ihrer Rotation regelmäßige Radioimpulse ausstrahlen. Die Fluchtgeschwindigkeit beträgt hier unglaubliche 96.000 Kilometer pro Sekunde – also fast ein Drittel der Lichtgeschwindigkeit.

Nachdem Pulsare 1967 von Jocelyn Bell Burnell und Tony Hewish entdeckt worden waren, machten sich die Astronomen auf die Jagd nach einer noch viel ungewöhnlicheren Beute: Einem Objekt, dessen Fluchtgeschwindigkeit der Geschwindigkeit des Lichts entspricht.

»Wir glauben, dass die meisten Schwarzen Löcher am Ende des Lebenszyklus schwerer Sterne entstehen«, erklärt Martin Rees. Die meisten dieser als Supernovae explodierenden Sterne werden zu Pulsaren oder Neutronensternen. »Doch bei manchen Supernovae, vermutlich bei den sehr schweren – also etwa dem Zwanzig- oder Dreißigfachen der Sonne – kann stattdessen ein Schwarzes Loch zurückbleiben.«

Die Theorie dazu sieht so aus: Man hat herausgefunden, dass Neutronensterne ein oberes Limit haben, was ihre Masse angeht. Denn auch Neutronen, so dicht sie auch gepackt sein mögen, können der Schwerkraft letztlich nicht widerstehen, wenn diese nur stark genug ist. Ist der Supernova-Rest schwerer als drei Sonnenmassen, ist er dazu verdammt, für immer in sich zu kollabieren. Das Resultat ist ein Schwarzes Loch. Im Universum ist die Schwerkraft die beherrschende Kraft. Sie erzeugt die Sterne – und zerstört sie letztlich auch wieder.

Und warum nennt man es *Schwarzes Loch*? Der Name stammt angeblich vom *Schwarzen Loch von Kalkutta*, einer Gefängniszelle in Indien, in der im 18. Jahrhundert normalerweise drei Personen gefangen gehalten wurden. Einmal jedoch sollen 146 Menschen darin eingesperrt worden sein, von denen nur 23 diese Tortur überlebten. In den 1960er-Jahren wurde bei Vorträgen über Schwarze Löcher dann auf diese Geschichte Bezug genommen.

Ein Schwarzes Loch ist der ultimative kosmische Abgrund. Es ist schwarz, weil nicht einmal das Licht, trotz seiner Geschwindigkeit von mehr als 300.000 Kilometern pro Sekunde, der gewaltigen Gravitation entkommen kann. Und es ist ein Loch, weil alles, was hineinfällt, dort für immer gefangen ist. Der Grund dafür ist ganz einfach: Die Lichtgeschwindigkeit ist die maximal erreichbare Geschwindigkeit überhaupt – wenn das Licht nicht entkommen kann, kann auch nichts anderes entkommen. Schwarze Löcher sind damit sozusagen die Friedhöfe des Universums. In ihnen verschwindet Materie und kann nie mehr zurückkehren.

Wie entdeckt man nun aber ein Schwarzes Loch – einen dunklen Gegenstand im dunklen Universum? Manchmal hilft es dabei, wenn das Schwarze Loch eine Auseinandersetzung mit einem anderen Stern hat. Man muss sich das vorstellen wie zwei Katzen, die nachts in einem dunklen Keller kämpfen, die eine ist weiß, die andere ist schwarz. Man kann die schwarze Katze nicht sehen, aber man kann am Verhalten der weißen Katze ablesen, dass etwas Heftiges passiert. Doch um einen kosmischen Katzenzwist beobachten zu können, braucht man eine bestimmte Technologie: Röntgenastronomie. Mit ihr untersucht man, auch wenn der Name etwas verwirrend ist, nicht etwa das Innere der Sterne, sondern die gewaltigen Energiemengen, die manche Objekte ausstrahlen.

Wenn man sich die natürliche Strahlung aus dem All wie Noten auf einem Klavier vorstellt, dann umfasst das für uns sichtbare Licht ungefähr die Tasten rund um das mittlere C. Manche Objekte im Weltraum strahlen tiefe, langwellige Bassnoten aus, zum Beispiel Radiowellen. Schwarze Löcher dagegen senden auf Wellenlängen im allerhöchsten Bereich des Spektrums. Leider erreichen uns diese himmlischen Gesänge durch unsere dicke, trübe Atmosphäre allerdings nicht. Um den Klang eines Schwarzen Lochs zu hören, muss man einen Röntgendetektor ins All bringen.

Und so kam es, dass amerikanische Forscher am 12. Dezember 1970 einen neuartigen Satelliten in den Weltraum schickten, der das Universum nach Röntgenstrahlen absuchen sollte. Gestartet wurde er von Kenia aus. Das Land feierte an diesem Tag gerade den siebten Jahrestag seiner Unabhängigkeit – daher bekam der Satellit den Namen *Uhuru*, was in der Landessprache Suaheli soviel wie *Freiheit* bedeutet. Die Mission *Uhuru* war ein großer Erfolg. Der Satellit entdeckte Hunderte von Röntgenstrahlungsquellen; die meisten davon waren Neutronensterne, die von ihren Begleitsternen Gas abzogen.

Ein Stern jedoch war anders: *Cygnus X-1*. Die Astronomen erkannten in ihm einen heißen, blauen Stern von etwa dreißig Sonnenmassen. Er wurde von einem unsichtbaren Objekt umkreist, dass etwa zehn Sonnenmassen schwer war – viel zu schwer, um ein Neutronenstern zu sein. Es musste sich um ein Schwarzes Loch handeln. Es entzieht seinem riesigen blauen Gefährten große Mengen Materie – ein spektakuläres Schauspiel: Das extrem erhitzte Gas strömt in Richtung des Schwarzen Lochs, wo es einen gewaltigen kosmischen Strudel bildet – die sogenannte *Akkretionsscheibe* – und dabei sehr starke Röntgenstrahlen abgibt, bevor es für immer aus dem All verschwindet.

Cygnus X-1 war das erste Schwarze Loch, das entdeckt wurde – aber es ist bei Weitem nicht das einzige. Diese ungewöhnlichen Objekte haben eine ganz neue Sorte von Astronomen hervorgebracht, die sich auf die Jagd nach Schwarzen Löchern macht, allen voran Phil Charles.

»Um erfolgreich Schwarze Löcher zu finden«, erklärt er, »benötigt man zunächst Zugang zu den größten Teleskopen hier unten am Boden.« Die Suche nach diesen dunkelsten aller Objekte führte ihn unter anderem nach La Palma, Hawaii und Australien, wo die leistungsstärksten Teleskope der Welt stehen. Er richtete diese dann auf jene Sterne, bei denen seine Kollegen zuvor per Satellit starke Röntgenstrahlen ausgemacht haben, das Erkennungszeichen der ansonsten schwer greifbaren Schwarzen Löcher. »Wenn man die Nadel im Heuhaufen sucht«, sagt Charles, »ist es nötig, dass die Nadel nach einem ruft und sagt: *Hier bin ich.*« Im nächsten Schritt verfolgte er dann die Bewegung des sichtbaren Sterns, der seinen unsichtbaren Begleiter umkreist, was ihm das Gewicht des Schwarzen Lochs verriet. Charles und seine Kollegen haben inzwischen eine ganze Reihe von Schwarzen Löchern in der Milchstraße entdecken können, die alle zwischen 4 und 16 Sonnenmassen liegen.

Aber das ist erst der Anfang. Martin Rees sagt, dass »es gute Gründe für die Annahme gibt, dass sich in unserer Galaxie Millionen Schwarzer Löcher befinden, alle zwischen etwa zehn und zwanzig Sonnenmassen.« Das würde bedeuten, dass auf 1.000 sichtbare Sterne je ein Schwarzes Loch kommt. Doch haben diese nicht nur gemeinsam, dass sie sich dieselbe Galaxie teilen. Vielmehr liegt ja eine tiefe Ironie darin, dass die dunkelsten aller Himmelsobjekte aus den allerhellsten und massereichsten Sternen geboren werden, nachdem diese in einer Supernova explodiert sind.

Doch warum sind Schwarze Löcher so umstritten? Viele konservative Astronomen haben sehr lange gebraucht, bis sie akzeptieren konnten, dass Schwarze Löcher überhaupt existieren. Noch 1970 schrieb der angesehene Astronom George McVittie bei einer internationalen Konferenz an eine Tafel: *Schwarzes Loch = Böses Wort*.

Vermutlich liegt es an Albert Einstein (der von der Idee, dass es Schwarze Löcher geben könnte, nicht sehr begeistert war). Seine neue Theorie der Schwerkraft, die er 1916 veröffentlichte, auch bekannt als *Allgemeine Relativitätstheorie*, hat einen etwas anderen Ansatz als die von Isaac Newton, der die Gravitation lediglich als geheimnisvolle Kraft ansah, die sich durch den Raum hindurch auswirkt. Einstein konzentrierte sich bei seiner Untersuchung auf jene Bereiche im Universum, in denen die Gravitation am stärksten ist – und letztlich, so folgerte er, entsprechend heftige Auswirkungen hat.

Einsteins Theorie zufolge krümmt ein Körper im All die Raumzeit, so wie eine Kugel eine Gummimatte einbeult. Nahe liegende Objekte, so Einstein, rollen dann in die entstandene Vertiefung. Das Konzept hat aber auch bizarre Nebeneffekte. Im Falle einer extremen Schwerkraft sagen Einsteins Gleichungen nämlich voraus, dass Objekte, die in Richtung eines mächtigen Attraktors fallen, bis auf Lichtgeschwindigkeit beschleunigen. Die Konsequenzen sind unvorstellbar: Die Masse des fallenden Objekts wird gen unendlich steigen; aus seiner Perspektive wird scheinbar die Zeit anhalten und das Objekt selbst wird spaghettiartig immer länger und länger gestreckt, bevor es schließlich verschwindet.

Aber was passiert denn nun genau, wenn etwas in ein Schwarzes Loch fällt? Man kann das nur mathematisch beantworten. Denn wenn kein Licht – und damit auch keine Information – herauskommen kann, können wir auch nicht wissen, was im Inneren passiert. Es braucht also einiges an Rechenkünsten, um diese Frage zu beantworten, und auch dann werden einem nicht alle zustimmen.

Einstimmigkeit herrscht zumindest darüber, dass die Gase, die von einem Schwarzen Loch eingefangen werden, in dessen Kern als Punkt von ungeheurer Dichte enden, einer sogenannten *Singularität*. Kip Thorne, Experte für Schwarze Löcher, sagt dazu: »Eine Singularität ist ein Ort, an dem die Schwerkraft unendlich ist und die Materie, den Raum und die Zeit zerstört.«

Andere Physiker sind da ein bisschen positiver eingestellt. Wenn sich, so die Theorie, das Schwarze Loch nur schnell genug dreht, dann könnte die immense Gravitation durch die Zentrifugalkraft in Schach gehalten werden. In diesem Fall besteht die Möglichkeit, dass ein rotierendes Schwarzes Loch das Tor zu einem anderen Universum darstellt. Es ist, wie man sieht, nicht verwunderlich, dass Schwarze Löcher in der Wissenschaft für Verwirrung sorgen.

Schon ein Schwarzes Loch von zehn Sonnenmassen, wie etwa *Cygnus X-1*, ist ein ziemlicher Brocken. Doch stellen wir uns einmal vor, welches Chaos ein Schwarzes Loch anrichten könnte, das 1 Million oder gar 1 Milliarde Sonnenmassen hat. Diesen Supermonstern wollen wir uns als Nächstes widmen.

Das Zentrum unserer Galaxie liegt etwa 25.000 Lichtjahre von uns entfernt, nahe den sternenreichen Wolken im Sternbild Schütze, einem nicht sehr leicht einsehbaren Teil der Milchstraße. Selbst für die leistungsstärksten Teleskope ist das Zentrum nicht sichtbar. Dunkle, rußhaltige Staubwolken sind im Weg und versperren uns gänzlich den Blick ins Innerste.

Unsere Galaxie lässt sich von außen betrachtet mit einem Spiegelei vergleichen: Der flache Bereich (das *Eiweiß*) besteht aus den Spiralarmen, in denen sich aktive, junge und heiße blaue Sterne finden. Der gewölbte innere Bereich (das *Eigelb*) ist ruhiger, in ihm finden sich vor allem ältere rote Sterne, die ihre besten Zeiten hinter sich haben, sozusagen eine Art kosmisches Altersheim. Daher dachte man lange Zeit, dass es dort wenig Aktivität gebe. Doch das stellte sich als falsch heraus. In den 1950er-Jahren entdeckten Radioastronomen die ersten Anzeichen von Unruhen unter den alten Galaxiebewohnern. Die neu entwickelten Radioteleskope besaßen konventionellen Teleskopen gegenüber einen entscheidenden Vorteil: Da sie in einem längeren Wellenbereich operierten, konnten sie die trüben Staubwolken problemlos durchdringen, die uns im Bereich sichtbaren Lichts den Blick versperren. Für Radioteleskope, diese Meisterleistung der Technik, war der Staub quasi durchsichtig – mit ihnen konnte man endlich die Vorgänge im Inneren der Milchstraße genauer untersuchen. Und schon bald erkannte man, dass dort einiges in Bewegung war: Sich ausdehnende Gasringe, leuchtende Bögen, starke Magnetfelder und heftige Turbulenzen. Alles eindeutige Beweise, dass dort etwas passiert ist – oder noch immer passiert.

Auch die Forscher, die mit Infrarotgeräten arbeiteten, wie den riesigen Teleskopen auf dem Gipfel des Mauna Kea auf Hawaii, konnten durch die galaktischen Staubwolken hindurchsehen. Sie konzentrierten sich dabei auf die Sterne im Zentrum der Milchstraße – und überrascht fanden sie heraus, dass diese Sterne das Herz der Galaxie mit erstaunlicher Geschwindigkeit umkreisen, nämlich mit 1.400 Kilometern pro Sekunde, was immerhin 0,5 % der Lichtgeschwindigkeit entspricht. Dafür konnte es nur einen Grund geben: Irgendetwas im Inneren muss eine extrem starke Anziehungskraft haben.

Die Astronomen untersuchten dann eine mysteriöse Radiowellenquelle, die genau im Zentrum der Galaxie liegt. Sie fanden *Sagittarius A**, wie das winzige Objekt genannt wird, das Radiowellen im Überfluss ausstrahlt. Aus den Bewegungen der umliegenden Sterne konnten die Forscher seine Masse berechnen: Sie lag bei über 4 Millionen Sonnenmassen.

2008 setzte man dann die Radioteleskope in Hawaii, Kalifornien und Arizona gemeinsam ein und konnte so die Größe dieses mysteriösen Himmelskörpers genauer bestimmen. Es stellte sich heraus, dass er einen Durchmesser von lediglich 44 Millionen Kilometer hatte, also weniger als die Umlaufbahn des Merkur um die

Sonne. Fazit: *Sagittarius A** musste ein *supermassereiches Schwarzes Loch* sein. Nur so ließ sich erklären, wie so viel Materie in eine so kleine Region passt. Die Strahlung, die die Radioteleskope empfingen, kam von der Akkreditionsscheibe, in der Materie um das eigentliche Schwarze Loch kreist. Dieser Wirbel besteht aus Sternen, zerstörten Sternentrümmern und den Überresten von Planeten, die ins Loch kreiseln und sich dabei gewaltig erhitzen.

Dennoch, das Schwarze Loch ist, wenn man so will, derzeit auf einer strengen Diät: Im Inneren der Galaxie gibt es nicht genug Materie, um seinen unstillbaren Hunger zu befriedigen. Es befindet sich momentan also in einer Art Ruhezustand. Doch die Gasringe und Bögen, die man damals zuerst entdeckt hatte, sind Hinweise darauf, dass es in der Vergangenheit schon einmal deutlich aktiver war.

Wie häufig kommen solche supermassereichen Schwarzen Löcher in den Galaxien denn nun aber vor? Kip Thorne sagt dazu: »Sie finden sich im Inneren unserer und der meisten anderen Galaxien. In der Regel wiegen sie zwischen 100.000 und 1 Milliarde Mal so viel wie unsere Sonne.« Martin Rees ergänzt: »Wir glauben, dass sie sich zusammen mit der Galaxie bilden, und zwar aus dem Gas, das sich im Zentrum ansammelt. Es überschreitet den *point of no return*, daher kann es sich nicht mehr zu Sternen formen, sondern wird zu einer immer dichteren Wolke. Diese Wolke wird zu einer Art Superstern und kollabiert dann zu einem supermassereichen Schwarzen Loch.«

Wenn man in einer dunklen, klaren Herbstnacht am Himmel in Richtung Norden schaut, sieht man die Andromedagalaxie, unsere nächste große Nachbargalaxie. Sie ist etwa 2,5 Millionen Lichtjahre entfernt, eine Spiralgalaxie wie unsere Milchstraße, nur etwas größer. In ihrem Inneren liegt ebenfalls ein supermassereiches Schwarzes Loch, das man auf 100 bis 200 Millionen Sonnenmassen schätzt. Doch wie die Forscher herausfinden sollten, sind diese Schwarzen Löcher in kosmischen Maßstäben eigentlich noch Winzlinge.

In den frühen 1960er-Jahren hielten die meisten Astronomen das Universum für recht zahm. Friedliche Sterne kreisten, so die Vorstellung, träge umher und bildeten pittoreske Galaxien, so weit das Teleskopenauge sehen konnte. Damals war der brutale Urknall nur eine Theorie, und auch andere Zeugnisse eines verstörend gewaltsamen Universums – wie etwa Pulsare, Neutronensterne und Schwarze Löcher – waren nur Konstrukte in den Köpfen weltfremder Wissenschaftler. Doch das sollte sich bald ändern.

Radioastronomen in Cambridge untersuchten mit ihrem neuartigen Gerät den Himmel im Detail, und da es ihre dritte Studie dieser Art war, nannte man sie *3C,* für *Dritte Cambridge-Studie.* Dabei stießen sie natürlich auf die üblichen Verdächtigen, wie etwa die Überreste explodierter Sterne, aber auch auf aktive Galaxien. Doch gab es auch einige Objekte, die Fragen aufwarfen, etwa *3C 273* und *3C 48.* Diese Radioquellen waren ein vollkommenes Rätsel. Sie sahen aus wie Sterne, aber sie strahlten gewaltige Mengen an Radiowellen ab, was Sterne nicht tun. Astronomen bezeichneten sie daraufhin als *quasi-stellar radio objects* (also *sternartige Radioquellen*) – dies wurde dann später zum Glück zu *Quasare* abgekürzt.

Aber was waren sie? Mit optischen Teleskopen versuchte man, über die Spektrallinien ihre Zusammensetzung herauszufinden. Aber sie stimmte nicht mit denen von normalem Sternenlicht überein, es konnten also nicht einfach Sterne sein. 1962 untersuchte der junge niederländisch-amerikanische Astronom Maarten Schmidt mit dem großen 5-Meter-Teleskop auf dem Palomar Mountain in Kalifornien die beiden Objekte *3C 273* und *3C 48*. Damals saßen die Forscher noch nicht mit einer Tasse Kaffee im warmen Kontrollraum und steuerten das Teleskop per Computer – stattdessen verbrachten sie viele Stunden im sogenannten *prime focus cage*, einem kleinen zylinderförmigen Raum im Inneren des Teleskops, und bedienten das Gerät bei eisigen Temperaturen. Wie fühlt sich das an? Und was macht man darin die ganze Zeit, während man gegen die Müdigkeit ankämpft?

Maarten Schmidt erinnert sich an diese Zeit eher wohlwollend: »Ich war wirklich ziemlich einsam da drin. Es gab einiges zu tun, das Teleskop musste ausgerichtet werden, man hielt Ausschau nach Wolken und achtete darauf, dass alles korrekt funktionierte. Es war eigentlich eine sehr romantische Art des Beobachtens. Heute besteht die Arbeit nur noch darin, auf einen Monitor zu schauen.« Schmidt erinnert sich an das Gefühl, mit den Sternen direkt in Berührung zu sein – und dabei Musik zu hören. »Man hatte viel Zeit zum Nachdenken, es gab ja sonst nichts zu tun. Dabei lief die ganze Zeit klassische Musik, vor allem Bach.«

Schmidt nahm seine Spektralanalysen jedenfalls mit zum *California Institute of Technology* und grübelte dann lange darüber. Irgendetwas an den Spektrallinien von *3C 273* kam ihm verdächtig bekannt vor – und schließlich fiel der Groschen. »Ich war verwirrt«, sagt er. »Ich dachte: Verdammt, ich nehme jetzt meinen Rechenschieber und beweise, dass diese Linien in einem bestimmten regelmäßigen Abstand versetzt sind.« Und dann wurde es ihm klar: »Himmel, das war ja eine Rotverschiebung! Mir war sofort bewusst, wie unglaublich das war.«

Wenn man das Licht eines Himmelskörpers auffächert, erhält man, wie wir wissen, einen Regenbogen, der von langwelligem Rotlicht bis zu kurzwelligem blauen Licht reicht. Dieses Spektrum wird von vertikalen Linien durchzogen. Diese Linien wiederum sind ein Abdruck der verschiedenen Atome, aus denen ein Stern, ein Planet oder eine Galaxie besteht. Sie verraten aber auch, wie schnell sich ein Körper durchs All bewegt. Da sich das Universum ausdehnt, werden die Lichtwellen einer fernen Galaxie auseinandergezogen und ins Rote verschoben – so wie die Sirene eines fahrenden Krankenwagens nach dem Vorbeifahren tiefer klingt. Und je stärker diese Rotverschiebung ist, desto weiter entfernt befindet sich die Galaxie. Die Rotverschiebung von *3C 273* lag bei 16 Prozent – das bedeutete eine Entfernung von fast 2,5 Milliarden Lichtjahren. Schmidt war sprachlos. Das Objekt war kein Stern in unserer Galaxie. Es lag weiter entfernt als jede andere Galaxie, die damals bekannt war. Aber um auf so große Entfernung so hell zu sein, musste sie etwa vierzig Mal so hell strahlen wie eine normale Galaxie. Und doch war sie nicht größer als unser Sonnensystem.

Schmidt erinnert sich: »Eigentlich hätte man jetzt erst mal nachdenken müssen. Aber in der Unruhe habe ich einigen Krach verursacht, und mein Kollege Jesse Greenstein kam herein.« Greenstein hatte parallel das Spektrum des anderen Objekts, *3C 48*, untersucht. »Er sagte: *Mein Gott.* Dann holte er seine Ergebnisse von *3C 48* heraus. Innerhalb einer Viertelstunde errechneten wir dann, dass dessen Rotverschiebung bei 37 Prozent lag.« Das bedeutete, dass dieses Objekt fast 4 Milliarden Lichtjahre entfernt lag. Es musste also eine Galaxie sein, aber in seinem Inneren lauerte etwas Gewaltiges. Die Astronomen realisierten nach und nach, dass sie wieder einmal auf Schwarze Löcher gestoßen waren, aber diesmal wirklich außerordentlich große. Das Schwarze Loch im Inneren von *3C 273* wiegt etwa 1 Milliarde Mal so viel wie unsere Sonne. Und es verfügt über eine Akkreditionsscheibe, die massiv Strahlung absondert, während das Loch pro Jahr Materie von einer Sonnenmasse verschlingt.

So etwas ist natürlich kein glatt ablaufender Prozess. Auch wenn die meiste *Nahrung* im Schlund des Schwarzen Lochs verschwindet, schießen einige Überreste in Form von mächtigen Elektronenstrahlen aus der Akkreditionsscheibe hinaus. Im Fall von *3C 273* sind diese Strahlen 200.000 Lichtjahre lang, sie schießen fast mit Lichtgeschwindigkeit durch die umliegende Galaxie und richten in allem, das ihnen in den Weg kommt, große Verwüstung an. So viel zur Vorstellung, das Universum sei ruhig, angenehm und ordentlich.

Quasare sind gefährliche Biester, und es gibt jede Menge von ihnen: Die letzten Schätzungen belaufen sich auf ca. 200.000 Stück. Der Quasar *OJ 287* enthält das massereichste Schwarze Loch, das bisher überhaupt bekannt ist, es hat etwa 18 Milliarden Sonnenmassen. Es wird von einem zweiten Schwarzen Loch umkreist – dieses wiegt allerdings *nur* so viel wie 100 Millionen

Sonnen. Die zwei werden voraussichtlich in der für astronomische Verhältnisse unglaublich kurzen Zeitspanne von 10.000 Jahren miteinander verschmelzen.

Für Quasare ist Zeit ein entscheidender Faktor. Sie sind Produkte des frühen Universums, quasi Babygalaxien in einem gewaltigen Fressrausch. Es ist kein Zufall, dass wir sie in so weit entfernten Regionen des Universums – und damit so weit zurückliegend in der Vergangenheit – finden, denn sie sind in der Anfangszeit des Universums entstanden, als dieses noch instabil, glühend heiß und aktiv war. Wenn die Nahrungsvorräte eines Quasars allerdings erst mal aufgebraucht sind, wird alles ruhig. Aus diesem Grund finden wir auch keine Quasare in unserer direkten kosmischen Nachbarschaft.

Aber das könnte sich ändern. Unsere Nachbargalaxie, Andromeda, weist keine Rotverschiebung auf, sondern ist ins Blaue verschoben, was bedeutet, dass sie sich uns nähert. Und es ist schon ziemlich klar, dass sie eines Tages mit unserer Milchstraße zusammenstoßen und sich mit ihr vereinigen wird. Das Ergebnis wird eine neue elliptische oder scheibenförmige Galaxie sein.

Für die einzelnen Sterne wie etwa unsere Sonne wird das Ganze nicht so schlimm sein, wie es sich anhört. Sterne sind, selbst wenn sich gerade zwei Galaxien vereinigen, so weit voneinander entfernt, dass sie aneinander vorbeiziehen können, so wie friedliche Passagiere in einem vollen Flughafen aneinander vorbeigehen. Aber die zwei supermassereichen Schwarzen Löcher in den Zentren werden sich unaufhaltsam voneinander angezogen fühlen. Sie werden sich immer weiter annähern und sich schließlich miteinander vereinigen. Das neu entstandene Mega-Loch wird in den bei der Kollision übrig gebliebenen Gasen und Resten ein üppiges Mahl finden. Es wird ein neuer Quasar entstehen, direkt vor unserer Haustür. Aber keine Sorge – all das passiert frühestens in 4 Milliarden Jahren.

KAPITEL 12

AM ANFANG

Der Schöpfer des Universums war eine recht ungewöhnliche Person. Georges Henri Joseph Edouard Lemaître war ein katholischer Priester in Belgien – und er war Astronom. 1931, im Alter von 37 Jahren, schrieb er: »Die Welt hat sich vom Verdichteten zum Zerstreuten entwickelt ... Wir gehen davon aus, dass das Universum mit einem ursprünglichen Atom begann, und dieser Beginn des Raums markiert zugleich auch den Anfang der Zeit ...«

Bloß: Wie kam er darauf?

Zwanzig Jahre zuvor hatten Forscher am *Lowell-Observatorium* in Flagstaff, Arizona, angefangen, mit einem Spektrografen das Licht der Himmelskörper aufzufächern, um so herauszufinden, woraus sie bestanden. Die dabei entstehenden Spektren verrieten nicht nur, wie ein Objekt chemisch zusammengesetzt war, sondern auch, wie schnell es sich bewegte. Wir erwähnten ja schon das Beispiel eines vorbeifahrenden Krankenwagens – fährt er auf uns zu, ist der Ton höher, fährt er an uns vorbei, wird er tiefer, weil er sich von uns wegbewegt. Die Schallwellen werden bei der Annäherung zusammengepresst und der Ton klingt höher, bis der Krankenwagen an uns vorbeifährt und die Schallwellen wieder auseinandergezogen werden. Dies nennt man den *Doppler-Effekt* – benannt nach dem österreichischen Physiker Christian Doppler, der ihn 1842 entdeckte. Drei Jahre später bestätigte der holländische Meteorologe Christoph Buys Ballot diese Entdeckung. Auf der Strecke Utrecht-Amsterdam mietete er einen Zug und platzierte ein Orchester darauf, das einen bestimmten Ton spielen sollte, während es an einer weiteren Gruppe von Musikern vorbeifuhr, die den gleichen Ton spielten – das Ergebnis war eine spektakuläre Demonstration des Doppler-Effekts.

Auch das Licht unterliegt diesem Effekt. Im Spektrografen spalten sich die Farben des Lichts wie ein Regenbogen auf, mit Rot in den niedrigen Frequenzen am einen Ende und blauen und violetten Farben, den hohen Frequenzen, am anderen Ende. Wie wir ebenfalls schon gesehen haben, erzeugen die Atome, aus denen ein Körper besteht, im Spektrum bestimmte dunkle Linien. Und diese Linien werden in ihrer Position im Spektrum verschoben, wenn der leuchtende Körper sich bewegt – ins Blaue, wenn er sich uns nähert, ins Rote, wenn er sich entfernt.

Vesto Melvin Slipher, der Direktor des Observatoriums in Flagstaff, setzte diese Technik ein, um herauszufinden, ob die *Spiralnebel* (die wir in Kapitel 5 schon kennengelernt haben) rotieren. Er glaubte – wie viele Astronomen jener Zeit –, dass die Nebel in der Entstehung befindliche Sonnensysteme seien und man so vielleicht mehr über die Entstehung von Planeten erfahren könne. Im frühen 20. Jahrhundert hatte man noch keine Ahnung davon, dass es sich dabei in Wirklichkeit um Galaxien handelt, die aus Milliarden von Sternen bestehen. Slipher fand heraus, dass sich die Spiralnebel nicht merklich drehten. Stattdessen bemerkte er jedoch, dass sie sich fast alle mit sehr hoher Geschwindigkeit von uns wegbewegten und dabei die erwähnte Rotverschiebung produzierten.

Dann kam Slipher die entscheidende Erkenntnis: Die Spiralnebel waren gar keine nahen Sonnensysteme im Prozess der Entstehung, sie waren weitaus größere Bewohner des Universums. 1917 schrieb er: »Seit Langem gibt es die Annahme, dass die Spiralnebel weit entfernte Sternensysteme sein könnten. Dies wird als *Welteninsel-Theorie* bezeichnet, bei der man davon ausgeht, dass unser Sternensystem zusammen mit der Milchstraße selbst ein großer Spiralnebel ist, den wir von innen sehen. Mir scheint, dass diese Theorie angesichts der aktuellen Beobachtungen zunehmend unterstützt wird.«

Er präsentierte seine gefundenen Rotverschiebungen vor der *American Astronomical Society*, die ihm dafür begeistert Beifall spendete. Nur wusste immer noch keiner so genau, was sie bedeuten könnten. Es musste erst ein Genie wie Edwin Hubble kommen, um eine Erklärung dafür zu finden.

Hubble hatte, seinem Vater zuliebe, zunächst ein Jurastudium begonnen und erhielt das renommierte Rhodes-Stipendium der Universität Oxford. Parallel versuchte er sich in verschiedenen Sportarten wie dem Amateurboxen, außerdem wurde er im Ersten Weltkrieg zum Panzerfahrer ausgebildet. An der Universität jedoch zog es ihn zur Astronomie, bald wurde sie zu seinem Hauptinteresse. »Ich möchte lieber ein zweitklassiger Astronom sein als ein erstklassiger Jurist«, sagte er einmal. »Die Astronomie ist alles, was ich will.«

Nach dem Krieg bekam Hubble eine Stelle am *Mount-Wilson-Observatorium* in den Bergen über Pasadena in Kalifornien. Zeitgleich mit ihm traf dort ein riesiges 2,50-Meter-Teleskop ein, damals das größten Teleskop der Welt. Der brillante junge Astronom durfte das gewaltige Instrument sofort nutzen und konnte schon bald nachweisen, dass die Spiralnebel aus Millionen von Sternen bestehen. Es waren also wirklich *Welteninseln*, wie man sie damals nannte, also andere Milchstraßen. Dies wandelte die Sicht auf unser Universum grundlegend: Vor allen Dingen war mit einem Mal klar, dass es viel, viel größer ist als bisher angenommen.

1928 machte sich Hubble daran, mit dem Mount-Wilson-Teleskop herauszufinden, wie weit diese *extragalaktischen Nebel* von uns entfernt sind. Bei diesem Unterfangen bekam er einen ungewöhnlichen Helfer: Milton Humason, der mit 14 von der Schule abgegangen war und dann zunächst als Mauleseltreiber gearbeitet und allerlei Waren den langen Schotterweg zur Spitze des Mount Wilson hochgefahren hatte. Humason heiratete die Tochter des Observatorium-Technikers. Er liebte diesen Ort sehr und schaffte es schließlich, dort eine Stelle als Hausmeister zu bekommen.

»Mein erstes Treffen mit Hubble«, erinnerte Humason sich später, »war schon ganz am Anfang seiner Zeit am Mount Wilson. Er machte in dieser Nacht einen sehr nachhaltigen Eindruck auf mich, der mich über all die Jahre begleitet hat. Die Umrisse seiner großen, kräftigen Statur und seine typische Pfeife im Mund zeichneten sich deutlich gegen den Himmel ab. Ein frischer Wind schlug ihm seinen Militärmantel um den Körper, hin und wieder flogen Funken von seiner Pfeife in die Dunkelheit der Kuppel. Das Selbstvertrauen und den Enthusiasmus, die er in dieser Nacht ausstrahlte, waren typisch für ihn, so ging er all seine Probleme an: Er war sich seiner sicher, er wusste, was er tun wollte und wie.«

Humason begeisterte sich nicht nur für die Astronomie, er war auch ein brillanter Beobachter. Obwohl er keine Ausbildung hatte, wurde er bald als Assistent für die Nachtschicht angestellt und durfte mit Hubble, dem Meister der Galaxien, arbeiten. Akribisch genau half er bei den Spektralanalysen der Galaxien.

Hubble und Humason reizten das große Teleskop bis an seine Grenzen aus und entdeckten – wie schon Slipher zuvor –, dass sich fast alle Galaxien von uns entfernten, da die meisten eine Rotverschiebung aufwiesen. Natürlich waren ihre Entfernungsmessungen damals nicht annähernd so präzise wie die heutigen Messungen. Sie verließen sich auf einige interstellare *Leuchttürme* – helle Veränderliche Sterne, deren absolute Helligkeit man in unserer Galaxie herausgefunden hatte und die nun in fernen Galaxien, Millionen von Lichtjahren entfernt, als sogenannte *Standardkerzen* dienten. So konnten Hubble und Humason zumindest grob die Entfernung dieser Spiralnebel ausmachen. Dabei stellten sie Folgendes fest: Je weiter eine Galaxie entfernt ist, umso größer ist ihre Rotverschiebung. Nur wieso war das so? Sie zerbrachen sich lange Zeit die Köpfe darüber. Vielleicht wurde das Licht über die riesigen Entfernungen müde – es verlor Energie und verschob sich ins Rote? Oder ging hier etwas viel Grundsätzlicheres vonstatten? Es sah ganz so aus.

Nach einem Studium der Physik und Astronomie wurde im September 1923 Georges Lemaîtres Lebenstraum wahr: Er wurde zum katholischen Priester geweiht. Doch seine Leidenschaft für die Wissenschaft blieb ihm erhalten, er musste die beiden himmlischen Interessen nur getrennt voneinander in sich aufbewahren. Während seiner Ausbildung zum Priester hatte er genügend Zeit, wissenschaftliche Literatur zu studieren. Außerdem studierte er in Cambridge und in den USA, wo ins Rote verschobene *Nebel* gerade in aller Munde waren.

1927 veröffentlichte Lemaître eine Abhandlung mit dem einprägsamen Titel *Ein homogenes Universum mit konstanter Masse und sich ausdehnendem Radius berechnet aus der Radialgeschwindigkeit der extragalaktischen Nebulae.* Darin hatte er die Behauptung aufgestellt, dass sich das Universum ausdehnt, zwei Jahre vor Hubble und Humason, die 1929 zum gleichen Ergebnis kamen. Doch Lemaîtres Text wurde in einem obskuren belgischen Magazin veröffentlicht, der Bericht der Amerikaner hingegen in der einflussreichen Fachzeitschrift *Proceedings of the National Academy of Sciences.* Natürlich richtete sich alle Aufmerksamkeit auf Hubble und Humason.

Es stand nun also fest, dass sich das Universum ausdehnte. Aber wieso war das so? Gab es dafür eine Ursache? 1931 äußerte Lemaître seine entscheidende Erkenntnis: Das Universum, behauptete er, hatte einen präzise festlegbaren Anfang in einem *Uratom.* Im renommierten Magazin *Nature* schrieb er von einem »kosmischen Ei, das im Moment der Schöpfung explodierte«. Später fügte er hinzu:

Die Entwicklung des Universums kann man mit den Resten eines Feuerwerks vergleichen, das gerade zu Ende gegangen ist. Es gibt einige wenige rot glühende Funken, zudem Asche und Rauch. Und wir, auf unserem abgekühlten Stück Asche, sehen dem langsamen Verglühen der Sonnen zu und versuchen, uns den verschwundenen Glanz des Weltenanfangs wieder in Erinnerung zu rufen.

Durch die Explosion des Uratoms entstand das gesamte Universum. Es ist bewiesen, dass sich der Radius des Weltraums ausdehnt. Einige Fragmente ballen sich mit anderen Explosionsresten zusammen und bilden Sterne oder Sternencluster unterschiedlicher Masse.

Es ist gut möglich, dass die Expansion den Zustand des Gleichgewichts bereits überschritten hat und keine Kontraktion mehr erfolgen wird. In diesem Fall wird die Sonne an Temperatur verlieren, die Nebel werden schwinden, die Asche und der Rauch des ursprünglichen Feuerwerks werden sich abkühlen und auflösen ...

... Ob dies nur wilde Spekulation ist oder eine physikalische Hypothese, lässt sich derzeit noch nicht sagen, aber wir können darauf hoffen, dass die Beantwortung dieser Frage nicht allzu lang auf sich warten lässt ...

Es war eine unglaublich kühne Behauptung. War sie ein Resultat von Lemaîtres religiösem Glauben, der Wunder explizit gestattete? Jedenfalls kam sie bei den meisten Physikern, die an die Gesetze der Kausalität glaubten, zunächst nicht sehr gut an. Wenn es ein Uratom oder *kosmisches Ei* gegeben haben sollte, was hatte dieses hervorgebracht? Und was kam vor diesem Verursacher, und davor?

Einer der lautesten Kritiker war der eigenwillige Astrophysiker Fred Hoyle. Wissenschaftler von seinem Schlage gibt es heute leider nicht mehr – wegen der knappen Budgets und der Universitätspolitik ist Wissenschaft heute eine Sache von Teamwork und Konsens, bei der Forschungsgruppen ihre Ergebnisse gemeinsam publizieren. Bei allem muss allgemeine Zustimmung herrschen, und nur selten kommt etwas wirklich Weltbewegendes dabei heraus, die Tage der individuellen Stimmen in der Wissenschaft sind leider gezählt. Bei Fred (niemand hätte es gewagt, ihn Hoyle zu nennen) war das Mitte des vergangenen Jahrhunderts noch anders, in der typisch offen Art seiner Heimat Yorkshire nahm er nie ein Blatt vor den Mund. Dabei hatte er zwar oft recht, aber genauso oft auch unrecht. Nebenbei war er auch ein talentierter Science-Fiction-Autor, und wir können uns noch gut erinnern, wie wir uns als Kinder hinterm Sofa versteckten, wenn seine Serie *A for Andromeda* im Fernsehen lief.

1948 stellte Fred – mit Unterstützung seiner Kollegen Hermann Bondi und Tommy Gold – eine vollkommen neue Theorie zur Entstehung des Universums auf. Ihrer Ansicht nach hat das Universum keinen Anfang und kein Ende. Auch wenn er sich ausdehnt, bleibt der Kosmos immer in einem Zustand der Gleichförmigkeit, vergleichbar mit einem Waschbecken mit Überlaufschutz, das von einem laufenden Wasserhahn beständig voll gehalten wird. Der Wasserhahn steht hierbei für die fortlaufende Entstehung neuer Materie aus Energie. Freds Team nannte diese alternative Sicht auf die Entstehung des Universums *Steady-State-Theorie* oder *Gleichgewichtstheorie*.

In seiner *Speziellen Relativitätstheorie* hatte Albert Einstein bereits vermutet, dass Materie und Energie ineinander umgewandelt werden können, das besagt auch seine berühmte Gleichung $E=mc^2$. Die Anforderung, die Hoyle und sein Team bei ihrer Theorie ans Universum stellten, war sehr bescheiden: Um das Gleichgewicht zu erhalten, müsste in einem Volumen, das einer Weinflasche entspricht, nur ein einziges Wasserstoffatom neu entstehen – und zwar nur einmal in 1 Milliarde Jahren. Fred war von seiner *Steady-State-Theorie* sehr überzeugt und nannte Lemaîtres Theorie vom explodierenden Universum in einer BBC-Radiosendung 1950 abfällig den *Big Bang*. Das Gespräch kam bei den Hörern so gut an, dass Fred später bei einer Umfrage unter 4.000 Zuhörern zur Rundfunkpersönlichkeit des Jahres gewählt wurde. Ironischerweise blieb die Idee von der spontanen Erschaffung des Universums, die er ja eigentlich niedermachen wollte, von da an aber für immer im Bewusstsein der Öffentlichkeit haften. Lemaîtres *kosmisches Ei* wurde, dank Fred, seit damals viel einprägsamer *Big-Bang-Theorie* (auf deutsch meist *Urknalltheorie*) genannt.

Springen wir in die frühen 1960er-Jahre. Zwei Astrophysiker hatten sich gerade inmitten der Felder von Holmdel in New Jersey darangemacht, die äußeren Bereiche unserer Milchstraße zu erforschen. Dabei hatten sie mit einer unhandlichen Antenne zu kämpfen, einem riesigen Metallhorn von sechs Metern Durchmesser, das bislang dazu genutzt wurde, die Radiosignale der ersten Kommunikationssatelliten zu empfangen.

Die beiden – Arno Penzias und Robert Wilson – merkten gleich zu Beginn, dass etwas nicht stimmte. Robert Wilson erinnert sich, wie verwirrt sie waren: »Als wir die Antenne anschalteten, stellten wir sofort fest, dass da ein Signal war, das wir nicht zuordnen konnten. Wir dachten: Vielleicht sind es Störgeräusche aus New York?«

Konnten es elektrische Interferenzen aus dem Big Apple sein? Oder lag die Erklärung vielleicht noch näher? »In der Antenne lebte außerdem ein Taubenpaar«, sagt Wilson, »daher war das Innere des Horns mit ihrem Mist bedeckt. Arno und ich stiegen in unseren weißen Laborkitteln da hoch und machten alles sauber, aber am Signal änderte das nichts.«

Die Tauben wurden eingefangen und mussten sich ein neues Nest suchen. Da es Brieftauben waren, waren sie allerdings leider bald wieder zurück. Also mussten die Wissenschaftler endgültigere Maßnahmen anwenden. Arno Penzias schildert die nicht sehr appetitliche Vorgehensweise: »Wir beschlossen, dass es das Beste wäre, sie aus kurzer Entfernung mit einer Schrotflinte abzuknallen. Sie waren sofort tot. Ich bin nicht besonders glücklich darüber, aber es schien uns die einzige Lösung zu sein.«

Doch trotz des Ablebens der unglücklichen Tauben war das Störgeräusch weiter zu hören. Die beiden Wissenschaftler säuberten die Oberflächen des Horns nochmal äußerst gründlich – doch das Signal wollte einfach nicht verschwinden. Mit fantastischer Gleichmäßigkeit war es über den ganzen Himmel verteilt und veränderte sich weder nach Tages- noch nach Jahreszeit. Penzias war dem Verzweifeln nahe: »Wir wussten ehrlich gesagt nicht mehr, was wir machen sollten – wir glaubten nicht, dass es eine astronomische Erklärung dafür geben konnte.«

Die beiden Physiker verspürten zudem ein schlechtes Gewissen, weil ihre präzisen Einstellungen an der Antenne nicht zu funktionieren schienen. Also schrieben sie einen detaillierten Fehlerbericht zu ihrer technischen Vorgehensweise und versuchten, das Störgeräusch zu vergessen.

Eines Tages erwähnte Penzias bei einem Telefonat mit einem Kollegen das Geräusch zufällig. Dem kam eine Idee – gerade hatte er in einem Forschungsbericht der nahe gelegenen Princeton-Universität etwas dazu gelesen. Der Physiker Robert Dicke und sein Team versuchten dort, den Beweis dafür zu finden, dass das Universum durch den Urknall entstanden war.

Penzias lud die Kollegen aus Princeton nach Holmdel ein. Dicke schaute sich die Resultate an, wandte sich dann zu seinem Team um und sprach grinsend die berühmten Worte: »Jungs – da sind uns welche zuvorgekommen.« Denn hier lag, direkt vor ihren Augen, der Beweis für die Entstehung des Universums!

Wilson, selbst ein Anhänger der *Steady-State-Theorie*, war völlig fassungslos. »Dicke erzählte uns einiges über die Urknalltheorie. Sollte sie zutreffen, wäre das Universum zu Beginn heiß gewesen – doch dann musste es sich mit der Zeit abgekühlt haben und die Strahlung, die am Anfang da war, würde heute als Radiowellen sichtbar sein.«

Das mysteriöse Störgeräusch war ebenjene Strahlung, die sich im sich ausbreitenden Universum bis auf -270 °C abgekühlt hatte, also nur drei Grad über dem absoluten Nullpunkt (-273,15 °C), an dem sämtliche Atome aufhören, sich zu bewegen. Penzias und Wilson hatten aus Versehen das Nachglühen der Schöpfung entdeckt. Und für diese mühevolle Aufgabe sollten sie 1978 den Nobelpreis erhalten.

Nicht alle waren über dieses Resultat erfreut. Fred Hoyle, Hermann Bondi und Tommy Gold hingen weiter ihrer etwas abgeänderten *Steady-State-Theorie* an. Und Heather Couper kann sich noch daran erinnern, was Dennis Sciama, einer ihrer Professoren in Oxford, über den Tag, an dem klar war, dass diese Theorie hinfällig ist, gesagt hatte: »Ich war so traurig, mir war zum Heulen zumute. Es war so eine schöne Theorie gewesen.«

George Lemaître lebte noch bis 1966, also ein Jahr, nachdem Penzias und Wilson die kosmische Hintergrundstrahlung entdeckt hatten. Vermutlich ist er als glücklicher Mann gestorben, da er endlich Gewissheit hatte, dass sich seine revolutionäre Theorie vom Ursprung des Universums tatsächlich bestätigt hatte.

Heute sind die Beweise für die Urknalltheorie erdrückend. Verfolgt man die Ausbreitungsbewegung des Universums zurück, gelangt man an einen Zeitpunkt vor 13,8 Milliarden Jahren, an dem ein winziger Punkt sehr hellen Lichts entstand. Heißer und dichter als alles, was wir uns vorstellen können, enthielt dieser kleine Feuerball das gesamte Universum. Mit dessen Geburt wurde zugleich die Zeit geschaffen und die große kosmische Uhr fing an zu ticken. Warum? Das werden wir vielleicht nie erfahren. Der singuläre Punkt der Schöpfung lässt sich mit unserem gegenwärtigen physikalischen Wissen nicht erklären.

Und natürlich stellt sich die Frage: Was war vor dem Urknall? Der Königliche Astronom Martin Rees sagt dazu: »Wir können das nicht wirklich beantworten. Die Zeit, wie wir sie verstehen, begann erst mit dem Urknall und existierte davor quasi nicht. *Vor* und *nach* sind in diesem Zusammenhang daher auch keine sinnvollen Begriffe, denn sie setzen den Gedanken voraus, dass die Zeit immer schon gleichmäßig vergeht, und von diesem Gedanken muss man sich hier einfach verabschieden.«

Die zweite Frage wäre: Was verursachte den Urknall? Auch hier gibt es keine zufriedenstellende Antwort. Nach unserem heutigen Wissen besteht der leere Raum in seinen kleinsten Dimensionen (ein Billionstel eines Billionstels der Größe eines Atoms) aus sogenanntem *Quantenschaum*. Dieser Schaum blubbert vor sich hin wie winzige Wellen und Wirbel auf dem Meer. Aus diesen flüchtigen Blasen können spontan Mini-Universen entstehen, von denen die meisten nach allerkürzester Zeit schon wieder in sich zusammenfallen.

»Vielleicht war unser Urknall nicht der einzige«, überlegt Martin Rees. »Was wir unser Universum nennen ist möglicherweise nicht alles, was ist, sondern nur ein Teil eines viel größeren Kosmos, in dem es viele andere Universen gibt, vielleicht sogar unendlich viele. Wir könnten Teil eines Multiversums sein, das aus einer ganzen Reihe von Urknallen hervorgegangen ist, innerhalb einer gewaltigen, ewig währenden Struktur.«

Obwohl der Urknall zweifellos passiert ist, hat unser Wissen an dieser Stelle jedoch seine Grenzen. Wir können derzeit nur die Entwicklung einige Sekundenbruchteile nach diesem Ereignis nachvollziehen, nicht den Urknall selbst. Immerhin bis auf ein 10 Millionen-Billionen-Billionen-Billionstel einer Sekunde nach dem Urknall kommen wir mit unseren Berechnungen, davor ist alles unklar. »Die Bedingungen gelangen dann in einen Bereich, den wir hier auf der Erde nicht simulieren oder berechnen können«, erklärt Rees. »Je weiter wir zurückgehen, umso unsicherer ist unser Wissen über die Natur des Urknalls.«

Eins ist aber gewiss: Das junge Universum legte gleich mächtig los. Sobald es entstanden war, fing es an, sich auszudehnen – nicht in etwas hinein, sondern umfassend, denn das Universum ist alles, was ist, und überall. Doch das war noch gar nichts im Vergleich zu dem, was noch kommen sollte. Auf einmal beschleunigte sich das Ganze, das Universum blies sich gewaltig auf. In allerkürzester Zeit wuchs es um das 100 Billionen-Billionen-Billionen-Billionenfache. Im Vergleich zu diesem unglaublichen Wachstum – der sogenannten *kosmologischen* Inflation – wirkte der Urknall wie eine Handgranate inmitten eines Atomkriegs.

Die Theorie der Inflation wurde 1979 von Alan Guth eingeführt, der damals, mit 32 Jahren, als Physiker am *Stanford Linear Accelerator Center* in Kalifornien arbeitete. Er ging der Frage nach, warum das Universum im größten Maßstab betrachtet so ausgeglichen wirkt und wie die Kräfte entstanden sind, die den Kosmos durchziehen. Guth erklärt: »Bei einer sehr hohen Energie könnte es eine besondere Form der Materie geben, die die Schwerkraft umkehren könnte – sie wäre dann nicht mehr anziehend, sondern abstoßend.«

Das sekundenalte Universum war nicht nur ein loderndes Inferno – es war auch ein wahres Schlachtfeld. Die Energiefelder, die von der Inflation erzeugt wurden, erschufen spontan Materie. Dazu ging das junge Universum mit seiner neuen Materie sehr experimentell um. Ein Bild von diesen ersten seltsamen Materie-Arten, die im frisch entstandenen kosmischen Meer umherschwammen, kann man sich bereits machen, wenn man ins Innere eines Teilchenbeschleunigers schaut. Doch das Universum mit seinen gewaltigen Energiereserven kann da noch eins draufsetzen: WIMPs, Leptonen, Quarks, X-Bosonen, Gluonen und Gravitonen finden sich da ebenso wie Higgs-Bosonen, Neutrinos, frühe Schwarze Löcher, kosmische Strings und magnetische Monopole. Viele dieser ersten Schöpfungen zerfielen schnell wieder oder verwandelten sich in andere Teilchen. Es war eine Zeit des totalen Chaos.

Das junge Universum expandierte mit halsbrecherischer Geschwindigkeit. Und während der Weltraum wuchs, kühlte er sich zugleich ab. Im Alter von einer Sekunde war er *nur* noch 10 Milliarden Grad heiß. Mit abnehmender Temperatur begannen die subatomaren Strukturen zu greifen. Gruppen von Quarks kamen zusammen und formten Protonen und Neutronen. Auf diese Weise hatte das junge Universum die Grundlage für sein erstes Element erzeugt – denn ein Proton ist der Kern des Wasserstoffatoms, des leichtesten aller Elemente. Damit war der fundamentalste Baustein überhaupt gegeben, denn selbst heute noch besteht das Universum zu 77 Prozent aus Wasserstoff. Er ist das *H* in H_2O (Wasser) und damit auch das häufigste Atom in unserem Körper.

Nach den ersten drei Minuten war der Entstehungsprozess der Elemente so gut wie abgeschlossen – die Teilchen waren durch die fortwährende Ausdehnung des Universums nun weit voneinander entfernt, die Dichte nicht mehr ausreichend. Es hatte bis dahin neben den Wasserstoffkernen nur dazu gereicht, aus je zwei Protonen und zwei Neutronen einen Heliumatomkern zu erzeugen. Helium macht heute etwa 23 Prozent der Materie des Universums aus. Das Gas, das uns auch aus dem täglichen Leben gut bekannt ist, ist also bereits beim Urknall entstanden!

Die Mengenverteilung von Wasserstoff und Helium ist übrigens ein weiterer Beweis dafür, dass es wirklich einen Urknall gegeben hat. Da die Physiker die Temperatur, die Dichte und die ursprüngliche Expansionsrate des Universums kennen, können sie errechnen, welche Elemente sich darin hätten bilden sollen und zu welchen Anteilen – und diese Berechnungen stimmen mit den tatsächlichen Mengenverhältnissen genau überein.

Das Universum trat nun in eine wesentlich ruhigere Phase ein. Ein undurchsichtiger Nebel aus subatomaren Teilchen füllte es aus und es leuchtete hell, während es sich nach und nach abkühlte.

Dann, eines Tages, lichtete sich der Nebel plötzlich. Etwa 400.000 Jahre nach dem Urknall wurde das Universum dunkel und durchsichtig.

»Die Temperatur im All hatte sich bis dahin auf einige wenige Tausend Grad abgekühlt«, sagt Martin Rees. Bei dieser Temperatur verlangsamten sich die Elektronen in der kosmischen Ursuppe so stark, dass sie von den massereichen Protonen und Neutronen eingefangen werden konnten. Sie verbanden sich zu den ersten chemischen Elementen im All. Und die Strahlung konnte sich endlich ungehindert verbreiten.

Dieses Licht, das aus dem Ur-Nebel stammt, ist für Astronomen besonders faszinierend. Inzwischen auf die Wellenlänge von Radiosignalen gestreckt, handelt es sich dabei um ebenjene Strahlung, die Penzias und Wilson 1965 entdeckt hatten. Mittlerweile haben die Forscher mehrere Satelliten ins All geschickt, um dieses Relikt des frühen Universums noch genauer zu untersuchen.

Das letzte dieser Instrumente – das europäische *Planck-Weltraumteleskop* – wurde 2009 ins All gebracht, um die Vorgänge im frühen Universum noch genauer verstehen zu können. Dieser Satellit ist im Grunde das ultimative Weltraumthermometer und wurde, um seinen Zweck erfüllen zu können, sehr stark abgekühlt, wodurch er das kälteste Objekt im Weltraum darstellte, bis 2013 sein Kühlmittel (flüssiges Helium) aufgebraucht war.

Im März 2013 veröffentlichte das Planck-Forschungsteam seine Ergebnisse, darunter eine Karte des Universums, wie es im Alter von nur 380.000 Jahren ausgesehen hat. Dieses *Babyfoto* des Weltalls weist geringe Schwankungen in der Verteilung der Temperatur auf, mit denen sich erklären lässt, wieso sich das Gas am Anfang überhaupt zu den Galaxienhaufen verbunden hat, die sich heute im Universum finden.

Nach diesem Zeitpunkt allerdings ist unser Wissen um die weitere Entwicklung wieder sehr vage. Ironischerweise ist es einfacher, exakte Aussagen über die extremen Bedingungen Sekundenbruchteile nach dem Urknall zu treffen – zumindest können die Physiker diese Vorgänge mit denen in einem Teilchenbeschleuniger vergleichen –, als über die Zeit ab 380.000 Jahren.

»An diesem Punkt«, erklärt Martin Rees, »wurde das Universum vollkommen dunkel, und es blieb dunkel, bis die ersten Sterne und Galaxien entstanden und es erleuchteten. Eine der entscheidenden Fragen der Kosmologie ist heute also, wie lange dieses *Dunkle Zeitalter* dauerte.«

Das außerordentlich leistungsfähige Hubble-Weltraumteleskop hat sehr tief in den Raum – und damit auch in die Zeit – hineingeblickt und die ersten Galaxien ausgemacht, die sich geformt haben, als das Universum etwa 1 Milliarde Jahre alt war. Diese Bilder zeigen, dass die ersten Galaxien mit ihren heutigen, gepflegten und gestriegelten Verwandten wenig gemein haben. Sie waren chaotisch, zerlumpt und ungeordnet, voller sengend heißer blauer Sterne, die sich gnadenlos gegenseitig blendeten.

Im frühen Weltall finden sich außerdem die Quasare, die wir im vorigen Kapitel schon kennengelernt haben: Galaxien, die supermassereiche Schwarze Löcher enthalten, deren Gravitation gewaltige explosionsartige Ausbrüche verursacht. Es wird also klar: Auch nachdem der Urknall vorbei war, waren die Vorgänge im Universum noch immer äußerst brachial.

Mit zunehmendem Alter ließ der Druck nach. Nach der ersten Epoche, in der in wildem Tempo viele Sterne entstanden waren, verlangsamten sich diese Vorgänge auf eine gemäßigtere Geschwindigkeit. In den Sternen, die sich ursprünglich nur aus Wasserstoff und Helium gebildet hatten, entstanden neue, immer komplexer werdende Elemente – und damit auch neue Möglichkeiten, bis hin zu Atomen wie Kohlenstoff, die zum Entstehen des Lebens beitragen sollten.

Aber das alles hätte auch nicht unbedingt passieren müssen. »Unser Universum scheint in dieser Hinsicht schon ziemlich besonders zu sein«, sagt Martin Rees. »Wir könnten uns genauso gut andere Universen vorstellen, die sozusagen *steril* sind. Sie enthielten dann keine Sterne, oder sie existierten nicht lange genug, um eine komplexere Entwicklung oder die Entstehung von Leben zu erlauben.«

Der Urknall hat zur Geburt von Galaxien, Sternen und Planeten geführt – und zur Evolution einer Lebensform auf Planet Nummer drei, der um einen anonymen Stern in einer durchschnittlichen Galaxie kreist. Diese Spezies ist in der Lage, sich mit ihren allerersten Anfängen vor fast 14 Milliarden Jahren auseinanderzusetzen. Und doch stehen wir, glaubt man Rees, noch ganz am Anfang.

»Die Kosmologie lehrt uns, dass unsere Entstehung auf physikalischen Prozessen beruht, die wir bis zum Urknall zurückverfolgen können. Aber sie lehrt uns auch, dass wir noch immer ziemlich weit am Anfang der kosmischen Evolution stehen. Der größte Teil davon kommt erst noch und ich bin der Meinung, wir sollten uns auf keinen Fall als Höhepunkt dieser Entwicklung sehen, sondern uns viel eher fragen, was wohl in den Milliarden von Jahren passieren wird, die noch kommen.«

Die Zukunft winkt …

KAPITEL 13

DIE DUNKLE SEITE

Dunkle Mächte beherrschen unser Universum. Zwei gewaltige unsichtbare Kräfte streiten sich um die Vorherrschaft über Planeten, Sterne und Galaxien – und der Ausgang dieses Kampfes wird das Schicksal des Alls besiegeln …

Was sich wie Werbung für ein neues Computerspiel anhört, ist erstaunlicherweise wahr. Denn man hat inzwischen eindeutige Beweise, dass all die prächtigen Galaxien, die wir sehen können, mitsamt ihren strahlenden Sternen und bunten Gaswolken nur wenige Prozent der gesamten Materie ausmachen, aus der der Kosmos besteht. Über neun Zehntel des Universums sind nicht sichtbar und also vermutlich *Dunkle Materie*. Und es ist die Dunkle Materie, die alles steuert.

Diese erstaunliche Erkenntnis fiel den Astronomen nicht leicht. Die Beweise dafür liegen zwar schon seit etwa achtzig Jahren vor, aber erst mit den modernsten Hochleistungsteleskopen wurde dann eindeutig klar, wie mächtig diese unsichtbaren Kräfte wirklich sind. Indem man die Struktur des Universums im allergrößten Maßstab betrachtet – ein Panorama, das sich über Milliarden Lichtjahre erstreckt –, hat man herausgefunden, dass die sichtbaren Galaxien mit erleuchteten Bergdörfern in den Alpen vergleichbar sind: Wenn wir nachts mit dem Flugzeug darüberfliegen, sehen wir zwar, wo sie liegen, können aber nicht erkennen, warum sie an ihren jeweiligen Positionen sind oder warum die Straßen sie auf bestimmte Art und Weise miteinander verbinden. Erst wenn wir von den dunklen Bergen wissen, zwischen denen die Dörfer liegen, können wir die Geographie der Lichtpunkte und -linien verstehen. Genauso ist es im All: Erst wenn wir die dunklen Kräfte untersuchen, können wir die Formen und Größen der Galaxien verstehen und die Cluster, die *kosmischen Dörfer*, die sie bevölkern. Willkommen auf der dunklen Seite der Macht.

Der geistige Vater des *Dunklen Universums* war ein eigenwilliger Schweizer Astronom namens Fritz Zwicky. Er war in Zürich aufgewachsen, damals eine Heimat unterschiedlichster Kulturen, die er etwa mit dem Psychoanalytiker Carl Jung, dem irischen Romancier James Joyce und den Gründern der subversiven Dada-Bewegung teilte. Albert Einstein lehrte an der Hochschule, an der Zwicky studierte, Lenin war sein direkter Nachbar.

1920 zog Zwicky nach Kalifornien, wo er sich von der Begeisterung über das neue 2,50-Meter-Teleskop mitreißen ließ. Edwin Hubble und seinem Team gelang es damit, die Geheimnisse der Tiefen des Weltalls zu lüften, und Zwicky ließ sich davon zu provokanten neuen Theorien anregen, die über den Horizont der eher konservativen amerikanischen Kollegen weit hinausgingen.

Es war jedoch nicht nur seine unorthodoxe Denkweise, die ihn zu einem Außenseiter machte. Anders als Einstein, der einige Jahre später ebenfalls in die USA übersiedelte, weigerte sich Zwicky, die amerikanische Staatsbürgerschaft anzunehmen. Und er bemühte sich auch nie darum, halbwegs flüssig Englisch zu sprechen. Ein bekannter Witz über ihn lautete: »Fritz spricht sieben Sprachen – alle schlecht.«

Seine harsche Art legte er nie ab. Menschen, die er für dumm hielt, konnt er nur sehr schwer ertragen – und er hielt fast alle seine Kollegen für dumm. Er nannte sie *spherical bastards* – »weil sie Bastarde sind, egal von welcher Seite aus ich sie betrachte«. Einmal hatte er einige Studenten zu einem Dinner geladen und seine Frau, die sich an seine Wortwahl gewöhnt hatte, öffnete die Tür und rief: »Fritz, die Bastarde sind hier!«

In anderen Lebensbereichen hingegen offenbarte Fritz Zwicky einen völlig anderen Charakter. So kümmerte er sich nach dem

Zweiten Weltkrieg persönlich darum, Unterkünfte für Kinder zu finden, die ihre Eltern im Krieg verloren hatten. Die Astronomin Cecilia Payne-Gaposchkin erinnerte sich an diese Seite seiner Persönlichkeit noch sehr gut. Auch sie, die als Frau in der Wissenschaft, Einwanderin aus Großbritannien und mit einem Russen als Ehemann selbst eine Außenseiterin war, sagt über ihn: »Er war der freundlichste Mann, den man sich denken kann, mit einem tiefen Interesse an Menschlichkeit.«

Wie schon Fred Hoyle – den wir im vorangegangenen Kapitel kennengelernt haben – weigerte auch Zwicky sich, den offiziellen Ansichten der Wissenschaft blind zu folgen. Nach Meinung von Payne-Gaposchkin war er »der letzte Individual-Wissenschaftler, von denen es im Zeitalter des Teamworks immer weniger gibt.« Zu Unrecht spielt Zwicky in der Geschichte der Astronomie nur eine untergeordnete Rolle, war er doch ein echtes Genie, wenn es um revolutionäre neue Ideen ging.

Doch nicht alle seine Ideen erwiesen sich als gut und richtig. Eines Nachts wollte er Beobachtungen mit dem 2,50-Meter-Teleskop am Mount Wilson machen, musste aber leider feststellen, dass es am Himmel starke Turbulenzen gab. Er wies seinen Assistenten an, mit einem Gewehr in die aufgewühlte Luft zu schießen, in der Hoffnung, dass der Schuss die Turbulenzen beruhigen würde. Natürlich funktionierte das nicht – es demonstriert aber gut Zwickys ungewöhnliche Ansätze zur Lösung von Problemen.

Später in seinem Leben hatte er dann aber doch noch großen Erfolg – er war der erste Mensch, der jemals ein Objekt in den interplanetaren Raum schoss. 1957 befestigte er drei Aluminiumkugeln auf kleinen Sprengladungen und schoss das Ganze mit einer kleinen Rakete 87 Kilometer hoch. Dort explodierten die Sprengladungen und beschleunigten die Kugeln zusätzlich. Eine der Kugeln fiel wieder hinunter und verglühte in der Atmosphäre, die beiden anderen jedoch wurden nie wieder gesehen und sind vermutlich bis ins All gelangt. Ihre Geschwindigkeit war hoch genug, um die Schwerkraft der Erde zu überwinden, und so wurden sie zu den ersten durch Menschen hergestellten Objekten, die ins Sonnensystem gelangten.

Auf die Idee mit dem Dunklen Universum brachten Zwicky jedoch keine Raketenkugeln, sondern sich rasant bewegende Galaxien. Hubble hatte zuvor die weit entfernten Nebelflecken als riesige *Sternenstädte,* gleich unserer eigenen Milchstraße, identifiziert. Doch wie viel Masse hatten solche Galaxien? Die meisten Astronomen machten es sich da einfach und nahmen an, dass Galaxien lediglich aus normalen Sternen bestünden, vergleichbar mit unserer Sonne. Wenn eine Galaxie also zum Beispiel 1 Milliarde Mal heller als die Sonne ist, dann wäre sie demnach auch 1 Milliarde Mal so massereich wie die Sonne.

Zwicky hingegen dachte das Ganze eine Ecke weiter. Was wäre, wenn eine Galaxie auch Material enthielte, das nicht in Form von Sternen auftrat? Er folgerte: »Schätzungen zur Masse von Galaxien, die auf ihrer Helligkeit beruhen, sind unvollkommen und taugen höchstens zur Festlegung der absoluten Masseuntergrenze.« (Zwicky verwendete damals, nebenbei bemerkt, noch den Begriff *Nebulae* – wir haben ihn durch die moderne Bezeichnung *Galaxien* ersetzt, um sein Zitat deutlicher zu machen.) Und er suchte nach einem Weg, das Gewicht von Galaxien direkt messen zu können. Im kosmischen Maßstab beobachtete Zwicky allerdings keine Galaxien, die sich gegenseitig umkreisten – er beobachtete gleich ganze Galaxiencluster, also Galaxienhaufen, die von unsichtbaren Fäden der Schwerkraft zusammengehalten werden. Auch unsere eigene Milchstraße liegt in einem solchen kleinen Cluster namens *Lokale Gruppe*, in der einige Dutzend Galaxien umeinander kreisen. Es gibt jedoch auch andere, riesige Galaxiencluster, die Tausende von Milchstraßen enthalten.

1933 richtete Zwicky seine Aufmerksamkeit auf den Coma-Galaxienhaufen, ein riesiges kosmisches Ballungsgebiet mit mehr als tausend Galaxien. Indem er deren Licht in Spektren auffächerte, konnte er bestimmen, wie schnell sie sich bewegten. Das Ergebnis war äußerst überraschend. Die Galaxien rasten viel schneller durchs All, als man erwartet hatte. Sie waren so schnell, dass sie sich eigentlich vom Gravitationseinfluss ihrer Nachbarn hätten lösen können. Der Coma-Galaxienhaufen hätte sich schon längst im All verteilen müssen.

Auf Basis dieser Ergebnisse konnte es für Zwicky nur eine Antwort geben. Um den Galaxienhaufen zusammenzuhalten, musste die Schwerkraft der Sterne in den Galaxien durch zusätzliche Schwerkraft ergänzt sein – von etwas Unsichtbarem, das weit einflussreicher war als die Sterne. Zwicky nannte es *Dunkle Materie*.

Doch niemand hörte auf den eigenwilligen Zwicky. Für fast ein halbes Jahrhundert fanden seine Ansichten keinen Widerhall – bis Vera Rubin kam und auf ein weiteres kosmisches Wunder stieß.

Rubin hatte ebenfalls Probleme mit ihren Kollegen. Nachdem sie 1948 an einer rein weiblichen Hochschule ihren Abschluss gemacht hatte, hoffte sie auf eine Forschungsstelle an der Princeton-Universität. Leider vergebens, da man dort keine Frauen annahm. Und auch ihre erste Konferenz war ein echtes Desaster. Sie war 1950 mit ihrem einen Monat alten Sohn zu einem Treffen der *American Astronomical Society* nach Philadelphia gereist, um einen Vortrag über die Beschaffenheit des Universums zu halten.

»Ich trat vor und hielt das Referat voller jugendlichem Enthusiasmus. Es folgte eine erbitterte Debatte.« Einige ihrer Freunde bezeichneten die Art, wie sie behandelt wurde, als erniedrigend.

Doch Rubin war willensstark. Und wie Zwicky scherte sie sich nicht um Konventionen.

»Ich verstand damals nicht, wie weit abseits des Establishments ich mich bewegte. Mir kam nie in den Sinn, dass sich jemand anderes so etwas nie hätte erlauben können.«

Wie viele weibliche Astronomen in den 1950ern und 60ern musste auch Vera Rubin von Universität zu Universität ziehen und ihrem Mann, einem Physiker, folgen, wenn er mal wieder versetzt wurde. Schließlich landete sie in Washington, und zwar im seltsam betitelten *Department of Terrestrial Magnetism* – seltsam auch deswegen, weil sie ja eigentlich Galaxien untersuchen wollte.

Hier jedoch traf sie passenderweise auf Kent Ford. Er hatte ein hochleistungsfähiges Spektrometer gebaut, das das schwächste Licht aus den dunkelsten Bereichen ferner Galaxien aufspalten konnte. Mit diesem Gerät konnte sich Rubin ihren Traum erfüllen, die Geheimnisse der tiefsten Tiefen des Alls genauer zu untersuchen.

»Das Beobachten ist großartig und wunderbar ... Ich genieße es sehr, alles genau zu analysieren und zu verstehen, was man hat und was man daraus lernen kann. Es ist eine Herausforderung, macht aber auch großen Spaß. Wobei es nicht nur Spaß ist, es steckt auch eine große Portion Neugier darin – diese unvergängliche Hoffnung, dass wir irgendwie herausfinden können, wie das Universum funktioniert. Diese Hoffnung und diese Neugierde sind es, die mich antreiben.«

Rubin konzentrierte sich voll auf Spiralgalaxien. Mit Fords Instrument konnte sie messen, wie schnell sich diese drehten. Und wie zuvor schon Zwicky stieß auch sie dabei auf eine eindeutige Übertretung einer kosmischen Geschwindigkeitsbegrenzung.

Die Astronomen hatten bis dahin angenommen, dass die meiste Masse einer Spiralgalaxie sich in ihrem Zentrum befände, dort wo die Sterne am dichtesten angeordnet sind. Die äußeren Regionen der Galaxie sollten sich demnach ähnlich den Planeten im Sonnensystem verhalten, die der Schwerkraft der im Zentrum liegenden Sonne unterworfen sind: Merkur, der innerste Planet, umkreist sie am schnellsten, während der weit außen liegende Neptun nur sehr langsam auf seiner Umlaufbahn dahinschleicht. Doch Rubin entdeckte, dass die Sterne in den äußeren Spiralarmen mit genau der gleichen Geschwindigkeit rotieren wie diejenigen in der Nähe des Zentrums. Irgendetwas muss diese äußeren

Sterne festhalten, denn sie bewegen sich so schnell, dass sie sich eigentlich der Schwerkraft entziehen und den Sternenverbund verlassen müssten.

»Das, was man in einer Spiralgalaxie sieht«, sagt Rubin, »ist nicht alles, was da ist.«

Stimmte etwas mit der Gravitationstheorie nicht? Oder gab es vielleicht eine andere Erklärung? Rubin glaubte an Letzteres – die Sterne in einer Galaxie wurden von einer übergeordneten Schwerkraft festgehalten, die von einer Art unsichtbarer Materie ausging.

Zunächst fand Rubin für diese Theorie wenig Unterstützung. Doch dann gelangte ein estnisches Forscherteam zur gleichen Erklärung. Sie hatten nicht nur die Bewegung der Sterne innerhalb einer Galaxie untersucht, sondern auch die Art, wie sich kleinere Galaxien um größere bewegen. Jede einzelne Galaxie, die sie untersuchten, musste deutlich mehr Materie enthalten als die Sterne und Gaswolken, die man sehen konnte. 1974 stellte der Forschungsleiter Jaan Einasto die Ergebnisse während einer Winterakademie im Kaukasus vor: »Alle großen Galaxien haben gewaltige Halos (Lichthöfe). Daher muss die Dunkle Materie die dominierende Komponente im gesamten Universum sein – sie macht mindestens neunzig Prozent der gesamten Materie aus.«

Rubin und Einasto vertraten außerdem die Ansicht, dass diese Dunkle Materie sich nicht in den Zentren der Galaxien konzentrierte – so wie die Sterne es tun –, sondern stattdessen ein Meer aus unbekanntem Material bildet, das die gesamte Galaxie durchzieht und auch darüber hinaus bis in den intergalaktischen Raum reicht.

Der endgültige Beweis kam dann in den 1980er-Jahren, als zum ersten Mal eine sehr spezielle Eigenschaft der Dunklen Materie nachgewiesen werden konnte: Sie wirkt wie eine riesige Teleskoplinse in den Tiefen des Raums. Schon Einstein hatte errechnet, dass die Schwerkraft in der Lage sei, Lichtstrahlen abzulenken. Und es war der Held dieses Kapitels, Fritz Zwicky, der 1937 gesagt hatte, dass eine Galaxie das an ihr vorbeiziehende Licht anziehen und so wie eine gläserne Linse wirken könnte. Je schwerer die Galaxie, umso stärker wäre diese Linse. Mit bemerkenswerter Weitsicht schrieb er: »Wenn man die Ablenkung von Licht um die Galaxien herum beobachtet, könnte das die konkretesten Hinweise zur Bestimmung galaktischer Massen liefern.«

Fünfzig Jahre später – und ein Jahrzehnt nach seinem Tod – wurde Zwickys These endgültig bestätigt. 1987 machten Astronomen mit dem riesigen Teleskop auf dem Mauna Kea auf Hawaii eine sehr seltsame Entdeckung. Um einige nahe beieinander liegende Galaxien herum konnten sie sonderbare, bananenförmige Bögen erkennen. Es stellte sich heraus, dass jeder Bogen das verzerrte Abbild einer dahinter liegenden Galaxie war, das von der Schwerkraft der Galaxien im Vordergrund gebrochen wurde. Mit dem hochleistungsfähigen Hubble-Weltraumteleskop wurden inzwischen Hunderte solcher Fälle gesichtet.

Vera Rubin sagte einmal: »Wir tasten uns immer noch voran, als ob wir in einem stockfinsteren Raum wären, in dem ein schwarzes Puzzle zu lösen ist.« Gravitationslinsen helfen uns, unser Wissen über das dunkle Universum zu erweitern, sie stellen die besten Waagen für weit entfernte Galaxien dar.

Und mit ihnen konnte der Beweis erbracht werden, dass Dunkle Materie der eigentliche Baumeister des Weltalls ist. Ihre Schwerkraft, die die Astronomen nun nach und nach entdecken, verbindet Galaxienhaufen an langen Fäden miteinander, die sich durch die riesigen leeren Bereiche des Alls ziehen.

»Es gibt da faserartige Muster«, erklärt der Kosmologe Lawrence Krauss, »wie ein Netz, das die Galaxien und Galaxienhaufen enthält, die das All erleuchten. Tatsächlich sieht das Universum in einem größeren Maßstab betrachtet aus wie ein Schwamm.« Krauss ist seit Jahren einer der führenden Wissenschaftler, wenn es um die Auseinandersetzung mit dem Dunklen Universum geht. Aber aus was besteht diese mysteriöse Substanz denn nun?

»Dunkle Materie ist sehr eigenartig«, sagt Krauss, »wir verstehen sie eigentlich überhaupt nicht. Bisher ist nur klar, dass sie nicht aus demselben Material besteht, aus dem wir bestehen.«

Zudem ist sie auch nicht irgendwo da draußen. Dunkle Materie zieht sich durch alle Galaxien, sie findet sich in der Milchstraße, sogar in unserem Sonnensystem. Auch wir sind von ihr in jedem Augenblick umgeben, sie dringt sogar in unseren Körper ein.

»Man kann sie nicht greifen oder fühlen«, so Krauss weiter. »Es ist ein geisterhaftes Material, das uns durchdringt, als wären wir gar nicht da.«

Man vermutet, dass Dunkle Materie aus winzigen Teilchen besteht – ähnlich den Protonen und Elektronen, aus denen sich die Atome zusammensetzen. Die Forscher haben sich für diese scheuen Gesellen auch schon einen Namen ausgedacht: *Weakly interacting massive particles*, zu Deutsch *Schwach wechselwirkende massereiche Teilchen.*

Die Bezeichnung *schwach wechselwirkend* ist eindeutig – diese Teilchen gehen normaler Materie einfach aus dem Weg. Und als *massereich* werden sie deswegen bezeichnet, weil sie deutlich schwerer sind als Elektronen – vielleicht sogar so schwer wie ein Eisenatom, auch wenn das natürlich für das tägliche Leben noch immer sehr wenig ist. *Weakly interacting massive particles* ist allerdings ein recht unpraktisches Wort, und auch, wenn wir sonst nicht sehr wild auf Abkürzungen sind, freuen wir uns doch sehr über diese: Es ist einfach zu schön, festzustellen, dass *WIMPs* (zu Deutsch: *Schwächlinge*) die Herrscher der gewaltigen Galaxien sind!

Die große Jagd nach den WIMPs hat jetzt also begonnen. Einige Forscher suchen in den Tiefen des Alls nach ihnen; in den Zentren von Galaxien könnten sich Überreste zerfallener WIMPs finden lassen, zumindest kommt – auch aus der Mitte unserer eigenen Galaxie – ungewöhnliche Strahlung, die darauf hinweist.

»Aber wir müssen uns klar werden, dass Dunkle Materie nicht nur irgendwo da draußen ist«, sagt Krauss. »Sie ist auch hier, in diesem Raum, und sie durchdringt jeden von uns. Man kann also auch Detektoren tief unter der Erde errichten, um nach einzelnen Teilchen Ausschau zu halten.«

Die Suche nach WIMPs führt uns daher auch in die Boulby Mine im nördlichen Yorkshire. Sie war ursprünglich zum Abbau von Kali (einem wertvollen Düngemittel) errichtet worden und ist mehr als einen Kilometer tief; in dieser Tiefe beträgt die Temperatur schweißtreibende 40 °C. Von dem futuristischen Labor, das dort unten errichtet wurde, erhoffen sich die Wissenschaftler nun eine ähnlich reiche Ausbeute.

Die Versuchsaufbauten darin sind darauf ausgelegt, den sehr seltenen Fall aufzuspüren, wenn ein WIMP tatsächlich einmal mit einem normalen Atom zusammenstoßen sollte. Die dicken Gesteinsschichten halten die kosmische Strahlung ab. Und um eine Beeinflussung durch Radioaktivität im umliegenden Fels zu vermeiden, sind die Instrumente von inaktivem, altem Blei umschlossen, das aus dem Dach der Kathedrale von Salisbury stammt.

Noch kühner geht man am CERN-Teilchenbeschleuniger in Genf vor, wo die Physiker versuchen, WIMPs gleich selbst herzustellen. Hier wurde 2013 Geschichte geschrieben, als die Forscher ein schon lange vorausgesagtes Teilchen – das Higgs-Boson – bei der Kollision zweier Protonenstrahlen nachweisen konnten. Der erfolgreiche Fang von WIMPs könnte hier der nächste große Durchbruch sein. Denn der Speicherring des CERN bildet im Miniaturformat die Explosion des Urknalls nach, bei dem die Dunkle Materie entstanden ist. Man glaubt, dass die aus dem Urknall hervorgegangenen WIMPs die normale Materie um das Fünffache übertreffen; ihre Schwerkraft ist daher für die *Geographie* des Universums maßgeblich.

Was die *Geschichte* des Universums angeht, sieht es allerdings etwas anders aus. Man hat herausgefunden, dass die Dunkle Materie von einer anderen, noch mysteriöseren Kraft übertroffen wird: *Dunkle Energie*.

Auch hier beginnt alles wieder bei unserem alten Freund, dem verkannten Genie Fritz Zwicky. 1937 fotografierte er eine Galaxie namens *IC 4182* im Sternbild Jagdhunde, als er dort einen explodierenden Stern entdeckte. Aber das war keine normale Explosion, der Stern flammte so stark auf, dass er heller leuchtete als seine gesamte Galaxie. Zwicky prägte für solche hell explodierenden Sterne den Begriff *Supernova*.

Seiner Zeit weit voraus, nahm er schon damals an, dass eine Supernova – vom *Typ II*, wie er es nannte – ein alter Stern ist, dem der nukleare Treibstoff ausging und der sich daher selbst in die Luft sprengte. Wie wir in Kapitel 10 gesehen haben, trifft genau das auf viele Supernovae zu.

Doch die Supernova, die er 1937 sah, war anders. Sie war heller und verglühte sehr gleichmäßig. Ihr Lichtspektrum zeigte zudem keine Anzeichen der vielen neuen Elemente, die normalerweise beim Todeskampf eines alten Sterns entstehen. Zwicky nannte diese seltsame Explosion eine *Typ-I-Supernova* (heutzutage benutzt man dafür die Bezeichnung *Typ Ia*), doch er fand dafür keine Erklärung. Inzwischen hat man herausgefunden, dass das, was er damals sah, der Tod eines Weißen Zwergs war (die Sternenart, die wir in Kapitel 9 als kleinen Begleiter des Sirius kennengelernt haben).

Ein Weißer Zwerg besteht aus kollabierten Atomen, die die explosivste Substanz im ganzen Universum darstellen. Entzündet wird das Ganze, wenn ein Begleitstern dem Weißen Zwerg eine große Menge an zusätzlichem Gas abgibt. Dieser, zuvor sowieso schon ein wahres Pulverfass, wächst dadurch über sein natürliches Maximalgewicht und zerstört sich in einer gewaltigen nuklearen Explosion: einer Typ-Ia-Supernova.

Den entscheidenden nächsten Schritt machte Zwickys Kollege Walter Baade. Er war ein in die USA eingewanderter deutscher Astronom, mit dem Zwicky eine seiner typischen Hasslieben verband. Zwicky beschimpfte ihn einmal zu Unrecht als Nazi, und Baade sagte hinterher: »Ich hatte Angst, er würde mich umbringen.«

Baade vermaß die Helligkeit der beobachteten Supernovae. Es stellte sich heraus, dass alle Typ-Ia-Supernovae genau die gleiche maximale Helligkeit erreichten – und zwar leuchten sie 1 Milliarden Mal heller als unsere Sonne!

Bingo. Damit war endlich ein passendes Messinstrument gefunden, um die Tiefen des Alls zu ergründen. Weit entfernte Supernovae erscheinen durch ihre Entfernung weniger lichtschwach, und indem man misst, wie hell eine Typ-Ia-Supernova durchs Teleskop aussieht, kann man errechnen, wie weit sie entfernt ist.

Diese Variante der *Standardkerze* stellt für die meisten Entfernungsmessungen im All ein sehr zuverlässiges Instrument dar. Über fünfzig Jahre lang hat diese Methode den Forschern nun gute Dienste erwiesen. Mithilfe von immer größeren Teleskopen und immer sensibleren elektronischen Kameras konnten sie Galaxien bestimmen, die Milliarden von Lichtjahre entfernt sind.

Doch in den späten 1990er-Jahren gab es auf einmal Unstimmigkeiten. Die Astronomen maßen nicht nur die Entfernungen der Galaxien, sondern auch die Geschwindigkeit, mit der sie sich im expandierenden Universum bewegten. Nach Edwin Hubble müsste, wie wir im vorherigen Kapitel erfahren haben, die Geschwindigkeit einer Galaxie direkt mit ihrer Entfernung zusammenhängen. Man nahm also an, dass das Universum sich seit dem Urknall gleichmäßig ausbreitete oder sich inzwischen vielleicht etwas verlangsamt hätte, da die Schwerkraft der Galaxien und der Dunklen Materie die Expansion etwas abbremste.

»Wir untersuchten also das Licht sehr weit entfernter Supernovae«, sagt Bob Kirshner, »um herauszufinden, ob die Expansionsrate denn nun gleich geblieben ist oder ob sie sich etwas verlangsamt hat.« Kirshner ist Supernova-Experte und war Teil eines Teams, das mithilfe großer Teleskope in Chile und auf Hawaii das Wachstum des Alls untersuchen sollte. »Wir gingen davon aus, dass wir ein sich langsam abbremsendes Universum vorfinden würden. Entfernte Supernovae würden darin ein klein wenig heller erscheinen, als sie es eigentlich sein müssten, wenn sich das Universum mit gleichmäßiger Geschwindigkeit ausbreiten würde.« Kirshner übergab seine Messdaten seinem Kollegen Adam Riess zur Analyse. Als er dessen Ergebnisse erfuhr, war er schockiert.

»Ich erinnere mich noch ganz genau«, sagt Kirshner. »Adam rief mich aus Berkeley an und erzählte mir, dass er die Daten ausgewertet hatte – und die Ergebnisse der Supernovae waren nicht heller als die Normallinie, sie waren sogar dunkler. Dies musste bedeuten, dass die Expansion des Universums sich sogar beschleunigte. Dieses Resultat beunruhigte mich zutiefst.«

Die Entdeckung wurde kurz danach von einem zweiten, unabhängigen Astronomenteam bestätigt. Sie wurde zu einer der größten Sensationen in der Astronomie der Gegenwart: Die Galaxien driften nicht einfach voneinander weg, sie entfernen sich immer schneller und schneller.

Was die Forscher hier entdeckt hatten, war die zweite dunkle Kraft, die das Universum kontrolliert; sie nannten sie *Dunkle Energie*. So fremd die Dunkle Materie uns bereits erschienen sein mag, hat sie doch auch vertraute Eigenschaften: Sie besitzt Schwerkraft und zieht Dinge an. Nicht so die Dunkle Energie.

»Dunkle Energie«, erklärt Lawrence Krauss, »macht genau das Gegenteil – und sie ist weitaus mysteriöser.« Dunkle Energie ist ein wahres Ungetüm, denn sie besitzt eine Art *Antigravitation*, die alle Dinge im Universum dazu bringt, sich voneinander zu entfernen.

Es gab jedoch einen Wissenschaftler, der genau eine solche Kraft vorhergesagt hatte, und zwar schon achtzig Jahre zuvor, die Idee dann jedoch wieder verworfen hatte. Sein Name: Albert Einstein.

Als Einstein 1917 seine neu entwickelte Theorie der Gravitation – die *Allgemeine Relativitätstheorie* – auf den Kosmos anwandte, wusste man noch nicht, dass sich das Universum ausdehnt. Einstein hatte eher die Sorge, dass die Schwerkraft der Sterne dazu führen könnte, dass das Universum in sich zusammenfällt – daher war es für ihn eine echte Erleichterung, als seine Berechnungen ergaben, dass es so etwas wie eine ausgleichende Kraft in Form einer Antigravitation geben könnte. Doch als Hubble einige Jahre später die Ausdehnung des Universums entdeckte, änderte Einstein seine Meinung.

»Einstein hatte diese These von der Antigravitation bereits gehabt«, sagt Kirshner, »hat sie aber wieder aufgegeben. Er sagte später, sie sei sein *größter Fehler* gewesen. Aber in Einsteins Papierkorb finden sich immer noch sinnvollere Dinge, als die meisten Menschen an ihren besten Tagen zustande bringen.«

Es sieht heute also so aus, als hätte Einstein schon immer recht gehabt. Und aus den aktuellen Messungen geht hervor, dass diese zweite dunkle Kraft an Stärke immer weiter zunimmt. Eines Tages wird die kosmische Abstoßung die Gravitation vollends übertreffen.

»Das heißt natürlich auch, dass Einsteins größter Fehler in Wirklichkeit sein größter Treffer war«, sagt Krauss, »denn zum Schluss wird die Dunkle Energie alles beherrschen. Sie wird dafür verantwortlich sein, dass alles immer weiter voneinander wegdriftet.«

Das leuchtende Universum, wie wir es heute kennen, wird sich irgendwann bis zur Unkenntlichkeit verändern und zu einem dunklen Schatten seiner selbst werden.

»Die Dunkle Energie wird die Galaxien unserem Blick entziehen«, erklärt Krauss. »Sie wird sie immer weiter und weiter von uns entfernen, bis sie nicht mehr sichtbar sein werden. Der Rest des Universums wird also quasi vor unseren Augen verschwinden. Das geschieht nicht heute oder morgen, aber in vielleicht 1 Billion Jahren wird der Rest des Alls komplett verschwunden sein.«

Andere Forscher sind sogar noch pessimistischer. Folgt man der sogenannten *Big-Rip-Theorie* (auf Deutsch etwa: *Das große Zerreißen*), wirken sich die Kräfte der Dunklen Energie auf immer kleinere Bereiche aus. Nachdem die Galaxien voneinander entfernt wurden, beginnt die Dunkle Energie damit, die Milchstraße auseinanderzubrechen. Sie wird Planeten von ihren Sternen entfernen und schließlich auch Planeten und Sterne selbst zerreißen. Zum Schluss werden sogar einzelne Atome von dieser alles erobernden Kraft aufgespalten. Doch all dies liegt noch in einer weit entfernten, ungewissen Zukunft.

»Wir sollten dankbar sein, dass wir genau jetzt leben«, sagt Krauss, »zufällig in dieser Zeit, auf einem zufälligen Planeten am Rande einer zufälligen Galaxie, wo es uns möglich ist, Fragen zu stellen und Antworten zu finden über die Anfänge des Universums und über sein Ende. Wir sollten unseren kurzen Moment in der Sonne genießen.«

KAPITEL 14

KOMETEN-GESCHICHTEN

Of all the meteors in the sky, there's none like Comet Halley
We see it with the naked eye, and per-iod-i-cally

Sogar Herbert Hall Turner, Professor für Astronomie in Oxford, von dem diese Zeilen stammen, hat Kometen und Meteore verwechselt, so wie die meisten Menschen. Meteore sind wie flüchtige Feuerwerkskörper, die in wenigen Sekunden vorbeirauschen; Kometen dagegen hängen für lange Zeit bedrohlich am Himmel.

Hall Turner schrieb seinen Reim 1911, also ein Jahr, nachdem der *Halleysche Komet* 1910 die Erde passiert hatte; und wie jedes Mal verbreitete dieser einmalige Anblick bei seinen Beobachtern entweder Freude oder Furcht. In New York hatten viele Menschen so große Angst davor, dass der Kometenschweif das Gift Cyanid enthalten könnte, dass sie zum Schutz ihre Fenster zumauerten.

Kometen waren noch nie sehr beliebt. Schon immer wurden sie mit Zerstörung und Untergang in Verbindung gebracht. Manche Menschen gingen sogar so weit, dass sie sich vor diesen unberechenbaren Himmelsphänomenen hinter verschlossenen Türen versteckten.

Und das nicht ganz ohne Grund. Einschläge aus dem All können für das Leben auf der Erde durchaus gefährlich werden. Ein Asteroid – ein naher Verwandter der Kometen – sorgte für das Aussterben der Dinosaurier vor 66 Millionen Jahren (mehr dazu in Kapitel 15). Und auch in der jüngsten Vergangenheit gab es einige Beinahe-Katastrophen, wie etwa den Kometen, der 1908 über Sibirien explodierte und dabei in einem Umkreis von vielen Kilometern den gesamten Waldbestand umriss und Tausende von Rentieren tötete.

Doch Kometen hatten auch immer positive Konnotationen. Oft wurden sie mit Geburt oder Tod von Prinzen und Machthabern assoziiert, so wie es schon Shakespeare in *Julius Caesar* schrieb: »Kometen sieht man nicht, wenn Bettler sterben; der Himmel selbst flammt Fürstentod herab.«

Dafür, dass Kometen irgendwann nicht mehr in den Bereich des Aberglaubens, sondern in den der Wissenschaft fielen, sorgte dann Ende des 17. Jahrhunderts der Sohn eines Seifenherstellers in London. Edmond Halley senior lebte in einer Zeit, in der man mit Seife gute Profite erwirtschaften konnte. David Hughes, ehemals Professor für Physik in Sheffield und ausgewiesener Kometen-Experte, hält Halley senior für einen sehr scharfsinnigen Mann, der diese Eigenschaft auch auf seinen Sohn übertrug: »Wir sprechen hier über die 1660er-Jahre, als in London die große Pestepidemie wütete. Mit einem Mal wurde den Menschen klar, dass es notwendig war, Gestank und Unreinheit zu vermeiden.« Da kam die Halleysche Seife gerade recht.

Sein Sohn, der junge Edmond Halley, war so ziemlich das genaue Gegenteil des introvertierten Isaac Newton, des berühmtesten Wissenschaftlers seiner Zeit, den wir ja schon in Kapitel 4 kennengelernt haben. Dennoch wurden die beiden Freunde. Hughes, der ein großer Bewunderer Halleys ist, sagt über ihn: »Er scheint mir ein sehr geselliger, fröhlicher, hart arbeitender Wissenschaftler gewesen zu sein. Er war sehr ambitioniert, aber er war auch ein sehr netter Kerl.«

Halley begann ein Studium am Queen's College in Oxford, wofür er die Unterstützung seines Vaters bekam, der ihm pro Jahr die damals enorme Summe von 300 Pfund gab. Das Seifengeschäft lohnte sich ganz offensichtlich. Anders als Newton wollte Edmond Halley aber nicht sein ganzes Leben an der Universität verbringen. Und sein Vater war froh, ihn bei seinen ehrgeizigen Plänen unterstützen zu können.

Halley hatte festgestellt, dass bereits drei hochtalentierte Astronomen den Himmel über Europa erforschten: John Flamsteed im neu gegründeten *Royal Observatory* in Greenwich, Giovanni Domenico Cassini in Paris und Johannes Hevelius in Danzig. Also schlug Halley vor, auf die südliche Erdhalbkugel zu segeln und den dortigen, noch wenig bekannten Himmel zu kartieren. Hier in Europa, so seine Angst, wäre er sich sonst vorgekommen wie »eine einfache Ente, die mit unvergleichlichen Schwänen quakt«.

Halley war aber auch in politischer Hinsicht versiert. Auf seiner neuen Karte des südlichen Himmels bezeichnete er eine Gruppe von Sternen als *Robur Carolinum* (Karlseiche), und zwar nach dem Baum, in dem sich der englische König nach dem Bürgerkrieg versteckt hatte (siehe Kapitel 1). Karl II. war davon so angetan, dass er der Universität von Oxford befahl, Halley einen Masterabschluss zu verleihen, ohne das Halley weiter etwas dafür tun musste.

Auch später blieb Halley dem König und der Regierung eng verbunden. David Hughes glaubt, dass er auch für Erkundungsaufträge im Ausland eingesetzt wurde: »Halley begab sich auf diplomatische Missionen zu verschiedenen Städten am Mittelmeer, *um sich die dortigen Befestigungen anzusehen*, wie es offiziell hieß. Und auch wenn er dort als Wissenschaftler geduldet wurde, so ist zwischen den Zeilen klar zu lesen, dass er von der britischen Regierung beauftragt worden war, zu spionieren und die dortigen Vorhaben herauszufinden.«

Halleys diplomatisches Geschick soll bei einer Gelegenheit ganz besonders zum Vorschein gekommen sein, nämlich als der russische Zar Peter der Große London einen Besuch abstattete, um sich über die aktuellsten Entwicklungen und Entdeckungen zu informieren. Nach einem lauten Abendessen mit viel Alkohol im Haus des Autors John Evelyn in Deptford soll Halley Peter den Großen mit einer Schubkarre durch eine Gartenhecke geschoben haben. Es heißt, John Evelyn, der nicht mit dabei war, wäre darüber allerdings nicht sehr glücklich gewesen.

Halley war aber auch ein Diplomat in wissenschaftlichen Dingen. Er überredete den zurückgezogen lebenden Isaac Newton, dessen Hauptwerk, die *Principia*, zu veröffentlichen, mit der dieser die Grundlagen für unser Verständnis dafür legte, wie sich die Himmelskörper unter dem Einfluss der Gravitation bewegen. Halley übernahm sogar die Kosten für die Veröffentlichung des Buches. Die *Principia* brachte auch endlich Klarheit über die Bewegungen der Kometen. Newton habe dazu allerdings angemerkt: »Die Abhandlung zu den Kometen ist das Schwierigste im ganzen Buch.«

Bis dahin waren viele Astronomen davon ausgegangen, dass Kometen ihren ganz eigenen Regeln folgen. Newton dagegen konnte beweisen, dass der Komet, der im Jahre 1680 zu sehen war, wie die Planeten von der Schwerkraft der Sonne gelenkt wurde, und dass er sich dabei auf einer sehr lang gezogenen Umlaufbahn bewegte, die weit über den Orbit des damals am weitesten entfernten bekannten Planeten, Saturn, hinausreichte.

David Hughes erzählt belustigt, wie Newtons Sichtweise auf diese Sonderlinge des Alls war: »Nachdem er die Umlaufbahn eines Kometen berechnet hatte, sagte der gute alte Newton: ›Ich will verteufelt sein, wenn ich mich jetzt noch durch die ganzen anderen plagen soll.‹ Also wandte er sich zu Halley und sagte: ›Schau mal, Ed. Hier sind meine Beobachtungen. Nimm sie und berechne die Umlaufbahnen selbst.‹«

Newton hatte Beobachtungen von insgesamt 24 Kometen gesammelt, die ältesten davon aus dem Jahre 1337. Halley fing an, sie genauer zu analysieren. Das war keine leichte Aufgabe – damals benötigte man schon sechs Wochen, um den Orbit eines einzigen Kometen zu errechnen. Hughes, der sein ganzes Leben damit verbracht hat, Kometen zu studieren, kann Halleys Arbeit gut nachvollziehen: »Wie er dann so seine Berechnungen anstellte, bemerkte er, dass drei der Umlaufbahnen identisch waren. Man kann sich gut vorstellen, wie er dasaß und realisierte: Ich dachte, ich berechne 24 Kometenbahnen, stattdessen sind es nur 22, weil ein Komet drei Mal wiederkam. So was! Dieser musste also zyklisch sein; er kommt etwa alle 76 Jahre wieder.«

Halley hatte diesen Kometen während seiner Hochzeitsreise in Islington gesehen, im Jahre 1682. Die beiden anderen Sichtungen auf seiner Liste waren aus den Jahren 1531 und 1607 und stammten von Petrus Apianus aus Ingolstadt sowie von Johannes Kepler aus Prag und Sir William Lower aus Cornwall. Halley nutzte nun Newtons neue Theorie, um genau vorauszusagen, wann der Komet wieder erscheinen würde. Die Antwort war: 1758.

Für den Fall, dass er recht haben sollte, schrieb Halley: »Die aufrichtige Nachwelt wird sich hoffentlich nicht weigern anzuerkennen, dass diese Entdeckung durch einen Engländer gemacht wurde.« Der Komet kam 1758 wieder, wie vorhergesagt, und Halleys Ruhm war gesichert.

Der himmlische Besucher, den wir heute als *Halleyschen Kometen* kennen, kehrt in der Tat etwa alle 76 Jahre zurück – zuletzt im Jahre 1986, als die europäische Raumsonde *Giotto* aus nächster Nähe einen Blick auf den kosmischen Eisberg erhaschen konnte, aus dem der Kern des Kometen besteht.

Edmond Halleys sonstige Aktivitäten waren auch recht innovativ. Er schaute sich etwa Todesstatistiken an und machte sich Gedanken über die Berechnung von Lebensversicherungen. Und er wandte sich seinem geliebten Meer wieder zu und erfand die erste Taucherglocke mit Luftzufuhr, mit deren Hilfe man Kanonen aus Schiffswracks bergen konnte. Außerdem führte er eine Schiffsexpedition an, die das Ziel hatte, die Funktionen von Magnetkompassen genauer zu untersuchen – er konnte übrigens fluchen wie ein echter Kapitän, hieß es.

Die Erforschung von Kometen machte also nur einen kleinen Teil seiner Interessen aus. Doch es sollte sein größtes Vermächtnis werden – vor allem auch, weil diese Himmelskörper die Grundlagen unserer Existenz geschaffen haben. Kometen sind Trümmer, die von der Erschaffung des Sonnensystems übrig geblieben sind. Daher ist es auch so wichtig, sie genauer zu untersuchen: Sie erzählen uns von den Anfängen, auch von unseren.

Ursprünglich stammen diese *dreckigen Schnellbälle* (sie bestehen aus Gestein und Eis) aus zwei bestimmten Zonen im Sonnensystem: Dem *Kuipergürtel* in der Nähe des Pluto einerseits und der riesigen, schalenförmigen *Oortschen Wolke* andererseits, die schon ein Viertel des Wegs zum nächstgelegenen Stern entfernt ist.

Die Oortsche Wolke könnte sogar mehr als nur eine Ansammlung von Kometen sein. Alan Stern, den wir bereits aus Kapitel 7 als Leiter der Pluto-Mission *New Horizons* kennen, weist darauf hin, dass das äußere Sonnensystem, um es milde zu formulieren, früher einmal ordentlich durcheinandergeschüttelt worden sein muss.

»Es gibt Hinweise auf einen massereichen Himmelskörper jenseits des Pluto«, sagt Stern. »Pluto und sein Mond Charon wurden höchstwahrscheinlich durch einen gewaltigen Einschlag geformt. Und auch Uranus wurde von einer Kollision auf die Seite gedreht, und zwar durch ein Objekt, das etwa zwei bis fünf Erdmassen hatte.«

Stern glaubt, dass sich in der Oortschen Wolke Planeten von der Größe der Erde befinden könnten. In ferner Vergangenheit hätten solche Objekte das Sonnensystem stark beeinflusst. Und Stern brennt nach seinen Erfahrungen mit *New Horizons* nun darauf, eine Sonde dorthin zu schicken, um sie zu entdecken.

»Die Sonde müsste mit der zehnfachen Geschwindigkeit von *New Horizons* fliegen«, sagt er. »Aber wenn man sich Schwung aus der Schwerkraft des Jupiters holen würde, könnte man die

Oortsche Wolke in dreißig Jahren erreichen. Die Technologie dafür haben wir bereits.«

Die Oortsche Wolke reicht so weit ins All hinaus, dass sie von der Schwerkraft vorbeiziehender Sterne beeinflusst werden kann. Dabei können sich Kometen aus ihrer Position in der Wolke lösen und dann ins Innere des Sonnensystems rasen.

David Hughes malt sich die Reise eines Kometen so aus: »Ich stelle mir vor, ich säße auf einem dieser Kometenkerne. Je näher wir der Sonne kommen, desto schneller und schneller wird der Komet. Und der Schnee in seinem Inneren erwärmt sich durch die Einwirkung der Sonne. Sobald wir den Jupiter passiert haben, geschieht etwas Aufregendes: Der Schnee im Inneren des Gesteins hat sich so stark erwärmt, dass er zu Gas wird, welches plötzlich aus der Oberfläche des Kometen austritt. Wenn wir dann den sonnennächsten Punkt erreicht haben, verschwindet die Oberfläche vor meinen Augen, der Schnee schmilzt.«

Jetzt ist der Komet voll entwickelt. Das Gas, zumeist Wasserdampf, strömt aus dem Kern und bildet einen großen Lichthof (den man auch *Koma* nennt) um den aktiven Kometen. Der Komet hat nun gleich zwei Schweife: Einer besteht aus Gas, einer aus kleinen staubartigen Steinpartikelchen. Der Gasschweif (auch *Plasmaschweif* genannt) ist blau, er wird von der magnetischen Kraft des Sonnenwindes rasant ins All geweht. Der Staubschweif, der keine magnetisierten Teilchen enthält, ist etwas gemächlicher; er entfernt sich als gelblicher Anhang langsam vom Kometen. Beide Schweife sind Millionen von Kilometern lang.

Der Anblick eines voll ausgereiften Kometen ist fantastisch. Nur wenige von uns werden etwa *Hale-Bopp* vergessen, der 1997 das zweithellste Objekt am Nachthimmel (nach Sirius) war. Und was für ein lustiger Name für einen Kometen! Wie so oft wurde auch dieser kosmische Wanderer nach seinen Entdeckern benannt, denen damit ein Stück Unsterblichkeit sicher ist. In diesem Fall sind Hale und Bopp zwei Amerikaner. Alan Hale ist Astronom, der sich eigentlich im Berufsleben mit der Erkundung ferner Sterne befasst; nach Kometen sucht er nur zum Spaß.

»In der Nacht vom 22. auf den 23. Juli 1995«, erinnert er sich, »hatte ich vor, gleich zwei Kometen zu beobachten. Kurz vor Mitternacht war ich mit dem ersten fertig und musste noch etwa eineinhalb Stunden warten, bis der zweite zu sehen sein würde.« Um sich die Zeit zu vertreiben, richtete Hale sein Teleskop in Richtung des Sternbilds Schütze – dort gibt es eine große Anzahl an Sternhaufen. Einer von Hales Lieblingen ist der Sternhaufen *M70*. »Als ich *M70* sah, entdeckte ich gleich ein unscharfes Objekt ganz in der Nähe – und ich vermutete sofort, dass es ein Komet war.«

So war es tatsächlich. Für Hale ist der Fund nicht ganz ohne Ironie: »Ich hatte über 400 Stunden in meinem Leben damit verbracht, nach Kometen zu suchen. Und ich habe keinen einzigen gefunden. Und ausgerechnet dann, wenn ich überhaupt nicht nach einem suche, fällt er mir quasi in den Schoß!«

Zur gleichen Zeit fuhr Tom Bopp – der als Schichtleiter in einer Firma für Baustoffe in Phoenix, Arizona arbeitete – mit ein paar Freunden und ihren Teleskopen in die Wüste, um in den Nachthimmel zu schauen: »Ich sah, wie *M70* langsam in mein Gesichtsfeld kam. Da bemerkte ich am östlichen Rand ein leichtes Glimmen.«

Die Teilnehmer der Gruppe verglichen ihre Sternkarten, doch an dieser Stelle war nichts verzeichnet – keine Galaxie, kein Nebel, kein Sternhaufen. Was könnte der unscharfe Fleck in Bopps Teleskop denn sonst sein? Die Gruppe hatte einen Verdacht, und alle waren sich einig: »Wir könnten da auf etwas gestoßen sein.«

Zurück zu Hause musste Bopp einen etwas einschüchternden Anruf machen: Um einen eventuell entdeckten Kometen zu melden, musste er die *Internationale Astronomische Union* kontaktieren. Bopp erinnert sich: »Als sie mich dann zurückriefen und sagten: ›Glückwunsch, Tom, wir glauben, Sie haben einen neuen Kometen entdeckt‹, war das einer der aufregendsten Momente meines Lebens.«

Hale-Bopp war ein echtes Phänomen – besonders für alle, die auf der Nordhalbkugel leben. Doch wurde sein Anblick noch übertroffen von dem Kometen McNaught, der in den ersten Monaten des Jahres 2007 seine Runde über der südlichen Hemisphäre drehte. Benannt wurde er nach dem schottischen Astronomen Rob McNaught, der im *Siding-Spring-Observatorium* in Australien arbeitete. Er hatte zuvor schon über fünfzig Kometen entdeckt, doch dieser hier erstaunte die Fachwelt besonders, und jeden anderen auch. Er bekam den Beinamen *Der große Komet von 2007* und leuchtete heller als der Planet Venus. Überhaupt brach dieser Komet alle Rekorde: Er war der größte Komet, der je zu sehen war, sein Staubschweif reichte 150 Millionen Kilometer weit durchs Sonnensystem, das entspricht der Entfernung von der Erde zur Sonne. Und was für ein Schweif das war! Er sah aus wie ein riesiger Fächer, der sich in Dutzende von geisterhaften Fäden aufteilte, da der Komet immer wieder schwallartig Staub ausstieß. Die Astronomen sagten, es sei, »als ob man acht bis zehn Kometen auf einmal sähe«.

So großartig McNaught auch war, so hat ein ganz besonderer Komet doch immer noch eine große besondere Bedeutung für die Menschen: der Halleysche Komet. Bei seinem letzten Auftreten 1985/1986 machte er allerdings keine sehr glückliche Figur, da er die Erde in sehr großer Entfernung passierte. Beim nächsten Mal, im Jahr 2061, wird er ein klein wenig heller sein – am besten aber wartet man bis 2134, dann wird Halley in nur 13 Millionen Kilometern Entfernung an der Erde vorbeifliegen und sicherlich ein großartiges Schauspiel am Himmel bieten.

Beim letzten Mal waren viele wohl enttäuscht von Halleys Anblick, schließlich erlebt man seine Wiederkehr in der Regel nur einmal im Leben. Doch nicht so die Europäische Weltraumorganisation *ESA*. Ihre Sonde *Giotto*, die in Großbritannien hergestellt worden war, konnte groß auftrumpfen. Auch Japan und Russland hatten Sonden zum Kometen geschickt, aber deren Ergebnisse waren uneindeutig.

David Hughes kommt sehr ins Schwärmen, wenn er von *Giotto* spricht: »Die Sonde – die nach einem berühmten italienischen Künstler benannt wurde, der den Halleyschen Kometen 1301 als Stern von Bethlehem gemalt hatte – flog an Halley mit einer Geschwindigkeit von über 240.000 Stundenkilometern vorbei!« In den frühen Morgenstunden des 14. März 1986 übermittelte die Sonde ihre einzigartigen Bilder des Kometen, die sie aus nächster Nähe machen konnte; sie flog in einem Abstand von nur 600 Kilometern an seinem Kern vorbei, war also bereits voll im Inneren der kochenden Gaswolke, die Halley umgab.

Rund um die Welt verfolgten viele die Liveübertragung im Fernsehen, leider zunächst in furchtbaren Falschfarben. Nigel Henbest hatte dabei die undankbare Aufgabe, das Ganze für *BBC World Service* auch noch live aus der Bodenstation der Einsatzleitung kommentieren zu müssen, zum Glück allerdings nur im Radio, nicht im Fernsehen. Es dauerte bis zum Abend, bis die Aufnahmen vollständig decodiert werden konnten, und es wurde klar: Sie waren scharf, der Blick war klar – und was man sehen konnte, war äußerst aufregend!

»Es war ein wunderbarer Anblick«, sagt Hughes, »man konnte die großen Strahlen aus Gas sehen. Wir konnten auch die avocadoartige Form des Kometenkerns erkennen; Hügel, Täler und Vertiefungen waren zu sehen; außerdem konnten wir errechnen, wie er sich drehte und sogar, wie viel Masse er verlor.«

Was die Wissenschaftler aber am meisten beeindruckte, war die Farbe des Kerns. Er war pechschwarz, so schwarz wie Kohle. Bei diesem sogenannten *dirty snowball* ist der gesamte Schnee im Inneren verborgen, während die Außenseite vom Staub schwarz ist.

Für die tapfere kleine *Giotto*-Sonde war die Reise nach dieser Begegnung noch nicht ganz beendet. Auch wenn viele ihrer Messinstrumente, darunter auch die Kamera, vom Staub des Kometen beschädigt oder sogar zerstört worden waren, entschied die ESA, sie in Richtung eines weiteren Kometen zu schicken. Im Jahr

1992 dann traf sie auf *Grigg-Skjellerup*, einen kaum sichtbaren, sehr lichtschwachen Kometen. Heather Couper sollte damals in einer Fernsehsendung für die BBC und die ESA über diese Begegnung berichten. Es kam uns allerdings ein wenig so vor, als würden wir eine Dokumentation über eine blinde Raumsonde drehen, die auf einen unsichtbaren Kometen traf. Doch *Giotto* gelang es immerhin, Staubteilchen einzufangen, die aus dem Kern des Kometen austraten.

Springen wir ins Jahr 2004. Am 2. März startete die ESA ihre bis dahin riskanteste und wagemutigste Mission: Sie schickte eine Raumsonde zu einem Kometen, die ihn nicht nur umkreisen sollte, sondern zudem einen kleinen Lander bei sich hatte, der auf der Oberfläche des Kometen aufsetzen sollte.

Die *Rosetta*-Sonde hat ihren Namen von dem berühmten Stein von Rosetta, mit dem es Archäologen erstmals gelang, die ägyptischen Hieroglyphen zu entziffern und damit auch einen wesentlichen Schritt zum Verständnis der altägyptischen Kultur zu machen. Von der gleichnamigen Sonde erhoffen sich die Forscher Ähnliches: Durch die Untersuchung eines uralten Kometen können wir hoffentlich mehr über die Ursprünge des Sonnensystems erfahren – und damit auch über die Entwicklung des Lebens auf der Erde.

Das Ziel von *Rosetta* war der Komet mit dem schönen Namen *Tschurjumow-Gerassimenko*. Entdeckt wurde er 1969 von dem ukrainischen Astronom Klym Tschurjumow. An der Universität Kiew untersuchte er damals eine Fotoplatte seiner russischen Kollegin Swetlana Gerassimenko und bemerkte schnell, dass der unscharfe Fleck auf dem Bild ein neuer Komet sein musste. Die beiden teilen sich daher jetzt den Ruhm, ihn entdeckt zu haben. Der Komet umrundet die Sonne alle 6,44 Jahre, er gehört also zu den *kurzperiodischen* Kometen, die regelmäßig wieder auftauchen. Sein wissenschaftlicher Name lautet *67P*, er ist also der 67. Komet, den man bei seiner Umlaufbahn um die Sonne entdeckt hat.

Für die ESA war er zunächst nicht die erste Wahl. »*67P* war nur unser Ausweichplan«, erklärt Projektleiter Matt Taylor. »Ursprünglich wollten wir *46P/Wirtanen* ansteuern, aber es gab einige Verzögerungen in der Vorbereitung, daher wurde schnell ein alternatives Ziel ausgewählt. Es musste ein periodischer Komet sein und er musste für uns gut zu erreichen sein. Wir hatten die Raumsonden bereits gebaut, wir konnten sie also nicht mehr allzu sehr verändern. Wir entschieden uns also für *67P*, und im Rückblick war das eine ganz ausgezeichnete Wahl!«

Taylor ist studierter Physiker und hat seinen Forschungsschwerpunkt auf Plasma gelegt: »Ich habe Dinge untersucht, die man nicht sehen kann, so wie etwa den Sonnenwind und seine Interaktion mit dem Magnetfeld der Erde – also die wissenschaftlichen Grundlagen für die schönen Polarlichter. 2013 wurde ich gefragt, ob ich am *Rosetta*-Projekt mitarbeiten wollte. Ich hatte großen Respekt davor, aber ich wusste auch, dass es eine einmalige Karrierechance war. Ich ergriff sie, und seitdem schwärme ich nur noch davon, wie faszinierend Kometen sind und wie toll unsere Sonde ist.«

Rosettas Reise zu ihrem Ziel war ausgesprochen kompliziert. Denn um so nahe an einen Kometen heranzukommen und ruhig neben ihm herzufliegen, musste die Sonde eine komplexe Abfolge von interplanetaren Manövern durchführen. Während ihrer zehnjährigen Reise musste sie dreimal die Erde umrunden und einmal den Mars, damit sie die Geschwindigkeit des Kometen erreichte.

Matt Taylor ist voller Bewunderung für die Leistung, die das *Space Dynamics Team* der ESA vollbracht hat: »Es ist erstaunlich, sich vorzustellen, dass diese mehr als zehnjährige Reise von Anfang an durchgeplant war. Wir brauchten die Schwerkraft der Planeten, um uns bis zum Orbit des Kometen zu bringen und das Rendezvous durchzuführen. Das Ganze hatte noch einen sehr informativen Mehrwert: Wir haben gleich noch zwei Asteroiden untersucht, die auf dem Weg lagen. Verrückt!«

Als sich *Rosetta* dann dem Kometen schließlich näherte, schickte sie beeindruckende Aufnahmen zur Erde. *67P* sah darauf aus wie eine schwarze Gummiente, die in dunkle Eisschollen eingewickelt war. Die Sensoren der Sonde nahmen außerdem wahr, dass der Komet nach faulen Eiern (Schwefelwasserstoff) und Pferdeurin (Ammoniak) roch, kombiniert mit dem beißenden Gestank von Schwefeldioxid. Diese unangenehme Mischung wurde durch den Geruch von Bittermandeln etwas abgemildert – doch dieser ist ein eindeutiger Hinweis auf hochgiftiges Cyanid; dazu kam geruchsloses, aber ebenfalls giftiges Kohlenmonoxid.

Wer jetzt glaubt, die Forscher wären enttäuscht gewesen, irrt sich: Taylor und seine Kollegen waren begeistert. Denn dieser penetrante Chemikalienmix, der auf *67P* zum ersten Mal gefunden wurde, ist ein wahres Lebenselixier: Höchstwahrscheinlich entstand genau in dieser Zusammensetzung von Stoffen das allererste Leben.

Doch der eigentliche Höhepunkt der Mission sollte erst noch kommen: Die sanfte Landung einer Sonde auf der dunklen, stinkenden Oberfläche des Kometen. In einer nervenaufreibenden, stundenlangen Aktion sank *Philae*, *Rosettas* kleine Landesonde, am 12. November 2014 zur Oberfläche von *67P* hinab. Das *Flight Dynamics Team* der ESA hatte seine Flugbahn und seine Geschwindigkeit mit höchster Präzision berechnet. Die Sonde näherte sich dem Himmelskörper mit einem Meter pro Sekunde, damit die Landung möglichst sanft werden würde.

Leider lief nicht alles nach Plan. *Philae* landete, prallte dabei jedoch ab, stieg einen Kilometer empor, landete wieder, prallte erneut ab und konnte aber schließlich auf dem Boden aufsetzen.

»Wir wussten schon vorher, dass das eine schwierige Landung werden würde«, sagte Matt Taylor. »Die Gravitation ist dort 100.000 Mal schwächer als auf der Erde. Wir hatten daher Geräte eingebaut, die ein Abprallen verhindern sollten (eine kleine Düse oben, die das Gerät abwärtsdrücken sollte, außerdem einige Harpunen), aber das hat nicht funktioniert.«

Wir fragten Matt Taylor, was das für ein Gefühl war, kurz nach der Landung?

»Es war eine Mischung aus Erleichterung und Aufregung. Um ehrlich zu sein, hatten wir es noch gar nicht richtig realisiert. Ich hatte die ganze Woche damit verbracht, Interviews zu geben, und war gerade erst wieder zurück im Büro, um mich mit den Details der Mission zu befassen. Ich hatte also noch gar keine Zeit, alles richtig zu reflektieren. Das habe ich dann auf die Weihnachtsfeiertage verschoben.«

Philae landete schließlich in einem Krater, dessen hohe Ränder leider die meiste Zeit das Sonnenlicht abhielten, das eigentlich zum Aufladen der Solarzellen nötig gewesen wäre. Daher musste die Sonde auf ihre Batterien zurückgreifen, die dann bereits nach zwei Tagen leer waren. *Philae* ging daraufhin in den Schlafmodus. Vorher schickte die Sonde noch über ihren eigens eingerichteten Twitter-Account eine letzte Nachricht: »Ich fühle mich etwas müde. Habt ihr alle Daten bekommen? Ich glaube, ich lege mich ein bisschen hin …«

Bis heute kennt man noch immer nicht die genaue Position des Landers. Im Februar 2015 sagte Matt Taylor: »Wenn wir das herausfinden könnten, wüssten wir auch besser, welche Lichtverhältnisse wird dort haben. Wir müssen erst mal abwarten. Selbst wenn wir *Philae* nicht wieder aufwecken können, bleibt uns immer noch mehr als ein Jahr mit *Rosetta*, in dem wir diesen wunderbaren Kometen beobachten können. Das wird großartig.«[1]

Welche Erkenntnisse erhoffen sich Matt Taylor und sein Team also von den verbleibenden Monaten?

---

1 Anmerkung des Übersetzers: *Philae* meldete sich tatsächlich im Juni 2015 noch einmal zurück. Für wenige Wochen konnten einige Daten übermittelt werden. Der letzte Funkkontakt fand im Juli 2015 statt, danach wurde es wieder still. Im Frühjahr 2016 verkündete das Deutsche Luft- und Raumfahrtlabor (DLR), dass die Sonde sich wohl nicht mehr melden würde.

»Es geht uns vor allem darum, zu verstehen, wie ein Komet funktioniert«, sagte Taylor. »Kometen sind Überreste des ganz frühen Sonnensystems. Sie sind sozusagen Bausteine, die uns nicht zuletzt auch darüber Erkenntnisse vermitteln, woher wir kommen und wie sich die Planeten entwickeln konnten. Wir freuen uns wirklich, an dieser großartigen Mission teilnehmen zu dürfen. Die große öffentliche Aufmerksamkeit daran ist sehr motivierend, und es freut mich besonders, dass auch so viele Kinder Interesse an diesem doch etwas speziellen Thema zeigen. Auf internationaler Ebene zusammenzuarbeiten, gemeinsam etwas Größeres zu erreichen und damit das Wissen aller zu erweitern treibt uns alle an. Wir freuen uns auf alles, was kommt.«

Was auch immer mit *Philae* passiert: *Rosetta* geht es sehr gut und sie ist von ihrem Orbit um den Kometen aus noch sehr aktiv. Wir fragten Matt, ob es eine Möglichkeit gibt, *Rosetta* ebenfalls auf dem Kometen zu landen?

»Für mich wäre das auf jeden Fall eine Option«, sagt er, »es wäre ein wunderbarer und spektakulärer Abschluss der Mission. Aber vorher gibt es noch jede Menge zu erforschen!«[2]

---

2 Anmerkung des Übersetzers: Im Sommer 2015 beschloss die ESA, die *Rosetta*-Sonde auf dem Kometen zu landen, was im September 2016 geschehen soll. Sie würde dann bei ihrem langsamen Sinkflug noch eine große Zahl an Messungen vornehmen können – und wäre letztlich mit ihrem Lander *Philae* auf der Kometenoberfläche wieder vereint.

KAPITEL 15

EINSCHLAG

Es war 9:20 Uhr am Morgen nach dem Valentinstag 2013. Wenn die Erde für junge Paare im russischen Tscheljabinsk in der vergangenen Nacht noch nicht genug gewackelt hatte, dann würde sie es jetzt gleich tun.

»Mein Herz rast noch immer, ich hab einen Puls von 200!«, postete ein Anwohner in einem Forum. »Mein Gott, ich dachte, es wäre Krieg.« Die Stadt wurde an diesem Morgen von einem doppelten Schlag getroffen: »Erst sah ich ein riesiges helles Licht am Himmel und dann gab es eine laute Explosion, von der nicht nur die Fensterscheiben zerbrochen sind, sondern gleich die ganzen Fensterrahmen mit rausflogen.«

»Die Möbel hüpften herum«, sagte ein anderer Augenzeuge. »Ich wusste nicht, was ich machen sollte. Ich schnappte mir meine Katze und meinen Ausweis und rannte nach draußen.«

Tscheljabinsk sah in der Tat aus, als hätte es hier einen Krieg gegeben. Um die 100.000 Fenster waren zu Bruch gegangen und hatten einen gefährlichen Scherbenhagel auf die Gehwege niedergehen lassen. In vielen Fabriken waren die Wände und Dächer zusammengefallen. Mehr als tausend Menschen wurden verletzt; doch erstaunlicherweise wurde niemand getötet.

In den sozialen Netzwerken ging die Nachricht sofort um die Welt. Und dank des chaotischen russischen Verkehrssystems konnte die Ursache der Explosion auch bald gefunden werden. Russische Autofahrer bringen nämlich sehr oft am Armaturenbrett ihres Wagens eine Kamera an, mit der sie den Verkehr vor sich filmen, um so bei Unfällen ihre Unschuld zu beweisen.

Viele dieser Kameras zeigten ein helles Licht am Himmel. Aus der Richtung der aufgehenden Sonne kommend, wurde es am Himmel immer größer und heller, bis es schließlich selbst das Sonnenlicht übertraf. Dann verschwand der Feuerball am Horizont und hinterließ eine Rauchspur am Himmel. Zwei Minuten später wurde die Stadt vom gewaltigen Knall der Explosion erschüttert. Ein Asteroid hatte die Erde getroffen.

Als erst mal klar wurde, dass dies nicht der Ausbruch des Dritten Weltkriegs war, entspannten sich die Bürger von Tscheljabinsk schnell wieder. Auf Twitter wurden schon die ersten Witze gemacht: »Die Männer in Tscheljabinsk sind so tough, wenn sie ihren Freundinnen am Valentinstag versprechen, ihnen die Sterne vom Himmel zu holen, fallen wirklich welche runter!«

Was an diesem Morgen tatsächlich herabgefallen war, war ein Felsbrocken von der Größe eines sechsstöckigen Gebäudes und einem Gewicht von mehr als 10.000 Tonnen. Er traf die Erdatmosphäre mit etwa der zwanzigfachen Geschwindigkeit einer Gewehrkugel. Dabei fing der Asteroid an zu glühen und wurde dann in dreißig Kilometern Höhe in einer gewaltigen Explosion auseinandergerissen, die etwa dreißig Mal so stark war wie die Atombombe von Hiroshima. Daher spricht man dann auch von einem *Meteor*. Die Teile, die schließlich den Boden erreichten, werden *Meteoriten* genannt.

Seit jeher wissen die Astronomen, dass es Sterne und Planeten gibt. Dagegen ist die Idee, dass im All auch große Felsen herumfliegen, recht neu: Noch um das Jahr 1800 hätten viele ernsthafte Wissenschaftler eine solche Idee für albern befunden. Natürlich gab es auch damals schon Berichte »ungebildeter« Provinzler, nach denen sie Steine vom Himmel hatten fallen sehen, doch nach Meinung der Wissenschaftler stammten diese Steine entweder aus Vulkanen oder hatten sich in der Atmosphäre gebildet, ähnlich wie Hagel.

»Alles passiert in der Luft, diesem mächtigen Labor, in dem sich Blitze, Hagel und Stürme formieren«, schrieb ein zeitgenössischer französischer Journalist. Über die Theorie, dass Dinge aus dem All zu uns kommen könnten, schrieb er verächtlich: »Wir sollten uns darüber nicht sorgen. Wir führen keinen Krieg mit dem Mond; es ist unser eigener Planet, der hier auf Erden wütet.«

Doch das Weltall sollte bald sehr wohl *auf Erden wüten*. An einem klaren Nachmittag, es war der 26. April 1803, fiel ein gewaltiger Steinregen auf die Stadt L'Aigle in der Normandie. Der junge französische Wissenschaftler Jean-Baptiste Biot wurde hingeschickt, um den Vorfall zu untersuchen. Er war von dem, was er fand, vollkommen erstaunt. Und: Es gab jede Menge verlässlicher Zeugen. Einer der Steine war in einem Kirchhof auf den Gehweg gefallen, abgeprallt und vor den Füßen eines überraschten Kaplans gelandet. Biot hatte keine Zweifel, dass die Steine aus dem All herabgestürzt waren, aber er machte sich zunächst daran, Belege für diese These zu suchen. Er vergewisserte sich, dass es in der Nähe keine Vulkane gab, und nahm dann auch einige Gesteinsproben aus dem Ort mit, um zu beweisen, dass die seltsamen Brocken aus dem All sich vom Bodenmaterial unterschieden und nicht einfach das Resultat von Blitzeinschlägen waren.

Als Biot seinen Bericht am *Institut de France* vorstellte, veränderte das die öffentliche Meinung quasi über Nacht. Bereits einen Monat später fasste ein Professor die Auswirkungen von Biots These so zusammen: »Nur wenige Fakten sind in der Physik so eindeutig wie die Existenz von Meteoritengestein. Und innerhalb weniger Monate wandelten sich unsere Zweifel in Gewissheit.«

Die Nachricht verbreitete sich schnell um die ganze Welt, vor allem auch deswegen, weil Biot persönlich dafür sorgte. Anders als viele andere Wissenschaftler der damaligen Zeit (und zum Teil auch der heutigen) versteckte Biot seine Ergebnisse nicht in wissenschaftlichen Fachzeitschriften. Vielmehr war er der Meinung, dass wissenschaftliches Schreiben auf eine Stufe mit literarischem Schreiben zu stellen sei. »Ohne die Wissenschaft«, sagte er, »wäre die literarischste Nation der Welt schwach und würde bald unterworfen werden. Und ohne die Schrift würde die klügste Nation der Welt bald in die Barbarei zurückfallen.«

Im Falle des Meteors von Tscheljabinsk war es das Internet (und weniger die Literatur), das 2013 zu Schlagzeilen rund um die Welt geführt hat. Neben den Augenzeugenberichten und den Autokameras, die den Feuerball am Himmel zeigten, gab es auch die Bilder einer Überwachungskamera, auf denen zu sehen war, wie das größte verbliebene Fragment des Meteors in einen gefrorenen See kracht und dabei eine Fontäne aus Eis und Schnee verursacht. Nachdem das Eis dann geschmolzen war, konnten Taucher einen Brocken von einer halben Tonne bergen.

Eine solch spektakuläre Meteor-Sichtung wie die in Tscheljabinsk erlebt man nur einmal im Leben. Doch jedes Jahr gibt es Berichte über kleinere Meteoriten, die die Erde treffen. Zum Glück sind diese aus dem All herabfallenden Steine für uns nicht ganz so gefährlich, wie es scheint: Wir Menschen sind nur recht spärlich auf dem Planeten verteilt und zudem halten wir uns meistens in unseren Häusern auf.

Dennoch wurden schon einige Menschen von Meteroiten getroffen. Einer der am besten dokumentierten Fälle passierte im Jahr 1954. In Sylacauga, Alamaba, schlief eine Frau gerade auf ihrem Sofa, als ein Meteorit von der Größe einer Grapefruit durch ihr Dach krachte. Er zerstörte das Radio, prallte ab und traf die Frau an der Hüfte. Im Krankenhaus wurden Fotos von ihr gemacht, die schwere Prellungen an ihrer linken Seite zeigten.

1992 hatte eine Studentin in New York mehr Glück. Ein Meteorit wurde kurz vorher schon am Himmel über Pennsylvania und New York gefilmt, ohne dass Michelle Knapp das mitbekommen hätte. Das erste, was sie hörte, war ein lautes Geräusch in ihrer Einfahrt. Zunächst dachte sie an Einbrecher oder Randalierer, aber es stellte sich heraus, dass der hintere Teil ihres Chevrolet Malibu von einem Stein aus dem All eingedrückt worden war. Die Versicherungsfirma weigerte sich daraufhin, zu zahlen, da es sich um *höhere Gewalt* gehandelt habe. Für Michelle Knapp ging die Sache trotzdem noch gut aus, denn sie konnte sowohl den Meteoriten wie auch ihr auf so besondere Weise verformtes Auto für ein kleines Vermögen verkaufen.

Doch die allermeisten Meteoriten fallen unbemerkt herab. Sie werden erst am Boden entdeckt – manchmal Hunderte oder Tausende von Jahren, nachdem sie eingeschlagen sind. Die Inuit im nördlichen Grönland verehrten einen großen Brocken aus dunklem Eisen, den sie *Das Zelt* nannten und der vor etwa 10.000 Jahren auf die Erde gefallen war. Im späten 19. Jahrhundert konnte der amerikanische Arktisforscher Robert Peary dieses sagenumwobene Stück aus dem All ausfindig machen. Um den 31 Tonnen schweren Klotz zu bewegen, musste er eine spezielle Bahnstrecke durch den Schnee bauen und konnte ihn so bis nach New York bringen, wo man ihn noch heute im American Museum of Natural History sehen kann, dort ist er als Teil des *Cape-York-Meteoriten* ausgestellt. Der Gewinn für die Wissenschaft war allerdings ein Verlust für die Inuit, die aus dem Eisen Spitzen für ihre Harpunen und Messer hergestellt hatten.

Es gibt einen Meteoriten, der von allen am meisten verehrt wird – und zwar von Millionen von Pilgern, die jedes Jahr nach Mekka reisen. In der Wand des zentralen heiligen Gebäudes, der Kaaba, befindet sich ein schwarzer Stein in einem silbernen Rahmen. Nach dem muslimischen Glauben hat Gott diesen heiligen Stein vom Himmel gesandt, um zu zeigen, wo Adam und Eva ihren ersten Altar errichten sollten. Dieser Mythos weist also eindeutig auf einen Meteoriten hin, doch ist es den Wissenschaftlern nicht gestattet, den schwarzen Stein zu analysieren. Es gibt auch viele andere Theorien, woraus er bestehen könnte: Aus Achat, aus einem

Stück Basalt oder aus schwarzem Bimsstein. Doch da vor einiger Zeit Reste von Meteoriteneinschlägen in der Gegend gefunden wurden, scheint die ursprüngliche Idee eines *himmlischen Botschafters* der Sache wohl am nächsten zu kommen.

Die Wüsten im Mittleren Osten und in Nordafrika sind eine reiche Quelle für Meteoritenfunde. Durch die Trockenheit erodieren selbst kleinere Steine aus dem All nur sehr langsam. Außerdem sind die Meteoriten, die nach ihrer feurigen Reise durch die Atmosphäre stark geschwärzt sind, vor dem hellen, rötlichen Untergrund der Wüsten gut sehen.

Die ersten wissenschaftlichen Expeditionen in diese Gegenden auf der Suche nach außerirdischen Steinen wurden in den 1980ern unternommen, angeführt vom britischen Forscher Colin Pillinger. Pillinger wurde später bekannt als Vater der *Beagle 2*-Sonde, die 2003 auf dem Mars landete (allerdings scheiterte die Mission, da sich die Solarpanels nicht richtig öffneten, wie sich später auf Fotos herausstellte, die die NASA 2015 aus dem Marsorbit machen konnte).

In den 1990er-Jahren wurde die Suche dann zu einem richtigen Sahara-Goldrausch, als die örtliche Bevölkerung realisierte, wie viel Geld mit dem Verkauf von Meteoriten an private Sammler zu machen war. Viele Nomaden lernten daraufhin, woran sie Meteoriten erkannten, und verkauften diese dann an Händler, die die Steine wiederum auf eBay verkauften. Auf diese Weise tauchten Tausende von Meteoriten auf – es war ein solches Überangebot, dass die kleineren Steine nicht mehr einzeln, sondern wie Kartoffeln nach Gewicht verkauft wurden. Die Käufer hofften darauf, in diesem Durcheinander einige besonders seltene Exemplare zu finden, denn diese wären ein Vermögen wert.

Abseits der kommerziellen Märkte wandten sich die Wissenschaftler derweil den unberührten Eisschichten der Antarktis zu. Wie auf einem Förderband trägt das sich bewegende Eis der

Gletscher dort jeden herabgefallenen Meteoriten mit sich. Wenn diese Bewegung aufgehalten wird, etwa von einem Berg, schmelzen die oberen Eisschichten nach und nach weg und die zuvor im Eis eingeschlossenen Meteoriten kommen an die Oberfläche. Vor dem blendend weißen Hintergrund sind sie gut zu sehen.

Die ungewöhnlichsten dieser antarktischen Meteoriten sind jene, die vom Mond oder vom Mars stammen. Ein Marsmeteorit, der 1984 gefunden worden war, erreichte zwölf Jahre später ganz besondere Berühmtheit, als die NASA verkündete, auf ihm versteinerte Mikroben vom Roten Planeten gefunden zu haben. »Es ist offiziell: Leben auf dem Mars!«, hieß es in den Nachrichten.

Präsident Bill Clinton gab sich enthusiastisch: »Nach Milliarden Jahren und Millionen Kilometern spricht dieser Stein namens *ALH84001* zu uns ... Wenn sich dieser Fund bestätigt, wäre das mit Sicherheit eine der erstaunlichsten Erkenntnisse über unser Universum, die der Wissenschaft je gelungen ist.« Heute halten die meisten Forscher diese Beweise allerdings für widerlegt und zweifeln daran, dass es sich bei der wurmartigen Struktur auf dem Stein tatsächlich um Fossilien handelt.

Doch auch ganz gewöhnliche Meteoriten können uns aufschlussreiche Hinweise über unsere Ursprünge liefern. Ironischerweise geht es dabei aber nicht um die seltenen Marsmeteoriten, vielmehr finden Forscher diese Informationen in der Sorte Meteoriten, die am häufigsten auftritt und deren Heimat jenseits des Mars liegt, im Asteroidengürtel.

Zufälligerweis wurden die ersten Asteroiden zur gleichen Zeit entdeckt, als Jean-Baptiste Biot nachweisen konnte, dass manche Steine vom Himmel fallen – und doch dauerte es noch eine ganze Weile, bis die Astronomen den Zusammenhang zwischen beidem erkannten.

»Für die allermeisten Astronomen ging es damals vor allem darum, die Sterne zu katalogisieren«, erklärt David Hughes. »Sie waren keine Astrophysiker, sie waren auch nicht an der chemischen

Zusammensetzung der Sterne interessiert, es ging ihnen lediglich darum, deren Position festzuhalten.«

Im Januar 1801 stieß der italienische Weltraumforscher Giuseppe Piazzi auf einen unerwarteten *Stern* im Sternbild Stier. Sein Interesse war geweckt und er schaute in der folgenden Nacht erneut nach dem *Stern*. Zu seiner Überraschung hatte dieser sich bewegt. Nach dem damaligen Wissen handelte es sich bei bewegten Himmelskörpern mit großer Sicherheit um Kometen. Auch zwanzig Jahre zuvor noch glaubte William Herschel, er habe einen Kometen gefunden, bis sich (wie wir in Kapitel 6 gesehen haben) herausstellte, dass er den Planeten Uranus entdeckt hatte. Nach außen hin war Piazzi ganz ruhig, aber in Wahrheit brannte er vor Aufregung. Einem Freund schrieb er: »Ich habe diesen Stern als Kometen bezeichnet, aber da er von keinem Nebel begleitet wird, schien es mir jetzt schon mehrfach, als könnte es etwas viel Besseres als ein Komet sein.«

Als die Astronomen das neu entdeckte Objekt prüften, wurde ihnen klar, dass Piazzi in der Tat über *etwas Besseres als einen Kometen* gestolpert war. Es war eine völlig neue Art von Himmelskörper – ein Felsbrocken mit einem Durchmesser von weniger als 1.000 Kilometern, der die Sonne in einem Orbit zwischen Mars und Jupiter umkreiste. Piazzi nannte ihn *Ceres*, nach der Schutzgöttin von Sizilien.

Und Ceres war nicht allein. In den folgenden Jahren konnte eine Gruppe von Planetenjägern – die sich selbst *Himmelspolizey* nannten – drei weitere vergleichbare Objekte ausfindig machen. Doch wie sollte man diese nennen? Da sie wesentlich kleiner als die Planeten waren, bezeichneten manche Astronomen sie als *Kleinplaneten*. Andere nannten sie gemäß ihrer Erscheinung durchs Teleskop *Asteroiden*, also *Sternartige*. Diese Bezeichnung ist heute die gebräuchlichste.

»Innerhalb nur einer Generation«, sagt Steve Ostro, Asteroiden-Experte der NASA, »hat sich unser Bild vom Sonnensystem als ein System aus Sonne, sechs Planeten und deren Monden gewandelt hin zu einem System, in dem es auch Kometen und Asteroiden gibt und außerdem viele kleine Objekte, die zuweilen auf die Erde fallen. Mit der Zeit wurde der Weltraum für uns immer voller und voller und wir haben erkannt, dass diese kleinen Himmelskörper das gesamte Sonnensystem wie ein Bienenschwarm umkreisen.«

Mithilfe der modernsten Teleskope haben die Forscher über eine halbe Million Asteroiden ausfindig machen können. Das sind etwas zu viele, um sie einzeln zu benennen. Daher trägt jeder Asteroid zunächst nur eine Nummer, die ihn mit einer globalen Datenbank verknüpft, in der alle Informationen zum jeweiligen Objekt gespeichert sind, etwa zu seiner Umlaufbahn, seiner Helligkeit und seiner Zusammensetzung.

Doch hin und wieder folgt man auch Piazzis Tradition und gibt diesen kleinen Welten richtige Namen. Nach Ceres wurden die folgenden drei Objekte auch mit den Namen von Göttinnen benannt: *Pallas*, *Juno* und *Vesta*. Als das klassische Götterreich ausgeschöpft war, begann man, auch Länder, Städte und berühmte Menschen heranzuziehen, an deren Namen manchmal auch ein -a angehängt wird, um sie femininer erscheinen zu lassen.

Don Yeomans, der im Auftrag der NASA Asteroiden und Kometen erforscht, erzählt, dass sich Astronomen oft einen Witz daraus machen, mit den Asteroidennummern und den damit zusammenhängenden Namen geheime Botschaften zu verschicken. Zum Beispiel erhält man, wenn man die Nummern 9007, 673, 449, 848 und 1136 durch ihre Namen ersetzt, den Satz *James Bond Edda Hamburga Inna Mercedes …*

Ursprünglich hatte jeder, der einen Asteroiden entdeckt hatte, das Recht, ihn zu benennen. Doch die Astronomen hatten es irgendwann satt, dass Kleinplaneten nach Katzen, Hunden oder der Geliebten des Entdeckers benannt wurden. Inzwischen werden die Namen erst durch die *International Astronomical Union* geprüft. Die Autoren dieses Buches fühlen sich daher umso mehr geehrt, dass die beiden Asteroiden *3795 Nigel* und *3922 Heather* nach ihnen benannt sind.

Leider wissen wir nicht, wie unsere himmlischen Gegenstücke aussehen. Aber von einigen Dutzend anderen Asteroiden gibt es großartige Fotos. Eine NASA-Mission landete sogar auf dem Asteroiden *Eros*, und eine japanische Sonde sammelte Staub vom Asteroiden *Itokawa* ein und brachte sie zur Untersuchung zurück zur Erde.

Vielleicht wird hier der Eindruck erweckt, dass das ein bisschen viel Aufmerksamkeit für die kleinsten Objekte im Sonnensystem sei; aber es gibt gute Gründe für diese genauen Untersuchungen. Asteroiden sind sozusagen die Sägespäne, die bei der Geburt des Sonnensystems abgefallen sind, in ihnen liegt also auch der Schlüssel zu den Ursprüngen der Erde.

»Vor viereinhalb Milliarden Jahren«, erklärt David Hughes, »war die Sonne von einer flachen Scheibe umgeben, die aus Staub und Wasserdampf bestand. Der Staub fand sich zu Steinklumpen zusammen und aus diesen entstanden Merkur, Venus, Erde und Mars. Auch dort, wo sich heute der Asteroidengürtel befindet, hätte sich ein Planet bilden können.« Doch das wurde durch den mächtigen Jupiter im Hintergrund verhindert. »Das Material im Gürtel konnte sich nicht zu einem Planeten zusammenfinden«, so Hughes weiter, »da die Schwerkraft des Jupiters es immer wieder durcheinanderwirbelte, sodass die Steine sich gegenseitig wieder zerstörten. Daher finden wir heute zwischen Mars und Jupiter diese Ansammlung von kleinen Teilen, den Asteroidengürtel.«

Die größeren Asteroiden stellen sich also als Vorläufer von Planeten heraus – in der Fachwelt werden sie *Planetesimale* genannt. Und die kleinen Asteroiden – die Bruchstücke dieser kleinen Welten – vermitteln uns einen Einblick in das Innenleben dieser Planetesimale.

Die ambitionierteste Mission zur Erforschung der Asteroiden ist die Raumsonde *Dawn*: Sie umkreiste zunächst für ein Jahr den

Asteroiden Vesta, bevor sie 2015 zu Ceres weiterflog. Die Beobachtungen machten klar, dass Vesta viel mehr ist als nur ein bloßer Felsbrocken. Er ist so groß, dass sein Inneres schmelzen konnte und sich wie bei der Erde ein Eisenkern bildete. Seine Oberfläche hat ebenfalls eine bewegte Geschichte: Vesta ist von versteinerten Lavaflüssen überzogen, die beweisen, dass diese kleine Welt einmal eine starke vulkanische Aktivität aufgewiesen haben muss. Heute ruht die Oberfläche, aber sie ist gezeichnet von einem riesigen Krater, der fast so breit wie der ganze Asteroid ist und in der Mitte einen Berg hat, der die höchste Erhebung im ganzen Sonnensystem darstellt. Der Krater erhielt seinen Namen nach der sagenumwobenen vestalischen Jungfrau Rhea Silvia, der Mutter von Romulus und Remus, den Gründern von Rom.

Der Einschlag, der den Rheasilvia-Krater geformt hat, muss Billionen Tonnen Gestein ins All geschleudert haben. Einige dieser Bruchstücke sind einen weiten Weg durch den Weltraum gereist – wie die Einwohner von Johnstown, Colorado, im Jahr 1924 erstaunt feststellen mussten.

Dort fand gerade ein Baseballspiel statt, als sich plötzlich am Himmel eine Reihe von Explosionen ereignete, einem Maschinengewehr gleich. Die lokale Zeitung schrieb daraufhin, dass die Zuschauer nach oben schauten und sahen, »wie der kosmische Besucher durch den Himmel trudelte und anscheinend genau auf die Mitte des Spielfelds zusteuerte. Das Spiel endete dann in einer Massenpanik.«

Doch der Meteorit verfehlte das Baseballfeld und schlug in der Nähe der Kirche ein, wo gerade eine Beerdigung stattfand. Nach dem Gottesdienst grub der Totengräber einen schwarzen Stein aus dem Boden, der – wie es in einem Bericht heißt – »Größe und Form eines Männerkopfes« gehabt haben soll.

Geologen haben herausgefunden, dass der Johnstown-Meteorit sehr ungewöhnlich ist, denn er besteht aus erstarrter Lava. Und er passt genau zu dem Vulkangestein, dass die Raumsonde Dawn auf der Oberfläche von Vesta beobachtet hat.

Die kleineren Asteroiden dagegen hatten nie eine vergleichbare vulkanische Aktivität, und ihre dunklen Oberflächen sind bedeckt mit Steinen, die sich seit der Geburt des Sonnensystems kaum verändert haben. Wenn eines dieser Fragmente auf die Erde fällt, stürzen sich die Wissenschaftler förmlich darauf.

Im Januar 2000 wurden die Einwohner der Yukon-Gegend im westlichen Kanada unsanft geweckt, als ein Bruchstück des Asteroiden *Irmintraud* in die Erdatmosphäre eintrat. Jim Brook, der dort als Fremdenführer arbeitete, erzählt: »Der Himmel wurde von einem blendend hellen Feuerball erleuchtet, der sich mehrere Sekunden lang über den Himmel bewegte. Danach folgte eine massive Explosion, die auch mich erzittern ließ.«

Eine Woche später fuhr er auf dem Nachhauseweg über den gefrorenen Lake Tagish, als er einige Steine entdeckte, die nach Schwefel rochen. Da Brook vermutete, dass die walnussgroßen Stücke wertvoll sein könnten, sammelte er sie ein, wobei er seine Hände in Plastik einwickelte, um eine Kontamination zu vermeiden, und bewahrte sie in seinem Kühlschrank auf, bis er sie an die Wissenschaftler überreichen konnte.

Der *Tagish-Lake-Meteorit* war tatsächlich eine kosmische Fundgrube. Der bröckelige schwarze Stein war reich an kohlenstoffhaltigen Verbindungen, also der Grundlage des Lebens. Es war ein Glück, dass Brook die Fundstücke so steril aufbewahrt hatte; und ein Glück war es auch, dass einige Teile dieses fragilen Steins überhaupt heil geblieben waren.

»Der Tagish-Lake-Meteorit war ursprünglich 150 Tonnen schwer«, sagt Astronom Don Brownlee, der die Fundstücke untersucht hat. »Auf seinem Weg durch die Atmosphäre ist er jedoch komplett auseinandergefallen. Er war nicht fest genug, um in größeren Stücken den Boden zu erreichen, und vom ursprünglichen Meteoriten hat sich das meiste in Staub aufgelöst.« Die Steine vom Tagish Lake wurden nie erhitzt oder verdichtet. Sie müssen seit der Geburt des Sonnensystems auf dem Asteroiden Irmintraud gelegen haben. Indem man die verschiedenen radioaktiven Atome in den Steinen untersucht, kann man ihr Alter herausfinden, ganz so wie die Radiokarbonmethode, die hier auf der Erde angewendet wird und mit der zum Beispiel auch das Alter von Stonehenge bestimmt werden konnte. Der Tagish-Lake-Meteorit, so stellte sich heraus, war 4,6 Milliarden Jahre alt – er stammt also aus der gleichen Zeit, in der auch die Sonne und die Planeten entstanden.

Eine völlig andere Art von Meteoriten dagegen stellen jene festen Metallklumpen dar, die die Atmosphäre durchdringen können, ohne auseinanderzufallen, wie etwa der *Cape-York-Meteorit*, den Robert Peary in Grönland ausfindig gemacht hat. Sie bestehen zumeist aus einer Legierung aus Eisen und Nickel und sind aus einem Asteroidenkern herausgebrochen. Und ein solcher großer Eisenmeteorit kann einen gewaltigen Einschlag verursachen.

Auf der berühmten alten *Route 66* konnte man früher im nördlichen Arizona Straßenschilder finden, die – nicht sehr subtil – darauf hinwiesen, dass hier die *eindringlichste* Attraktion der Welt zu bestaunen sei.

Der dortige *Meteor Crater* ist ein riesiges Loch im Boden mit einem Durchmesser von mehr als einem Kilometer und einer Tiefe von fast 200 Metern. In dieses Loch würden fünfzig Straßenblocks von New York hineinpassen und nur die höchsten Wolkenkratzer würden über den Kraterrand hinaus zu sehen sein. Dieser Krater wurde von einem kleinen Asteroiden aus Eisen verursacht, der vor etwa 50.000 Jahren in die Wüste von Arizona stürzte. Er grub sich dabei tief in den Boden, bis sich seine enorme Bewegungsenergie in einer Explosion entlud, die die Kraft von mehr als tausend Hiroshima-Bomben hatte.

Doch im kosmischen Maßstab ist dieser Krater noch immer winzig. Wenn man den Mond mit einem Fernrohr anschaut, kann man einige weitaus größere Krater erkennen. Die ganze Mondoberfläche erinnert an ein Schlachtfeld – was sie auch ist.

Unzählige Geschosse aus dem Asteroidengürtel sind auf seiner Oberfläche explodiert.

In ihrer langen Geschichte muss auch die Erde ein ähnliches Bombardement erlebt haben. Anders als auf dem Mond sind wir hier allerdings nicht von Kratern umgeben, weil die Erosion die meisten von ihnen wieder eingeebnet hat. Flüsse und Meere schmirgeln unseren Planeten fortwährend glatt, die Kräfte der Kontinentaldrift erzeugen neue Gebirge und auch Vulkane verändern dauernd das Antlitz der Erde. Nur mit größter Mühe können die Geologen daher heute die Überreste der alten Krater unter der gegenwärtigen Erdoberfläche aufspüren.

Allerdings lässt sich die Zerstörung, die die Einschläge aus dem All bewirken, noch durch die Fossilien früherer Lebensformen nachweisen. Tiere und Pflanzen sind hochsensible Lebewesen und jede dramatische Veränderung ihrer Umgebung kann sie ausrotten – so wie es die Dinosaurier vor 66 Millionen Jahren erfahren mussten.

Diese mächtigen Tiere hatten die Erde für mehr als 100 Millionen Jahren beherrscht. Dann verschwanden sie plötzlich. Aber nicht nur sie.

»Über 75 Prozent aller Lebensformen – Pflanzen und Tiere, im Meer und auf dem Land – starben aus«, sagt der amerikanische Geologe David Kring. Und da schon wenige überlebende Exemplare einer Art ausreichen, um deren Fortbestand zu sichern, war der tatsächliche Verlust vermutlich noch weitaus höher. Kring schätzt, dass »um die 99,9999 Prozent aller Lebewesen, die zu jener Zeit gelebt haben, getötet wurden«.

Kring und seinen Kollegen gelang der Nachweis, dass dieses globale Massaker durch einen massiven Einschlag aus dem All verursacht wurde – einem Einschlag, so massiv, dass der *Meteor Crater* in Arizona dagegen verschwindend klein wirkt. Anders als der *Meteor Crater* sind die Spuren dieses Einschlags auch nicht einfach so für jedermann zu sehen, sondern unter einer tausend

Meter dicken Schicht aus jüngerem Gestein verborgen, und zwar auf der Halbinsel Yucatán in Mexiko. Ausgerechnet ein Team von Ölsuchern war es, das dort – ohne es zu wissen – die Ursache für das Aussterben der Dinosaurier ausfindig machen konnte. Um 1980 herum stellte das Ölbohrteam fest, dass es im Magnet- und Gravitationsfeld der Erde geringe Abweichungen in der Nähe der mexikanischen Küstenstadt Chicxulub gab, die auf eine riesige ringförmige Struktur hinwiesen, halb unter dem Festland, halb unter dem Meer. Sie machten einige Probebohrungen, fanden keinerlei Ölvorkommen und hielten ihre Ergebnisse dann aus Angst vor der Konkurrenz unter Verschluss.

Parallel war David Kring fasziniert von der damals neuen Theorie, nach der die Dinosaurier durch einen Asteroiden ausgelöscht worden sind. Ein solcher Einschlag hätte einen riesigen Krater verursachen müssen und Kring war entschlossen, diesen zu finden – und zwar, indem er nach Gesteinsbrocken suchte, die beim Einschlag in einem großen Radius verteilt werden.

»Diese Gesteinsschichten sind in der Nähe des Kraters dicker und werden dünner, je weiter man sich vom Krater entfernt«, erklärt Kring. Man kann also losziehen und diese Spuren – wie Brotkrumen im Märchen – verfolgen, bis sie einen zum Krater führen.

Kring fand in den USA eine Schicht aus zerbrochenem Gestein, die 66 Millionen Jahre alt war. Diese Schicht wurde dicker, als er der Spur nach Süden in die Karibik folgte. Seine Suche konzentrierte sich schließlich auf Mexiko. Ein Mitglied seines Teams hörte von den Ölbohrungen dort und es gelang ihm, Gesteinsproben aus der Tiefe zu bekommen. Diese Steine enthielten den entscheidenden Beweis: In ihnen fanden sich Mineralien, die nur bei einem Asteroiden-Einschlag gebildet werden können. Es war also klar, dass genau zu der Zeit, als die Dinosaurier ausstarben, ein riesiger Fels aus dem All die Halbinsel Yucatan getroffen und den größten Krater der Erde verursacht hatte.

»Wir sprechen hier von einem Asteroiden mit einem Durchmesser von vielleicht zehn bis zwanzig Kilometern«, sagt Kring.

Wenn die Dinosaurier damals in den Himmel geblickt hätten, hätten sie ihn schon drei, vier oder gar fünf Tage vor dem Einschlag sehen können.«

Da war also ein Berg aus dem All, von der Größe des Mount Everest, der mit einer Geschwindigkeit von 100.000 Stundenkilometern auf die Erde zuraste. Innerhalb weniger Sekunden pflügte er durch die Erdatmosphäre. »Ab diesem Punkt ging dann alles sehr, sehr schnell«, sagt Kring. »Zunächst wäre da ein ungewöhnlicher, blendender Feuerball gewesen. Als er die Erdoberfläche traf, bohrte er sich tief hinein – und explodierte dann. Das Ganze hatte die Sprengkraft von 100 Billionen Tonnen TNT.«

Der Asteroid verdampfte dabei, und eine Schockwelle breitete sich in alle Richtungen im Erdboden aus, die das Gestein zerschmetterte und zum Schmelzen brachte. »Es drückte auch die Erdoberfläche ein«, erklärt Kring, »die daraufhin dann wieder zurückzuschwingen begann, mit einem ganz erheblichen Auftrieb. Gestein aus dem Erdinneren gelangte an die Oberfläche und türmte sich zu einem riesigen Berg auf.« Doch dieser mächtige Berg war nicht von Dauer. »Sein Gewicht war zu groß für den Untergrund, daher stürzte er wieder in sich zusammen und bildete den Krater.«

Der Einschlag verursachte Mega-Tsunamis, die die Landflächen rund um die Karibik überschwemmten, und er bewirkte eine überschallschnelle Druckwelle, die alles Leben rundum vernichtete. Doch diese regionalen Auswirkungen waren erst der Anfang.

»Für den Wandel der biologischen Evolution waren vor allem die globalen Auswirkungen des Asteroiden entscheidend«, betont Kring. Trümmer von der Explosion wurden bis in den Weltraum und halb bis zum Mond geschleudert, bevor die Schwerkraft der Erde sie wieder zurückholte. Überall vom Himmel fielen brennende Steinbrocken herab: »Man muss sich das als eine Art Feuerregen vorstellen«, sagt Kring, »der auf dem ganzen Erdball niederging.« Weltweit gingen die Wälder in Flammen auf.

Die Dinosaurier – und mit ihnen die anderen Landbewohner – wurden sprichwörtlich zu Tode gebraten.

Durch die Gluthitze entstanden giftige Dämpfe sowie eine dichte Rauchschicht in der Atmosphäre, die einen globalen Temperatursturz bewirkten. Als der Himmel schließlich wieder aufklarte, verursachte das durch den Einschlag freigesetzte Kohlenstoffdioxid einen Treibhauseffekt, der die Erde für einige Tausend Jahre stark erhitzte. Dieser dreifache Schlag aus Feuer, Eis und anschließender Hitze reichte aus, fast alles Leben auf unserem Planeten zu vernichten.

Das Zeitalter der Dinosaurier war vorbei. Nur die kleinsten Saurierarten konnten überleben, aus ihnen entwickelten sich die heutigen Vögel. Auch einige fellbekleidete kleine Säugetiere überlebten in ihren Höhlen den Feuerregen. Ihre Ernährung half ihnen dabei: Sie waren nicht allzu wählerisch und konnten so ziemlich alles fressen, was den Feuersturm überlebt hatte, wie etwa Insekten und Wasserpflanzen. Da sie auf dem Land nur wenig Konkurrenz hatten, blühten die Säugetiere auf und konnten sich zu der großen Artenvielfalt entwickeln, die wir heute auf der Erde sehen, zu Kängurus, Koalas, Elefanten, Antilopen, Klippschliefern – und Menschen.

Und auch heute noch sehen wir uns der Bedrohung aus dem All ausgesetzt. Der Feuerball über Tscheljabinsk 2013 war eine erste Warnung, dass da oben im Weltraum noch immer mehr als genug Munition vorhanden ist.

»Diese *erdnahen* Asteroiden kreuzen hin und wieder die Umlaufbahn der Erde und es besteht die Möglichkeit, dass sie eines Tages mit ihr zusammenstoßen«, sagt Steve Ostro. »Wir müssen daher versuchen, so viele dieser Objekte wie möglich zu entdecken – auf jeden Fall alle größeren, mit einem Durchmesser von einem Kilometer und mehr.«

Eine Reihe von Observatorien auf der ganzen Welt widmet sich bereits diesen potenziellen Gefahren vor unserer Tür, einige davon werden ehrenamtlich von Privatleuten in ihrer Freizeit betrieben. Ein Chirurg in Spanien etwa entdeckte einen Asteroiden, der nahe an der Erde vorbeirauschte – und zwar zufälligerweise am selben Tag, an dem der Meteor in Tscheljabinsk einschlug.

»Die moderne Ausrüstung eines Amateurastronomen kann sich mit der Ausrüstung, die die Profis vor 15 bis 20 Jahren nutzten, durchaus messen«, sagt Steve Larson, der Leiter von *Catalina Sky Survey*, der weltweit größten Suchinitiative, die ihren Stützpunkt in Arizona hat. Sein Team konnte die allererste Voraussage eines Asteroideneinschlags auf der Erde machen. 2008 entdeckten Larson und seine Leute einen Felsbrocken von der Größe eines Lastwagens, der sich knapp hinter dem Orbit des Mondes befand. Innerhalb von 24 Stunden, so ihre Vorhersage, würde er die Erde treffen, und zwar im nördlichen Sudan.

Sie benachrichtigten das Pentagon und sogar das Weiße Haus, die dann die sudanesische Regierung informierten. Die Berechnungen besagten, dass der Asteroid in einer unbewohnten Wüstengegend einschlagen würde. Zur vorhergesagten Zeit konnte der Pilot einer KLM-Maschine, der über dem Sudan flog, einen leuchtenden Feuerball sehen.

In einigen Jahren wird diese Aufgabe von einem riesigen Teleskop in Chile übernommen werden, das den Himmel auch nach viel unscheinbareren Objekten absuchen soll. NASA-Experte Don Yeomans freut sich bereits darauf und erklärt die Mission in seinem Buch *Near-Earth Objects: Finding Them Before They Find Us*: »Wenn das *Large-Synoptic-Survey-Teleskop* in Chile erst mal in Betrieb geht, wird es definitiv die wichtigste Einrichtung zur Überwachung des Himmels sein, die wir am Boden haben.«

Doch wie es seine Formulierung schon anklingen lässt: Teleskope hier unten auf der Erde können nicht alle Gefahren aus dem Weltraum ausfindig machen, sie können nur solche Objekte finden, die am dunklen Nachthimmel zu sehen sind und sich außerhalb der Erdumlaufbahn befinden. Den Meteor von Tscheljabinsk hätten sie alle nicht sehen können, denn er kam, wie Piloten es sagen würden, *aus der Sonne*.

Da er sich der Erde aus dem Inneren der Erdumlaufbahn näherte, war der Meteor am Nachthimmel nie zu sehen. Um solche unberechenbaren Marodeure abzupassen, bräuchte man ein Teleskop im All, das näher an der Sonne positioniert ist, sodass man von dort *nach außen* in Richtung Erde schaut und gefährliche Eindringlinge rechtzeitig melden kann.

Diese Aufgabe ist etwas für Ed Lu. Er weiß eine Menge über das Weltall, war als Astronaut bei zwei Space-Shuttle-Missionen dabei und verbrachte sechs Monate auf der Internationalen Raumstation ISS. Lu plant ein Weltraumteleskop, das in der Nähe der Venus platziert werden soll, um von dort aus gefährliche Asteroiden zu jagen. Lu muss sich in seinen Planungen keine Gedanken über die langsamen Mühlen der Regierungen oder über politische Befindlichkeiten machen, da er plant, das *Sentinel-Weltraumteleskop* privat zu finanzieren.

»Private Unternehmen«, sagt er, »sind inzwischen in der Lage, respektable und wagemutige Aufgaben zu übernehmen, die früher nur die Regierungen ausführen konnten. Wir führen *Sentinel* auf privater Ebene aus, weil so etwas inzwischen einfach möglich ist!«

Auch Don Yeomans ist voller Bewunderung für das Projekt: »Wenn die Finanzierung klappen sollte, wäre *Sentinel* das wichtigste Instrument zur Entdeckung von erdnahen Objekten. Und da es mit Infrarotstrahlung arbeitet, wären seine Angaben zur Größenbestimmung auch sehr viel besser als aus allen anderen Quellen.«

Das ist nicht unwichtig, denn die Größe eines Objekts ist beim Einschlag das Entscheidende, und sie entscheidet auch darüber, was im jeweiligen Fall am besten zu tun wäre. Wenn etwa ein kleiner Felsen im Anflug wäre – sagen wir wie die Meteore in Tscheljabinsk oder im Sudan –, dann wäre es das Beste, eine Warnung wie bei einem Hurrikan oder einem Vulkanausbruch auszugeben.

»Die Behörden müssten dann darüber entscheiden«, sagt Yeomans, »ob man den Einschlag einfach abwartet (er wäre vermutlich eher harmlos oder würde sich in einem Ozean oder einem unbewohnten Gebiet ereignen), oder ob man das betreffende Gebiet rechtzeitig evakuiert.«

Im Hinblick auf Asteroiden mit einem Durchmesser von etwa einem Kilometer versichert Yeomans: »Wir haben über 94 Prozent der größten erdnahen Asteroiden entdeckt, und keiner davon wird in den nächsten 100 Jahren eine größere Gefahr darstellen.«

Noch größere Asteroiden sind sehr selten. Aber selbst so ein riesiger Felsbrocken muss noch nicht unbedingt das Leben auf der Erde auslöschen – solange wir nur früh genug von ihm erfahren. Wenn wir es bereits etwa 100 Jahre vorher wüssten, bliebe genug Zeit, das Geschoss abzulenken.

»Mit unserem gegenwärtigen Stand der Technik«, sagt David Hughes, »müssen wir nicht mehr einfach abwarten, was da kommt.« Daher ist es auch nicht nötig, gleich Bruce Willis ins All zu schicken, wie im Hollywood-Blockbuster *Armageddon* – Roboter könnten diese Aufgabe nämlich genauso gut ausführen.

Zunächst einmal müssten wir die Flugbahn des Asteroiden genau kennen. Steve Ostro von der NASA nutzt dazu große Radioteleskope die wie ein Flughafen-Radarsystem funktionieren.

»Die tollste Erfahrung dabei ist, das allererste Echo zu hören«, sagt er begeistert. »Und dann setzt man die volle Leistungsfähigkeit der Radarastronomie ein und erhält so Bilder des Objekts – es ist fast wie bei *Star Trek*! Aber auch emotional ist es eine bewegende Erfahrung – denn wir wissen, dass diese Objekte für den Rest der Menschheitsgeschichte eine große Rolle spielen werden.«

Ostro kann dabei aber nicht nur die genaue Bahn eines Himmelskörpers bestimmen, sondern auch seine Zusammensetzung.

Und auch das spielt für unsere Sicherheit eine wichtige Rolle. Denn stellen wir uns einmal vor, man würde einen Asteroiden mit einer Sonde oder einer Atombombe treffen und es handelte sich dabei um eine zerbrechliche Gesteinssorte, die einfach zersplitterte, ihren ursprünglichen Kurs aber beibehielte, dann würde die Erde trotzdem getroffen – aber nicht von einer einzigen kosmischen Gewehrkugel, sondern von einer Vielzahl kleiner Geschosse, wie bei einer Schrotflinte. Die Auswirkungen wären fast die gleichen.

Ed Lu schlägt daher einen sogenannten *Gravitationsschlepper* vor. Man würde den Asteroiden dabei gar nicht berühren, sondern eine Sonde neben ihm herfliegen lassen, sodass sich die beiden gegenseitig anzögen. Man lenkt dann sanft mit kleinen Düsen die Bahn der Sonde ab, und durch die Schwerkraft wird der Asteroid mitgezogen, wie ein Hund an einer unsichtbaren Leine.

»Wir können heutzutage etwas gegen diese Gefahr aus dem All unternehmen«, sagt David Hughes, »daher bin ich der Meinung, dass wir auch die Verpflichtung haben, das zu tun.«

Durch unsere Fortschritte im All sind wir nun also – zum ersten Mal in der Geschichte – in der Lage, das Leben auf unserem Planeten vor einer Auslöschung aus dem All zu bewahren. Dies wird natürlich auch Auswirkungen auf die Evolution haben. Das Ende der Dinosaurier war ja nicht das einzige große Artensterben auf der Erde – nur das bisher letzte. Während der vergangenen 500 Millionen Jahre gab es ganze fünf solcher Massensterben – auch wenn die Erforschung der frühesten davon nicht leicht ist, da das Gestein und mit ihm die Fossilien sich über die lange Zeitspanne stark verändert haben.

Kring ist davon überzeugt, dass auch für diese früheren Artensterben die Schuld in einem Asteroideneinschlag zu suchen ist.

»Es ist statistisch eindeutig, dass in diesem Zeitraum etwa fünf bis sechs Einschläge wie der in Chicxulub passiert sein müssen«, sagt er. »Wenn man Chicxulub also als Maßstab ansieht für das, was mit der Natur nach solch einem Einschlag passieren kann, dann ist es sehr wahrscheinlich, dass es ähnlich gravierende Einschnitte in der Evolution in der Vergangenheit schon öfter gegeben haben muss.«

Steve Ostro pflichtet dem bei: »Solche Ereignisse haben verschiedene Regionen auf der Erde immer wieder beeinflusst und in den Extremfällen das Leben auf der Erde eben auch beinahe ausgelöscht. Die Evolution wird dabei quasi auf null zurückgesetzt und verläuft ab da in eine völlig andere Richtung als zuvor.«

Das muss nicht unbedingt schlecht sein. Denn solange das Klima auf der Erde stabil bleibt, geht das Leben einfach seinen gewohnten Gang. Aus diesem Grund konnten die Dinosaurier auch für solch einen langen Zeitraum unangefochten die Welt beherrschen.

»Asteroideneinschläge spielen in der Evolution eine aktive Rolle, indem sie neue ökologische Nischen öffnen«, sagt Ostro. »Das derzeitige Resultat davon sind wir.«

Fünfmal wurde das Leben auf der Erde also neu gestartet und dadurch auf eine neue Entwicklungsstufe gebracht. Der Homo sapiens mit seiner Zivilisation ist der aktuelle Nutznießer dieser Vorgänge. Ohne die Katastrophen, die sich ereignet haben, würden wir nicht existieren.

Um es mit den Worten von Don Brownlee zu sagen: »Wären die Dinosaurier nicht durch den Einschlag ausgelöscht worden, wären wir gar nicht hier. Es wäre noch immer das Zeitalter der Reptilien.«

KAPITEL 16

GIBT ES LEBEN AUF DEM MARS?

»Meine Damen und Herren, wir haben eine wichtige Ankündigung zu machen.« Mit diesen Worten unterbrach im Oktober 1938 ein Radiomoderator eine Sendung des CBS. Er fuhr fort: »Das mysteriöse Objekt, das heute am frühen Abend in Grover's Mill, New Jersey, vom Himmel gefallen ist, war kein Meteorit. So unglaublich es sich auch anhören mag, es enthielt seltsame Wesen, die, wie manche glauben, die Vorhut einer Armee vom Planeten Mars sind.«

Wie sich herausstellte, war der angebliche Radiomoderator der 23-jährige Orson Welles – ein brillanter Schauspieler und Regisseur, der zuvor auch schon als Stierkämpfer und Zauberer gearbeitet hatte. Er hatte für den Sender CBS eine Fassung von H. G. Wells' Roman *Der Krieg der Welten* (erschienen 1898) als Live-Hörspiel fürs Radio geschrieben und die Handlung in die USA verlegt. Dieses legendäre Stück versetzte viele Amerikaner in den Glauben, sie würden von einer außerirdischen Armee angegriffen.

Die Sendung war eine PR-Maßnahme, um die Zuhörerzahlen von CBS zu verbessern, denn der Sender hatte mit harter Konkurrenz zu kämpfen. Auf Welles ruhte also eine große Verantwortung, bei einem Scheitern hätte er wohl keine große Zukunft in der Radiobranche gehabt. Doch an diesem Abend waren ihm die Götter offenbar nicht einfach nur wohlgesinnt – sie strahlten ihn überglücklich an. Auf dem anderen Sender sang ein unbekannter

Sänger und viele gelangweilte Hörer schalteten rüber zu CBS. Welles wusste genau, wie er seine Hörer in den Bann ziehen konnte. Er ließ einen vorgeblichen Außenreporter beschreiben, wie ein Alien aus dem Raumschiff aussteigt: »Jetzt kann ich den Körper des Dings sehen. Er glänzt wie nasses Leder. Aber dieses Gesicht. Es ... es ist unbeschreiblich. Das Maul ist v-förmig und Speichel tropft von den randlosen Lippen, die zittern und pulsieren ...«

Ein *Sprecher aus Washington* meldete anschließend, dass die Marsianer überall in den USA landeten. Offenbar wurden bereits Tausende Menschen kaltblütig von den Außerirdischen und ihren Laserwaffen getötet. Die Ereignisse eskalierten weiter, bis schließlich die Marsianer durch Manhattan rasten und auch in die Radiostation eindrangen. Die Sendung endete mit einem furchtbaren, lang gezogenen Schrei.

Die Illusion war so überzeugend, dass viele Amerikaner aus ihren Häusern stürzten. Sie rannten auf die Straßen, versteckten sich in ihren Kellern, holten ihre Gewehre heraus und wickelten sich nasse Handtücher vors Gesicht, um sich vor dem Giftgas der Marsianer zu schützen. Manche behaupteten sogar, die Angreifer selbst gesehen zu haben.

Welles war zunächst gar nicht bewusst, was er ausgelöst hatte, bis er am darauf folgenden Morgen die Zeitung las. *Radiozuhörer in Panik*, lautete die Schlagzeile. *Zahlreiche Menschen flohen aus ihren Häusern, um dem Giftangriff vom Mars zu entkommen.* Es gab sogar einige Klagen gegen CBS, die aber alle abgewiesen wurden. Zum Glück gibt es aber so etwas wie schlechte Presse nicht. Welles' Karriere ging von da an steil bergauf und CBS war stolz darauf, den berüchtigsten Autor der USA in seinem Programm zu haben. Zufälligerweise war Welles drei Jahre später, am 7. Dezember 1941, auch gerade auf Sendung, an dem Tag, als die Japaner Pearl Harbor angriffen. Als der (echte) Moderator die Sendung unterbrach, um den Bombenangriff zu melden, glaubten große Teile der amerikanischen Öffentlichkeit, dies sei abermals eine Täuschung.

Diese Geschichte ist nur ein Beispiel für die lange Verknüpfung des Planeten Mars mit dem Thema Krieg. Im Jahre 1000 v. Chr. nannten die Chaldäer, die im Gebiet des heutigen Irak lebten, den Planeten *Nergal*. Für sie repräsentierte er einen großen Helden: den König der Schlachten und Kriege und den ersten unter den Göttern.

Die alten Griechen nannten ihn Ares, nach dem Sohn des Göttervaters Zeus. In der *Ilias* schreibt Homer, dass Ares von den meisten anderen Göttern – und vielen Griechen – nicht gemocht wurde, weil er tobsüchtig und blutrünstig war.

Von den Römern dagegen, die den Krieg verherrlichten, erfuhr Mars als Gott des Krieges höchste Verehrung – und von ihnen haben wir auch die heutige Bezeichnung des Planeten übernommen.

Über Jahrtausende war der Mars für die Menschen einfach ein roter Punkt am Himmel, der sich langsam vor dem Sternenhintergrund bewegte. Erst als die ersten Teleskope auf ihn gerichtet wurden, erkannte man, dass es sich tatsächlich um eine ganze Welt handelte. 1659 verzeichnete der große dänische Astronom Christiaan Huygens einen dunklen Fleck auf dem Mars, vermutlich die Region, die wir heute als *Syrtis Major* kennen. Huygens war es auch, der die Rotation des Roten Planeten beobachtete und herausfand, dass er wie die Erde einen 24-Stunden-Tag hat.

Mit seinem Buch *Cosmotheoros*, das er 1698 schrieb, war Huygens seiner Zeit weit voraus. Er beschäftigte sich darin mit der Frage, wie Leben auf Planeten entstehen könnte. Das Buch (auf Deutsch: *Weltbeschauer, oder vernünftige Muthmaßungen, daß die Planeten nicht weniger geschmükt und bewohnet seyn, als unsere Erde*) war ein internationaler Erfolg. Und es war der Anfang einer sehr großen Entwicklung.

1877 kamen sich Mars und Erde einander auf ihren Bahnen besonders nahe. In Mailand machte Giovanni Schiaparelli die

Beobachtung, dass der Rote Planet von einem dichten Netz sich überschneidender Linien überzogen sei, die er *canali* nannte, also *Gräben*. Als diese Nachricht die USA erreichte, gab es eine fehlerhafte Übersetzung, aus den *canali* wurden *canals* (also *Kanäle*, statt korrekt *channels*), wodurch das Ganze als künstliche Strukturen missverstanden wurde. Besonders hellhörig ob dieser Beobachtung wurde Percival Lowell.

Wir haben Lowell schon in Kapitel 7 als den reichen Bostoner Geschäftsmann vorgestellt, der in Flagstaff, Arizona, das erste in großer Höhe liegende Observatorium der Welt gebaut hatte, mit dem er nach dem Planeten Neptun gesucht hatte. Aber seine größte Leidenschaft galt dem Leben auf dem Mars. Lowell war davon überzeugt, dass die *canali*, die Schiaparelli entdeckt hatte, bewusst errichtete Bauwerke waren, mit denen Wasser von den Marspolen zu den Wüsten rund um den Äquator gebracht werden sollte. Seiner Meinung nach war der Mars ein sterbender Planet.

»Wenn es Marsbewohner gibt, dann bleibt ihnen zur Erhaltung ihres Lebens nur eine Möglichkeit. Das wichtigste Bestreben auf dem Mars muss die Bewässerung sein ... für die Marsianer stellt dies die Hauptsorge in ihrem Leben dar«, schrieb er.

Lowell zeichnete Hunderte von schnurgeraden Kanälen. Als überzeugter Pazifist erkannte er in dem planetenweiten Netz den Beweis dafür, dass die Marsianer vereint waren und keine Kriege untereinander führten. Er glaubte darüber hinaus sogar, dass sie uns in ihrer Entwicklung überlegen wären: »Über ein solches System, wie es dort zu sehen ist, herrscht sicher kein gewöhnlicher Geist, sondern einer, dem weitaus mehr umfassendes Denken gegeben ist als dem, der über die verschiedenen Bereiche unserer eigenen Organisation herrscht. Sehr wahrscheinlich verfügen diese Marsbewohner über Erfindungen, von denen wir noch nicht einmal träumen können, und gegen die unsere Elektrophone und Kinetoscopen der Vergangenheit angehören und voller Hochachtung im Museum verwahrt werden würden, als Zeugnisse für die unbeholfenen Erfindungen, die unsere Rasse in ihren Anfängen gemacht hat.«

Lowell war niemand, der seine Ansichten für sich behielt. Dadurch verwandelte sich die zuvor sittsam unter Astronomen geführte Debatte über die Beschaffenheit der Marskanäle in eine aufgebrachte öffentliche Kontroverse. Selbst die ernsthafte Wirtschaftskrise von 1907 konnte gegen die Marsianer nicht ankommen. In jenem Jahr befragte das *Wall Street Journal* seine Leser, was für sie das außergewöhnlichste Ereignis der vergangenen zwölf Monate gewesen sei. Die Antwort war einstimmig: »Der Beweis durch die astronomischen Beobachtungen, dass intelligentes Leben auf dem Planeten Mars existiert.«

Die Marsmännchen waren nun vollends im öffentlichen Bewusstsein angekommen. Aber gab es diese Marskanäle wirklich? Im Nachhinein sind die fatalen Fehler, die bei der Beobachtung des Mars gemacht worden waren, leicht zu erkennen. Auf den kleineren Teleskopen waren die Kanäle zu sehen, auf größeren nicht – das deutete doch eigentlich schon darauf hin, dass hier etwas nicht stimmte. Und heute, wo Raumsonden die Oberfläche des Mars beinahe intensiver als die Erdoberfläche untersucht haben, wissen wir mit Bestimmtheit, dass es dort keine Kanäle gibt. Sie waren lediglich eine optische Täuschung, der die Astronomen erlagen, die ihre Augen, in einer Zeit lange vor der elektronischen und digitalen Revolution, noch mit altmodischen Teleskopen quälen mussten.

Dennoch: Der Mars gleicht der Erde in aufregender Weise. Obwohl er nur etwa halb so groß wie unser Planet ist, hat er Polkappen, Jahreszeiten und eine Tageslänge, die der auf der Erde fast genau entspricht. Seine Oberfläche ist von dunklen Stellen übersät, von denen einige Forscher noch bis in die 1950er-Jahre glaubten, es sei Vegetation.

Doch der Glaube an Leben auf dem Mars wurde im Sommer 1965 endgültig zerstört, als die *Mariner 4*-Sonde der NASA an dem

Planeten vorbeiflog. Sie schickte Bilder einer leeren Welt voller Krater, die eher dem Mond als der Erde ähnelte. Für eine ganze Generation von Wissenschaftlern, die mit der Ansicht aufgewachsen waren, der Mars sei der Erde vergleichbar, war das eine herbe Enttäuschung.

1971 folgte dann *Mariner 9*, das erste Raumfahrzeug, das in eine Umlaufbahn um den Roten Planeten eintreten sollte. Ein ganzes Jahr lang sollte *Mariner 9* den Mars detailliert fotografieren. Doch leider lief es nicht wie geplant, denn als die Sonde den Mars erreichte, wütete dort gerade ein Staubsturm über den ganzen Planeten, der die Oberfläche komplett verhüllte.

Ungeduldig warteten die Forscher darauf, dass sich der Staub verzog. Als es schließlich so weit war, konnten sie erstmals Formationen auf dem Roten Planeten ausmachen: Allem voran vier dunkle Flecken. Als sich der Staub komplett gelegt hatte, wurde auch klar, was diese Flecken sind: Es sind riesige Vulkankegel, deren Spitzen eingestürzt sind, ähnlich den Vulkanen auf Hawaii. Der größte von ihnen mit dem passenden Namen *Olympus Mons* ragt stattliche 26 Kilometer über die Oberfläche hinaus. Er ist damit dreimal so hoch wie der Mount Everest, außerdem ist er so breit, dass er ganz Spanien bedecken würde.

Erstaunlicherweise zeigt der kleine Planet Anzeichen für eine frühere vulkanische Aktivität, die viel massiver gewesen zu sein scheint als auf der Erde. *Mariner 9* entdeckte außerdem ein großes System von Schluchten – der Mission zu Ehren *Valles Marineris* genannt –, das so groß ist, dass die gesamten Alpen hineinpassen würden.

Die Bilder der Raumsonde stellten unsere Ansicht über den Roten Planeten erneut auf den Kopf: Von einer toten Welt hin zu einer, die eine außerordentlich aktive und wechselhafte Geschichte durchlaufen hat.

Bereits als *Mariner 9* den Mars umrundete, wurden Pläne für eine noch ambitioniertere Mission geschmiedet: Die beiden Sonden *Viking 1* und *Viking 2* sollten auf dem Mars landen und dort nach Anzeichen von Leben suchen. Im Sommer 1975 starteten die Sonden in Cape Canaveral in den USA. Beide bestanden jeweils aus einem *Orbiter*, der den Mars umrunden und beobachten sollte, und einem *Lander*, der sanft auf der Oberfläche landen sollte.

Für *Viking 1* war vorgesehen, dass er am 4. Juli 1976 – dem 200. Jahrestag der Unabhängigkeit der USA – in der Wüste *Chryse Planitia* landen sollte. Doch der Mars weigerte sich, bei diesem amerikanischen Traum mitzuspielen. Die Kameras des Orbiters zeigten, dass das vorgesehene Landegebiet, das nach Aufnahmen von *Mariner 9* ausgewählt worden war, überhaupt nicht eben und für eine Landung viel zu gefährlich war.

Mike Carr, Leiter des *Viking Orbiter*-Teams, erinnert sich noch lebhaft an den Moment, in dem die Kameras die Beschaffenheit des Bodens zum ersten Mal zeigten. »Es war wirklich furchtbar. Wir konnten all diese unglaublichen Details sehen. Ich dachte: Mein Gott, da können wir niemals landen, da sind viel zu viele Hindernisse im Weg.« Eilig machte sich das Team auf die Suche nach einem neuen Landeplatz. »Wir hatten eine ganze Armee von Mitarbeitern, die recherchierten und die geologischen Gegebenheiten untersuchten. Jeden Tag kamen neue Fotos rein und wir setzten uns zusammen, um die neuen Daten zu analysieren. Wir hängten große Drucke auf und ich musste sie interpretieren, musste die Geologie der Orte bestimmen. Ich hatte sie erst dreißig Sekunden zuvor zum ersten Mal gesehen und dann musste ich schon allen erklären, was hier zu sehen war. Für einige Wochen ging das so, bis wir uns endlich für ein neues Landegebiet entschieden haben.«

Die Forscher konnten sich nun also endlich auf die ersten Bilder des *Viking 1*-Landers freuen, der nun sicher auf der Oberfläche gelandet war, 740 Kilometer vom ursprünglich angedachten Punkt entfernt und 16 Tage verspätet. Aber würde die Technik mitspielen?

»Es war sehr spannend«, erinnert sich Carr. »Dann kamen die ersten Bilder rein und mit ihnen jede Menge Daten und die Anspannung war bei uns allen deutlich zu spüren.«

Der Lander zeigte eine staubige rosafarbene Welt unter einem lachsfarbenen Himmel, ein Resultat des Staubs, der in die dünne Marsatmosphäre gewirbelt worden war. Ansonsten aber war der Rote Planet gar nicht so rosig. Es war bitterkalt und es gab fast keine Atmosphäre. Feiner Marssand erstreckte sich kilometerweit, so fein wie Pulverschnee in der Antarktis (wo der Lander zuvor bereits einige Tests durchlaufen hatte). Steine und Felsbrocken in allen Größen und Formen lagen überall herum. Viele wirkten grob und vulkanischen Ursprungs, sie hatten kleine Löcher, aus denen früher Gas entwichen sein musste – ganz wie Bimsstein.

Viking 2 erreichte den Mars einige Monate nach ihrer Schwestersonde und der Lander landete auf einer leicht abfallenden Ebene namens *Utopia*. Beide Lander schickten sofort Wetterdaten, Analysen der Marsatmosphäre, Windmessungen und Tausende Fotos von der Oberfläche zu den unterschiedlichen Tageszeiten und Wetterverhältnissen.

Der *Viking 1*-Lander hielt am längsten durch, nämlich ganze sechs Jahre, und wurde, nachdem er sich endgültig abgeschaltet hatte, umbenannt in *Thomas A. Mutch Memorial Station*, nach einem brillanten jungen Teamleiter der *Viking*-Mission, der bei einer Klettertour im Himalaya sein Leben verloren hatte.

Neben den großartigen Fotos richtete sich das Hauptinteresse der Öffentlichkeit auf die Ergebnisse der Experimente, mit denen untersucht werden sollte, ob es auf dem Mars Leben gibt. Beide Lander hatten ein Miniatur-Labor von der Größe eines Papierkorbs an Bord, mit dem man per Fernsteuerung Experimente durchführen konnte. Niemals zuvor war eine solche fortschrittliche Technologie auf einen anderen Planeten geschickt worden. Die Lander nahmen Bodenproben, die dann in den Labors auf jedwede Anzeichen für chemische oder gar – das höchste aller Ziele – biologische Aktivitäten untersucht wurden.

Zwei der Experimente – eines untersuchte die Proben nach pflanzlichem Leben, das andere nach Gasen, die von lebenden Zellen ausgehen – waren negativ bzw. ohne Ergebnis. Die Forscher waren sich einig, dass jegliche Reaktionen chemischer Art waren, nicht biologischer. Doch das dritte Experiment lieferte ein bemerkenswertes Resultat, das alle aufhorchen ließ. Gil Levin, der dieses sogenannte *Labeled Release Experiment* entwickelt hatte, erklärte: »Die Standardmethode, um Mikroorganismen zu kultivieren, besteht darin, sie in eine Nährlösung zu geben und dann einige Tage zu warten, bis sie anfangen, sich zu vervielfältigen, sodass man sie sehen kann. In unserem Fall haben wir dann nur noch Radioisotope zur Nährlösung hinzugegeben.«

Wären im Marsboden also Mikroben gewesen, hätten sie nach der Aufnahme der Nährlösung radioaktives Gas abgesondert. »Dieses radioaktive Gas hätten unsere Instrumente dann sehr schnell messen können, viel schneller jedenfalls, als abzuwarten, bis sich vielleicht sichtbare Gasblasen in der Flüssigkeit bilden«, sagte Levin. »Der Prozess wurde also von etwa zwei Tagen Wartezeit auf 15 oder 30 Minuten verkürzt.«

Mike Carr erinnert sich noch lebhaft an das Gefühl im Kontrollraum, als Levins Experiment größere Mengen von radioaktivem Gas aufzuweisen begann. »Erst dachten wir: Mein Gott, mein Gott – das könnte wirklich Leben sein! Aber dann flaute die Freude leider wieder ab.«

Die Aufregung schwand schnell wieder, weil die NASA ein viertes Experiment auf dem Lander eingerichtet hat, das eigentlich gar nicht für die Suche nach Leben bestimmt gewesen war, sondern die chemische Zusammensetzung des Bodens untersuchen sollte. Dieses Instrument namens *GCMS* (Gaschromatograph – Massenspektrometer) fand im Boden keinerlei Spuren von Kohlenstoff. Alles Leben besteht aber aus Kohlenstoffatomen. Wenn es also Mikroorganismen im Marsboden gegeben hätte, hätte das GCMS zumindest den Kohlenstoff aufspüren müssen. Nach Betrachtung aller Versuche war daher die offizielle Aussage der NASA, dass das *Labeled Release Experiment* nicht auf biologische Spuren gestoßen ist, sondern nur auf ungewöhnliche chemische Vorgänge. Dabei wurde allerdings bequemerweise übersehen, dass die Sensoren des *GCMS* so grob waren, dass sie selbst 100 Millionen Mikroben in einem Teelöffel Marsboden nicht entdeckt hätten.

Levin weigerte sich daher, diese Sache ruhen zu lassen – und wir wollten mehr darüber erfahren. Wir haben ihn in der Nähe von Washington besucht und zunächst war er verständlicherweise etwas reserviert. Aber als er merkte, dass wir selbst Astrophysiker waren, fing er an, uns zu vertrauen. Er nahm einige Unterlagen aus einem Schrank und legte uns einen Computerausdruck auf den Tisch. »Hier sind die Daten. Wie man sehen kann, gab es für die ersten zwei Tage starke Anzeichen auf biologische Aktivitäten, und diese Anzeichen blieben für die gesamte Laufzeit von acht Tagen vorhanden.«

Auch für uns sahen die Daten vom Mars nicht nach einer chemischen Reaktion aus. Chemische Aktivitäten haben normalerweise einen kurzen Ausschlag und verschwinden dann fast vollständig. Aber die Kurve vom Mars beschrieb einen sehr langen Bogen. Levin zeigte uns Vergleichskurven von einem identischen Test, der auf der Erde gemacht worden war: »Hier sind die Kontrollversuche, die lebende Mikroorganismen im Erdboden zeigen.« Es fiel uns in der Tat schwer, einen Unterschied zwischen den beiden zu erkennen.

Levin machte einen letzten verzweifelten Versuch, die NASA davon zu überzeugen, dass er hier etwas auf der Spur war. Er erhitzte Proben des Marsbodens auf bestimmte, eng beieinander liegende Temperaturen, darunter auch die Temperaturbereiche, bei denen Bakterien auf der Erde absterben.

»Wir konnten nachweisen, dass es ab einer Temperatur von 51 °C keine Signale mehr gab. Aber darüber hinaus gelang uns auch der Beweis, dass sie bei 46 °C noch nicht aufhörten, sondern lediglich um dreißig Prozent schwächer wurden. Und genau nach dieser Methode weisen wir hier auf der Erde im Labor das Kolibakterium *Escherichia coli* nach, denn diese Bakterien können

Temperaturen von über 37 °C überleben, während die anderen coliformen Bakterien das nicht können.«

Leider war alles vergebens. Die NASA hatte sich geschlossen von Levin abgewandt. »Es war eine politische Entscheidung«, sagt er. »Sie mussten sich irgendwann festlegen und sie hassen es, eine Aussage zu widerrufen. Wenn man mit den Leuten von der NASA spricht und sie fragt, was sie vom *Labeled Release Experiment* halten, sagen sie: ›Ach, das ist Müll. Levin sagt da immer wieder dasselbe. ‹«

Und doch hat die NASA den Mars noch nicht komplett aufgegeben. Auch wenn sie nicht zugibt, dort nach Leben zu suchen, so folgt sie, nach ihren eigenen Worten, immerhin *der Spur des Wassers*.

Wasser ist der Schlüssel für Leben. Unser Körper besteht zu sechzig Prozent daraus; ohne Wasser würden die chemischen Reaktionen, die das Leben antreiben, aufhören. 2003 hat die NASA daher zwei kleine Fahrzeuge zum Roten Planeten geschickt, die auf die Suche nach früheren Wasservorkommen auf dem Mars spezialisiert waren. Die beiden, *Spirit* und *Opportunity*, sollten jeweils nur für drei Monate aktiv sein. *Spirit* arbeitete dann allerdings sechs Jahre, bevor er im Sand stecken blieb. Und *Opportunity* fährt immer noch! Und vom ersten Tag an konnten beide Fahrzeuge den Nachweis erbringen, dass der Mars aktiv ist.

Spirit landete im Gusev-Krater, wo er spektakuläre Aufnahmen von *Staubteufeln* (kleinen Wirbelstürmen im Sand) machte. Von größerer Bedeutung für die Wissenschaft war allerdings, dass die Sonde durch eine Bohrung nachweisen konnte, dass der Krater das Ergebnis einer vulkanischen Explosion war, bei der sich Magma und Wasser vermischt hatten.

Der Leiter der Mission, Steve Squyres, war von den Funden ziemlich begeistert. Er beschrieb die Abenteuer, die *Spirit* bei seiner Fahrt erlebt hat: »In den Columbia Hills, wie wir die nahe liegenden Hügel genannt haben, haben wir eindeutige Beweise dafür gefunden, dass der Mars früher ein heißer, nasser, stürmischer Ort war, mit Vulkanausbrüchen, hydrothermaler Aktivität und dampfenden Fumarolen – also ganz anders als heute. Die wichtigsten Zutaten für Leben waren damals vorhanden: flüssiges Wasser und Energie.«

Opportunity landete auf der anderen Seite des Planeten – und fand sofort Anzeichen für Wasser, das in der Vergangenheit hier einmal geflossen sein musste. Der Roboter entdeckte *blueberries* genannte kleine Kügelchen, die aus dem grauen Mineral Hämatit bestehen, das man auf der Erde vor allem als Schmuck kennt. Auf dem Mars war diese Entdeckung deswegen so wichtig, weil diese sogenannten *Konkretionen* entstehen, wenn in Wasser gelöste Mineralien sich im Sedimentgestein ablagern. Doch das war erst der Anfang der großen Reise, die dem Marsroboter noch bevorstand …

»Als *Opportunity* am Randes des Endeavour-Kraters ankam«, sagt Squyres, »begann für uns eine komplett neue Mission. Wir fanden Gips-Adern und eine hohe Konzentration an lehmhaltigen Mineralien. Dies verriet uns, dass das flüssige Wasser neutral und nicht säurehaltig gewesen sein muss – auch dies wäre für Leben auf dem Mars, falls es denn je welches gegeben hat, sehr förderlich gewesen.«

Mittlerweile hat *Opportunity* Gesellschaft durch den *Curiosity Rover* bekommen. Der Roboter, der etwa die Größe eines Autos hat, landete 2012 im Gale-Krater und hat sich auf die Suche nach Spuren früheren Lebens auf dem Roten Planeten gemacht. Und er bereitet zugleich auch den Weg für eine erste bemannte Mission zum Mars, von der US-Präsident Barack Obama sagte, wir würden sie durchaus bald erleben können. In einer Rede im April 2010 sagte er eine solche Reise schon für die nächsten Jahrzehnte voraus: »Bis zur Mitte der 2030er-Jahre, davon bin ich überzeugt, können wir Menschen in eine Umlaufbahn um den Mars schicken und sie auch sicher wieder zurück zur Erde holen. Eine

Landung auf dem Mars kommt dann danach. Und ich rechne damit, das noch zu erleben.«

Doch wird eine bemannte Marsmission keine leichte Sache sein. Eine Reise durch den interplanetaren Raum ist nicht das Gleiche wie ein kurzer dreitägiger Trip zum Mond, wie ihn die Apollo-Astronauten gemacht haben. Bei einer solchen Mission bestünde eine große Anzahl verschiedener Risiken. Zunächst einmal dauert die Reise zum Mars mindestens sieben Monate. Dann müssten die Astronauten 18 Monate auf der Oberfläche des Roten Planeten verbringen, bevor sich die Umlaufbahnen von Erde und Mars einander wieder ausreichend angenähert haben; abschließend dann noch die lange Heimreise.

Die Risiken dieses Fluges sind so gut wie unkalkulierbar. Nie zuvor hat der Mensch etwas vergleichbar Ambitioniertes versucht. Die Hauptgefahr kommt von der Strahlung: Unser freundlicher Stern, die Sonne, kann zuweilen ein echtes Biest sein – in ihrem elfjährigen Aktivitätskreislauf gibt es immer wieder Phasen, in denen sie starke Strahlung ins All schleudert. Aber auch weit entfernte Sterne werden für die Reisenden der Zukunft von Bedeutung sein. Explodierende Sterne – Supernovae – schießen gefährliche Strahlen ins All, die den Astronauten durchaus Schwierigkeiten bereiten können, Verletzungen oder gar Tod können die Folge sein.

Aber die Hauptprobleme werden psychologischer Natur sein. Jack Stuster, Forscher bei *Anacapa Sciences Incorporated* in Santa Barbara in Kalifornien, untersucht die Folgen von Langzeitflügen im All. Dazu hat er das Verhalten von Menschen in verschiedenen Berufsgruppen erforscht – von Mitarbeitern eines Kernkraftwerks über Teams der US Navy bis hin zu Astronauten der NASA.

Stuster vergleicht eine Marsmission mit einem albtraumartigen Urlaub. »Stell dir vor, du reist drei Jahre lang mit fünf anderen Menschen in einem Wohnmobil durch England und darfst nie aussteigen!« Da es bisher kaum Daten für eine solche Reise gibt, zieht Stuster Vergleiche mit langen Seereisen heran. »Eine der Auswirkungen der Isolation und des Eingeschlossenseins ist es, dass ganz banale Dinge über alle Maßen übertrieben werden. Die Menschen explodieren förmlich beim kleinsten Konflikt, und schon eine Stunde später kann es sich keiner mehr erklären.«

Trotz all dieser Bedenken scheint die Idee einer bemannten Marsmission aber weiterhin sehr lebendig zu sein. Dabei sind die Amerikaner, die bisher bei der Erforschung des Roten Planeten die größten Schritte getan haben, immer noch führend. Doch sind sie nicht die Einzigen – Russland, Europa und China peilen ebenfalls eigene Missionen im gleichen Zeitraum wie die NASA an.

Dazu kommen seit einiger Zeit nun auch private Raumfahrtinitiativen, die die offiziellen Bemühungen noch überholen wollen. Die meiste Aufmerksamkeit erfuhr zuletzt das Projekt *Mars One*, das im wahrsten Sinne des Wortes One-way-Tickets zum Roten Planeten verspricht. Es wird von einer niederländischen Firma betrieben, die nach Freiwilligen sucht, die körperlich fit und psychisch stabil sind, gut im Team arbeiten können und älter als 18 Jahre sind (nach oben gibt es keine Altersgrenze). Für sie gäbe es kein Zurück – denn auf dem Mars gibt es kein Raumfahrzeug, das sie wieder zur Erde bringen könnte.

Das *Mars One*-Team glaubt, dass schon im Jahr 2027 die ersten Menschen auf dem Roten Planeten leben können. Das hört sich nach einem straffen Zeitplan an: Die Technologie dafür ist bis jetzt nicht getestet und auch die Finanzierung ist noch nicht geklärt. Aber das Konzept, zunächst Raketen und Fahrzeuge zum Mars zu schicken, die einen Lebensraum bauen, bevor die Menschen dann nachkommen, ist mit den derzeitigen technischen Möglichkeiten durchaus umsetzbar. Nach und nach würde auf dem Roten Planeten eine Kolonie entstehen, alle zwei Jahre (wenn Erde und Mars sich am nächsten sind) würden vier weitere Bewohner dazukommen. Aber ehrlich gesagt wirkt das Ganze auch ein bisschen wie ein besserer Campingplatz im Weltraum.

Was würden die vorgeblichen Siedler dort tun? Wie würden sie den Planeten erforschen? Was würden sie den ganzen Tag über in so einer fremden, lebensfeindlichen Umgebung machen?

Viele Abenteurer haben diese Bedenken jedoch nicht abgehalten: Angeblich haben sich mehr als 200.000 Menschen aus der ganzen Welt beworben, aus denen in der ersten Runde 705 Kandidaten ausgewählt wurden.

Der Traum einer Kolonie auf dem Mars lebt also.[1] So abwegig die Mission *Mars One* auch sein mag, so zeigt sie doch, dass der Mensch sein Augenmerk noch immer fest auf den Roten Planeten gerichtet hat. Selbst Jack Stuster, der mehr über die psychologischen und sozialen Probleme einer Marsreise weiß als jeder andere, würde unseren Nachbarplaneten gerne einmal besuchen: »Ich wäre sofort dabei – wenn ich meine Familie mitnehmen könnte«, sagt er.

Um also auf die Ausgangsfrage zurückzukommen: Gibt es Leben auf dem Mars? Ja, bald. Und: Es wird menschliches Leben sein.

1 Anmerkung des Übersetzers: Neben *Mars One* hat in jüngster Zeit vor allem das Projekt *SpaceX* des amerikanischen Unternehmers Elon Musk international für Aufsehen gesorgt. Auch er plant, innerhalb der nächsten Jahrzehnte Menschen auf den Mars zu bringen. Die erste Sonde *Red Dragon* soll bereits 2018 starten.

KAPITEL 17

NEUE WELTEN

Für viele Menschen ist der morgendliche Gesang unter der Dusche schon das Maximum an Kreativität. Doch dem amerikanischen Astronomen Geoff Marcy kam dabei ein Einfall, der nicht nur sein Leben verändern sollte, sondern auch die gesamte Weltraumforschung.

In den 1980er-Jahren beschäftigte sich Marcy mit den Magnetfeldern von Sternen; nicht gerade das spannendste Forschungsfeld. »Meine Aufgabe erschien mir schon selbst nicht besonders aufregend«, sagte er im Nachhinein, »wie hätten meine Kollegen oder sonst jemand sie dann spannend finden sollen?« Aber dann kam ihm die zündende Idee. »Ich erinnere mich, wie ich, damals noch als Post-Doc in Pasadena, eines Tages in meiner Wohnung unter der Dusche stand. Ich dachte mir, ich müsste endlich ein Forschungsprojekt für mich finden, das sich den Fragen widmet, die ich mir schon als Kind gestellt habe. Und die erste Frage, die mir da in den Sinn kam, war: Werden die Sterne, die wir des Nachts beobachten, auch von Planeten umkreist?«

Dieser Gedanke beschäftigte die Gelehrten seit Jahrhunderten. 1584 behauptete der aufrührerische Mönch Giordano Bruno, der später auf dem Scheiterhaufen verbrannt wurde, dass es »zahllose Sonnen gibt und zahllose Erden, die diese Sonnen umkreisten, genau wie die Planeten in unserem Sonnensystem«. Dabei hatte Bruno auch gleich die richtige Erklärung parat, warum es immer schwer sein würde, diese Planeten zu finden: »Wir sehen lediglich die Sonnen, da diese die größten Körper sind und leuchten, während ihre Planeten für uns unsichtbar bleiben, weil sie kleiner sind und nicht selbst leuchten.«

Im Unterschied zu Bruno stehen Marcy heute allerdings leistungsfähige Teleskope und Spektroskope zur Verfügung, um den Himmel zu untersuchen. Und statt nach den Planeten direkt zu suchen, prüft er mit seinem Team stattdessen Sterne, um herauszufinden, ob sie auf uns zu und von uns weg schwanken, während sie von einem oder mehreren Planeten umkreist werden – diese Methode nennt sich *Radialgeschwindigkeitsmethode*.

»Man kann es mit einem Hundebesitzer vergleichen, der einen kleinen Pudel an der Leine hat«, erklärt Marcy – wobei die Leine zwischen dem großen Stern und dem winzigen Planeten die Schwerkraft ist. »Selbst wenn man den Pudel nicht sehen kann, kann man doch beobachten, wie sein Besitzer von ihm herumgezogen wird.«

Marcys Team musste die Technik bis an ihre Grenzen ausreizen, um diese winzigen Schwankungen der Sterne überhaupt messen zu können. Doch zu Beginn gab es noch ganz andere Hindernisse. »Wenn man in den frühen 1980ern erzählte, dass man nach extrasolaren Planeten suchte, wurde man angesehen, als ob man mit einer Satellitenschüssel nach kleinen grünen Männchen Ausschau halten würde. Man wurde einfach ausgelacht.«

Doch Marcy machte sich unbeirrt an sein Vorhaben, die ersten Planeten zu entdecken, die andere Sterne umkreisen. Es dauerte acht Jahre, bis er sein Instrument, ein Teleskop im *Lick Observatory* auf den Hügeln über dem Silicon Valley, fertiggestellt hatte. Und er erwartete nicht, damit bei seiner Suche über Nacht Erfolg zu haben.

Zum besseren Verständnis sollten wir uns vielleicht einmal vorstellen, Außerirdische in den Tiefen des Alls wollten herausfinden, wie sich unsere Sonne durch den Schwerkrafteinfluss der Planeten bewegt. Dafür bräuchten sie allerdings sehr viel Geduld. Kleinere Planeten wie unsere Erde haben nur einen sehr geringen Einfluss auf die große Masse der Sonne. Der einzige *Pudel*, der die Position der Sonne merklich beeinflussen könnte, wäre Jupiter. Und der braucht ganze zwölf Jahre, um die Sonne einmal zu umrunden.

Marcy stellte sich also darauf ein, die von ihm ausgewählten Sterne erst einmal über Jahre zu beobachten und die Daten zu sammeln, in der Hoffnung, irgendwann in der Lage zu sein, bei einem dieser Sterne diesen doch sehr langsamen Walzer überhaupt feststellen zu können. Leider hatte er das Pech, dass in der Zwischenzeit noch ein weiteres Team auftrat, das die gleiche Mission verfolgte.

»Anfang 1990«, sagt Didier Queloz, »fing ich mit meiner Doktorarbeit an.« Er arbeitete als Doktorand mit dem etablierten Astronomen Michel Mayor vom Observatorium in Genf zusammen. Auch sie brauchten eine ganze Weile, um ihre Geräte am *Observatoire de Haute-Provence* in Frankreich einzurichten. Wie auch Marcys Team verfolgten sie die Bewegungen von Sternen und hielten nach kleinen regelmäßigen Veränderungen in der Geschwindigkeit Ausschau, die dem Einfluss von einem oder mehreren Planeten geschuldet sein könnten. Auch Mayor erwartete keine umgehenden Resultate. Also nahm er sich für sechs Monate eine Auszeit, flog nach Hawaii und überließ seinem Studenten Queloz die Verantwortung über das Projekt.

Da dieser damals Single war und nicht viel anderes zu tun hatte, verbrachte er die meisten Nächte hinter dem Teleskop und sah nach, wie die Messungen verliefen. Überraschenderweise brachte ihn das international in die Schlagzeilen. Denn eines der überprüften Ziele war ein lichtschwacher Stern im Sternbild Pegasus (das seinen Namen deswegen trug, weil die Griechen in ihm ein fliegendes Pferd sahen). Der Stern selbst hatte bislang keinen Namen, er war in den Datenbanken lediglich als *51 Pegasi* verzeichnet; erst seit 2015 heißt er *Helvetios.*

»Jedes Mal, wenn ich mir diesen Stern ansah«, erzählt Queloz, »erhielt ich eine andere Geschwindigkeitsmessung von ihm. Es war sehr, sehr auffällig.«

Queloz fand heraus, dass der Stern offenbar alle vier Tage vor- und zurückschwang. Wenn dies auf einen Planeten zurückzuführen sein sollte, wäre es eine ziemlich verrückte Konstellation. Selbst Merkur, der unserer Sonne am nächsten ist, braucht noch immer fast drei Monate für eine Umrundung.

»Wenn ich etwas älter gewesen wäre und mehr Erfahrung gehabt hätte, hätte ich sofort gesagt: Nein, das kann kein Planet sein«, gibt Queloz zu. Doch so voller Unwissen und jugendlicher Ungeduld, wie er war, blieb er dran. Er fand heraus, dass der Planet nicht nur wesentlich näher an seinem Stern dran war als Merkur an unserer Sonne, sondern auch, dass es sich dabei um einen ziemlichen Brocken handeln musste, immerhin halb so schwer wie unser Gasriese Jupiter. Dieser vermeintliche neue Planet brach alle Regeln. »Am Ende jeder Nacht dachte ich bei mir: Okay, vielleicht mache ich hier einen großen Fehler, ich muss dringend ins Bett. Ich war sehr unsicher damals.«

Als Mayor zurückkam, überprüften sie die Ergebnisse wieder und wieder – und gingen dann irgendwann in einer Pressekonferenz an die Öffentlichkeit.

»Ich bin mir ziemlich sicher, dass uns bei der Konferenz die meisten Leute im Raum nicht glaubten«, sagt Queloz. »Aber einige dachten vielleicht: Interessant, aber warten wir mal ab, ob jemand anderes diesen Fund bestätigen kann.«

Die Bestätigung ließ nicht lange auf sich warten. Marcys Team in Kalifornien war sofort dran. »Wir waren von dieser Nachricht so geschockt, dass wir sie zunächst auf keinen Fall glauben wollten«, gibt er zu. So bald wie möglich nahmen sie sich *51 Pegasi* für vier aufeinanderfolgende Nächte vor.

Marcys Kollege Paul Butler sagt: »Als die letzten Daten hereinkamen, waren sie genau wie vorhergesagt. Uns lief beiden ein Schauer den Rücken runter …« Die Astronomen nannten den Planeten zunächst *Bellerophon*, nach dem griechischen Helden, der das fliegende Pferd Pegasus zähmte.[1] Er war der allererste Beweis für eine ganz neue Art von Objekten im All: Ein sogenannter

Hot Jupiter, also ein Riesenplanet, der nahe über der brodelnden Oberfläche seiner Sonne kreist.

Marcy und Butler schauten daraufhin ihre Messungen der letzten Jahre nochmal durch und fanden sofort noch zwei weitere solcher massereicher Planeten.

»Wir hatten zehn Jahre am Stück daran gearbeitet, sieben Tage die Woche«, sagt Marcy, »und dann schauten wir schließlich nochmal genau auf unsere Daten – und da war sie, die Schwankung des Sterns. Das war mit Abstand der bewegendste Moment in meinem ganzen Leben.«

Sein Traum, den er unter der Dusche gehabt hatte, war tatsächlich wahr geworden. Danach kam eine regelrechte Flut. »Es war wie im Goldrausch. Nun, da wir wussten, wo wir nach Planeten zu suchen hatten und dass einige von ihnen sehr nahe an ihren Sternen sein könnten, fanden wir Dutzende von ihnen.«

Im Laufe der letzten zwanzig Jahre haben die Astronomen Hunderte solcher *Hot Jupiters* gefunden, einige davon lassen selbst noch *51 Pegasi* blass aussehen. Der Planet *HD 189733b* im Sternbild Vulpecula (Füchschen) etwa ist wirklich ein höllenhafter Ort. Obwohl er den Planeten Jupiter und Saturn verwandt ist, die ja eher cremefarben sind, ist er von tiefblauer Farbe, wie ein riesiger gasförmiger Saphir. Dieses Blau resultiert aus winzigen Tropfen aus geschmolzenem Glas in den Wolken, die sich in der oberen Schicht der Atmosphäre bilden, weil der Planet von seiner benachbarten Sonne quasi geröstet wird. Am Mittag sind die Temperaturen dort mit 1.100 °C einem weiß glühenden Hochofen vergleichbar. Diese extrem heiße Luft strömt zur Nachtseite

1 Anmerkung des Übersetzers: Im Dezember 2015 erhielt der Planet dann offiziell einen anderen Namen: *Dimidium*, was auf Latein *Die Hälfte* bedeutet, womit die Masse des Planeten im Vergleich zum Jupiter gemeint ist. Nebenbei bemerkt: Der Name *Dimidium* vereint zugleich auf schöne Art die beiden Vornamen seiner Entdecker, Didier und Michel.

des Planeten, und zwar in Stürmen, die Geschwindigkeiten von 10.000 Stundenkilometern erreichen – das ist hundert Mal schneller als ein Hurrikan auf der Erde. Die Luft erreicht dabei Überschallgeschwindigkeit. Durch die intensive Hitze seines Sterns verdampft der Planet ins All: Wenn wir näher wären, könnten wir eine Gaswolke sehen, die vom Planeten ausgeht und ihm wie der Schweif eines Kometen folgt. Jede Sekunde verliert *HD 189733b* Atmosphäre im Gewicht von 1 Million Tonnen!

Ein ähnlich seltsamer Ort ist Planet *TrES-2b*. Er umkreist einen Stern im Sternbild Drache und ist der schwärzeste Planet, den wir kennen. Er ist sogar dunkler als alles andere im ganzen Universum, mit Ausnahme der Schwarzen Löcher. Die Forscher konnten ihn nur entdecken, weil sie messen konnten, wie sich seine Silhouette vor dem Hintergrund seiner Sonne vorbeischiebt. Auch dieser Planet hat eine superheiße Atmosphäre, die vermutlich angefüllt ist mit Natrium oder Kalium, deren Atome das Licht absorbieren.

Unter den ersten Planeten, die man entdeckt hat, waren auch solche, deren Orbit nicht rund ist. »Wir haben einen Planeten um den Stern *70 Virginis* gefunden«, sagt Marcy, »der wirklich eine seltsame Bahn beschreibt.« Der Punkt seiner weitesten Entfernung von der Sonne ist mehr als doppelt so weit weg wie der Punkt seiner größten Sonnennähe. Das ist so, als ob die Erde zwischen den Bahnen der Venus und des Mars hin- und herschwingen würde. »Seine Flugbahn ist so lang gestreckt, dass viele sich lange gar nicht sicher waren, ob das überhaupt ein Planet sein konnte.«

Diese ersten Entdeckungen zeigten bereits, dass andere Sonnensysteme bei Weitem nicht so freundlich und aufgeräumt sein müssen wie unseres, bei dem alle Planeten kreisförmige Umlaufbahnen haben und die Gasriesen schön weit außen angeordnet sind. Einige Wissenschaftler sind sogar der Ansicht, dass wir eigentlich der Sonderfall sind. Planeten entstehen aus einer kreisförmigen Scheibe aus Gas, Staub und Eis, die einen neugeborenen Stern umgibt. In unserem Sonnensystem sind die Planeten weitgehend an den Positionen geblieben, an denen sie entstanden sind. Aber vielleicht ist das nicht die Regel.

Nicht weit von Geoff Marcy entfernt, an der University of California in Santa Cruz, war Doug Lin von den neuen Entdeckungen sehr aufgewühlt. Seit Jahren geht er der Frage nach, wie die Planeten des Sonnensystems eigentlich genau entstanden sind.

»Ich erinnerte mich an einige meiner Ergebnisse aus den 1980ern zur Entstehung von Riesenplaneten wie dem Jupiter«, so Lin. Damals hatte er herausgefunden, dass eine Scheibe aus Gas, Staub und Eis einen Planeten wie Jupiter eigentlich anziehen müsste, sodass dieser tendenziell immer weiter nach innen in Richtung des Sternes kreisen müsste. »Die Entdeckung dieser *Hot Jupiters* war daher eine große Freude für mich.«

Für andere Planeten im gleichen System ist ein *Hot Jupiter* dagegen keine gute Nachricht, denn er ist ein echter Killer. Obwohl er in den kühleren äußeren Regionen entstanden ist, in dem es große Mengen an Gas gibt, rollt er langsam nach innen. Wie ein Bulldozer schiebt er dabei kleinere Planeten – wie etwa unsere Erde – vor sich her, bis sie schließlich vom Stern verbrannt werden.

Und was hat es mit den seltsamen Umlaufbahnen einiger Planeten auf sich?

»Planeten bilden sich in der Regel nicht allein, sondern gleich als ganze Familie«, erklärt Lin. »Und wie bei einer Familie stören sich die Geschwister untereinander. Manchmal wird diese Interaktion so stark, dass sie die Familie quasi auseinanderbrechen kann.« Bei den Planeten ist es da ganz ähnlich. Je größer die jungen Planeten werden, desto größer wird ihre Schwerkraft – und es kann dabei passieren, dass sie einen wilden Tanz aufführen, der zu ungewöhnlichen Umlaufbahnen führt. »Manchmal können die Auswirkungen so zerstörerisch sein, dass Planeten komplett aus dem Sonnensystem herausgeschleudert werden.«

Und tatsächlich haben Astronomen in jüngster Zeit solche verwaisten Planeten entdeckt, die völlig einsam durch den leeren Weltraum wandern. Etwa 80 Lichtjahre von uns entfernt, im Sternbild Steinbock, gibt es zum Beispiel ein solches Waisenkind, den Planeten *PSO J318*. Er hat keine Sonne; ohne deren wärmende Strahlen bleibt seine Oberfläche immer düster und er ist zu einem frostigen Leben im eisigen All verdammt. Manche Forscher glauben, dass es in unserer Galaxie mehr solcher verwaister Planeten geben könnte als Sterne.

Geoff Marcy und die Forschungsgruppen, die nach ihm kamen, hatten sich auf die Suche nach Planetensystemen gemacht, die an unseres erinnern und vielleicht sogar einen kleinen Planeten wie die Erde beheimateten, der ein echtes Ziel für alle zukünftigen Raumfahrer sein könnte. Stattdessen fanden sie solche Planeten aus der Hölle. Was lief da falsch?

»Vielleicht finden wir zunächst wirklich eher die seltsameren«, sagte Doug Lin, einige Jahre nachdem die ersten Planeten entdeckt worden waren. »Mit unserer derzeitigen Technologie entdecken wir am ehesten die Systeme, die leicht zu finden sind, nämlich mit Planeten, die recht massereich sind. Wenn wir unsere Technik weiter verfeinern, werden wir auch kleinere Planeten entdecken können. Solche Systeme wären dann sehr stabil und gleichen eher dem unseren.« Vielleicht ist es ein bisschen wie bei einer Party voller fremder Menschen. Zuerst fallen einem da die Lauten und Verrückten auf. Nach einer Weile bemerkt man jedoch, dass die meisten Leute dort eigentlich recht normal sind.

Es stellte sich heraus, dass Lin recht behalten sollte. Doch um kleinere, normale Planeten zu entdecken, brauchten die Astronomen erst eine neue Technologie. Und hier kommt Dave Charbonneau ins Spiel.

Wie schon Didier Queloz einige Jahre zuvor war auch Dave Charbonneau ein junger Doktorand, der nach einem Studienprojekt suchte. Mit seinem Mentor Bob Noyes entwickelte er einen Plan.

»Damals waren bereits Dutzende Planeten mit der Radialgeschwindigkeitsmethode entdeckt worden«, erzählt Charbonneau. »Und wir wollten etwas entwickeln, was uns noch andere Hinweise auf diese Planeten gibt. Wenn ein Planet vor seinem Stern vorbeizieht, kann man für vielleicht drei oder vier Stunden eine geringe Abschwächung des Sternenlichts feststellen.«

Astronomen nennen dies einen *Transit*. Vor etwa zehn Jahren konnte man sehen, wie die Venus einen Transit vor der Sonne machte, oder im Mai 2016 der Merkur – beide waren als winzige schwarze Flecken vor der hellen Sonnenscheibe zu erkennen. Bei weit entfernten Sternen kann man die Silhouette des Planeten nicht direkt erkennen, aber man kann messen, wie sehr sie das Licht des Sterns abschwächt.

»Aus dieser Abdunklung«, so Charbonneau weiter, »kann man die Größe und Masse des Planeten errechnen; und aus diesen beiden Werten wiederum kann man sagen, welche Dichte der Planet hat – letztlich also, woraus er besteht.«

Von Michel Mayor aus Genf wusste Charbonneau, dass ein Stern im Sternbild Pegasus – nicht weit von dem ersten entdeckten Planeten *Dimidium* – einen Planeten hatte, der ihn sehr dicht umkreiste. Dieser Stern war recht hell, daher benötigte Charbonneau kein besonders großes Teleskop. Tatsächlich reichte ihm zur Überprüfung der Helligkeit des Sterns ein Teleskop mit einem Durchmesser von zehn Zentimetern – also nur dreimal größer als das Instrument, das Galilei benutzte!

»Als ich die ersten Anzeichen einer Abdunklung sah«, freut sich Charbonneau, »war das wirklich, wirklich aufregend. Meine erste Reaktion war: Das ist zu schön, um wahr zu sein.« Also überprüfte er die Daten einer weiteren Nacht. »In diesen Daten sah ich den Transit dann erneut. Daraufhin musste ich mich erst mal hinsetzen.« Nun war es an der Zeit, die Größe des Planeten zu berechnen. »Obwohl seine Masse der des Jupiters entsprach, war der Planet deutlich größer. Er war von der Nähe zu seinem Stern und der damit verbundenen Hitze ganz aufgeblasen.« Es gab nun also eine großartige neue Methode, um Planeten zu entdecken. Wenn man eine große Anzahl von Sternen zugleich beobachten könnte, könnte man schnell herausfinden, welche von ihnen uns zublinzelten. Und es gibt noch einen weiteren Vorteil: Es ist viel einfacher, die Helligkeit eines Sterns zu messen als seine kleinen Bewegungen, die die Schwerkraft seiner Planeten verursacht; daher wäre es mit der neuen Methode wahrscheinlicher, auch kleinere Planeten zu finden.

Das Funkeln der Sterne, das wir alle schon beobachtet haben, mag sehr romantisch sein, aber dieser Methode steht es allerdings etwas im Weg – die geringe Abdunklung eines Sterns, die einen vorbeiziehenden Planeten verrät, ist wegen des Funkelns nämlich nur schwer auszumachen. Dafür gibt es allerdings eine Lösung. Das Funkeln entsteht ja bekanntlich dadurch, dass das Licht der Sterne die unruhige Erdatmosphäre durchdringt. Wenn man die Sterne also vom All aus beobachten würde, würden sie nicht mehr funkeln.

Genau aus diesem Grund startete im März 2009 auch eine Rakete in Cape Canaveral in Florida, die an Bord eine Sonde namens *Kepler* hatte. Ihre Aufgabe war es, Tausende von Planeten um andere Sonnen ausfindig zu machen. Kepler besitzt ein recht kleines Teleskop, es ist noch nicht einmal halb so groß wie das seines großen Bruders, dem Hubble-Weltraumteleskop. Aber Kepler war auch nicht dazu gedacht, schöne Fotos zu schießen. Stattdessen sollte es unablässig einen Ausschnitt des Himmels im Sternbild Schwan beobachten und dabei aufs Genaueste die Helligkeit von über 100.000 verschiedenen Sternen messen.

»Zweifellos hat Kepler die Suche nach Exoplaneten revolutioniert«, sagt Elisa Quintana, die das Projekt von Anfang an begleitet hat. »Ich fand die Vorstellung, dass es da draußen noch andere Welten geben könnte, schon immer faszinierend. Auf das Thema Weltraumforschung bin ich aber vor allem deswegen gekommen, weil meine Physikdozentin Dr. Sally Ride war, die erste amerikanische Frau im All.«

Innerhalb von vier Jahren – bevor ein Teil seines Steuerungssystems ausfiel – hat Kepler 995 Planeten um andere Sonnen entdeckt; und die Forscher, darunter auch Elisa Quintana, sind noch vielen weiteren Kandidaten auf der Spur. Die sensiblen Messgeräte von Kepler konnten viele Planeten ausfindig machen, die wesentlich kleiner sind als Jupiter, manche davon sind sogar die kleinsten bekannten Objekte außerhalb des Sonnensystems überhaupt.

»Kepler hat uns vor allem gezeigt, dass extrasolare Systeme völlig unterschiedlich sein können«, sagt Quintana, »und die Bandbreite ist wirklich erstaunlich. Eigentlich gibt es wirklich überhaupt kein *normales* Modell.«

Kepler hat besonders viele Planeten entdeckt, die ganz anders sind als die in unserem Sonnensystem. Hier bei uns gibt es Gesteinsplaneten bis maximal zur Größe der Erde; und es gibt Gasriesen, die mindestens so groß sind wie Neptun, der vier Mal größer ist als die Erde. Dazwischen gibt es nichts. Doch in den Tiefen des Alls sieht das ganz anders aus.

»Durch Kepler haben wir herausgefunden, dass es reichlich Super-Erden und Mini-Neptuns gibt«, so Quintana. »So was gibt es bei uns gar nicht, aber dort draußen scheint das sogar die häufigste Planetengröße zu sein, die wir bislang gefunden haben.«

Ein Beispiel dafür ist etwa der Stern *Kepler-11*. Er hat gleich sechs Super-Erden, die den Stern zudem allesamt so nahe umkreisen, dass sie fast in die Umlaufbahn des Merkurs passen würden.

»Man sieht hier, wie kompakt Planetensysteme sein können«, sagt Quintana.

Aber schauen wir uns noch einige weitere Welten an, die Kepler entdeckt hat. Perfekt für Surfer zum Beispiel wäre *Kepler-62e*. Der Planet ist etwa sechzig Prozent größer als die Erde und vollkommen von Ozeanen bedeckt, die Tausende Kilometer tief sind. Doch auch wenn Wasser eine der Grundlagen des Lebens ist, wäre diese *Waterworld* nicht unbedingt ein Ort, an dem sich intelligente Lebensformen entwickeln könnten, sagt Geoff Marcy: »Die Ozeane sind so tief, dass sie alle Kontinente und Gebirge bedecken; es gäbe also kein Land, auf dem eine höhere Lebensform die Möglichkeit hätte, eine Kultur mit Musik, Kunst, Literatur, Computern oder Weltraumraketen zu entwickeln.«

Wer Feuer liebt, sollte *Kepler-78b* probieren. Obwohl dies ein Gesteinsplanet etwa von der Größe der Erde ist, wütet auf ihm ein echtes Inferno. Durch seine enge Umlaufbahn um seinen Stern dauert das Jahr dort nur acht Stunden. Die Seite des Planeten, die der Sonne zugewandt ist, besteht aus einem Meer flüssiger Lava und ist fast 3.000 °C heiß.

Kepler-16b dagegen ist eher etwas für Romantiker – dieser Planet dreht sich um einen Doppelstern, man kann also zwei Sonnenuntergänge pro Tag sehen. Zufälligerweise hatte Elisa Quintana ihre Doktorarbeit darüber geschrieben, wie ein Planet sich in einem Doppelsternsystem formieren kann – »als die Kepler-Sonde diesen Planeten entdeckt hat, war ich also sehr aufgeregt«, sagt sie.

Ganz besonders begeistert ist sie jedoch von *Kepler-37b*, dem kleinsten Exoplaneten, der bislang gefunden wurde; er ist sogar kleiner als Merkur.

Anhand der reichen Ausbeute an Planeten, die Kepler uns beschert hat, können die Astronomen nun erkennen, dass unser Sonnensystem doch gar nicht so ungewöhnlich ist, wie es zunächst schien. Es gibt jede Menge Sterne, die von einer gemäßigten Planetenfamilie umkreist werden, bei der die Planeten Jahr für Jahr auf ordentlichen Bahnen dahinwandern.

Die Beobachtungen mit der Kepler-Sonde ermöglichten aber noch etwas: In der Vielzahl von kleinen und großen Planeten konnten die Astronomen sich auf die Suche nach einer *zweiten Erde* machen. Das Ergebnis war erstaunlich: Mehr als zwanzig

Prozent aller Sterne von der Größe unserer Sonne haben demnach vermutlich einen erdähnlichen Planeten in der bewohnbaren Zone, also in dem Bereich um den Stern, in dem die Temperaturen es erlauben, dass das Wasser auf dem Planeten flüssig sein könnte. Alleine in unserer Milchstraße wären das schon 8 Milliarden Planeten, die unserer Erde ähnlich sein könnten!

»Zum ersten Mal in der Menschheitsgeschichte«, sagt Marcy, »haben wir gelernt, dass unsere Erde nicht einzigartig ist. Sie ist noch nicht einmal ungewöhnlich.«

Das ist aber noch nicht alles. Die lichtschwächeren Roten Zwergsterne sind viel verbreiteter als die sonnenähnlichen Sterne und auch sie könnten bewohnbare Planeten haben. Der Hauptunterschied liegt darin, dass die Roten Zwerge viel weniger hell leuchten, so dass ein Planet seinem Stern viel näher liegen müsste, um ausreichend warm zu sein. Daher darf man diese schwach leuchtenden Sterne nicht außer Acht lassen, wie Marcy erklärt: »Es besteht durchaus die Möglichkeit, dass sich das meiste Leben in unserer Galaxie auf Planeten findet, die um winzige Rote Zwergsterne kreisen.«

Glaubt man den Berechnungen, dann gibt es 11 Milliarden bewohnbare Planeten um solche Roten Zwerge – zusätzlich zu den 8 Milliarden, die wir oben schon erwähnt haben. Jeder von ihnen könnte Leben beherbergen, vielleicht sogar intelligente Außerirdische, die versuchen könnten, uns zu kontaktieren (dazu mehr im nächsten Kapitel).

Im Jahr 2014 leitete Elisa Quintana das Team, das zum ersten Mal einen echten Schwesterplaneten der Erde fand: Sein Name ist *Kepler-186f*.

»Das war eine aufregende Erfahrung«, sagt sie. »Wir finden häufig Kandidaten, die offenbar klein sind und in der habitablen Zone liegen, doch man muss sie sich dann immer erst einmal genau anschauen.« Je mehr sie *Kepler-186f* untersuchten, desto größer wurden die Ähnlichkeiten mit der Erde. »Es war toll, aber auch ein bisschen unheimlich, dass wir damit endlich den Nachweis erbringen konnten, dass es andere erdähnliche Planeten in der bewohnbaren Zone anderer Sterne gibt.«

Kepler-186f umkreist einen Roten Zwergstern in einem Planetensystem, das etwa 500 Lichtjahre von uns entfernt liegt, im Sternbild Schwan. Seine Entfernung zum Stern entspricht etwa der des Merkurs, sodass er genug Wärme abbekommt und ein gemäßigtes Klima haben könnte.

In solchen Momenten, gibt Elisa Quintana zu, besteht die Suche nach Planeten nicht nur aus harter Arbeit. »Als wir das *Kepler-186*-System untersuchten, hatten wir Besuch von einigen Künstlern, die Illustrationen der neu entdeckten Welt anfertigen sollten – und ich dachte mir: Ich kann nicht glauben, dass es mein Job ist, hier zu sitzen und mir vorzustellen, wie eine solche Welt wohl aussehen könnte.«

Ein Ziel hat sich Quintana aber noch gesetzt: Einen erdähnlichen Planeten zu finden, der nicht um einen Roten Zwerg, sondern um einen sonnenähnlichen Stern kreist. »Da viele der Daten von Kepler noch gar nicht untersucht sind, hoffe ich, dass wir darin noch einen solchen Planeten finden werden!«[2]

Und sie freut sich bereits auf das neue Weltraumteleskop, das die Suche noch intensivieren wird, den *Transiting Exoplanet Survey Satellite*, abgekürzt *TESS*. Der Satellit soll im Sommer 2017 starten und kann den gesamten Himmel nach Planeten absuchen. Und im Jahr darauf wird dann das *James Webb Space Telescope* ins All geschickt, der leistungsstarke Nachfolger des Hubble-Teleskops, der die Atmosphären der neu entdeckten Planeten untersuchen soll und dabei auch nach Anzeichen von primitiven Lebensformen Ausschau halten kann. »Ich wünsche

2 Anmerkung des Übersetzers: Im Mai 2016 gab die NASA bekannt, dass Kepler weitere 1.284 neue Planeten entdeckt hat. Insgesamt sind bis zum jetzigen Zeitpunkt über 3.400 Exoplaneten bestätigt worden.

mir sehr, dass ich die Entdeckung des ersten Lebens außerhalb unseres Sonnensystems noch miterleben kann«, sagt Elisa Quintana.

Auch nach zwei Jahrzehnten hat die Suche nach einer *Welt da draußen* noch nichts von ihrer Spannung verloren. Für Pionier Geoff Marcy waren die Jahre der kleinteiligen Suche nach diesen Planeten nicht nur ein Job, sondern eine echte Berufung. »Das ist natürlich auch eine Ego-Sache«, sagt er. »Es hört sich vielleicht ein bisschen hochtrabend an, aber ich würde mir wirklich wünschen, einen Beitrag für die Wissenschaft leisten zu können. Ich liebe die Wissenschaft. Und ich liebe überhaupt jede Art von Wissen, das die Menschen für sich erringen können.«

Vielleicht am schönsten ausgedrückt hat diese tief sitzende Begeisterung für die Jagd nach Planeten kein Wissenschaftler, sondern ein Dichter. Als John Keats (1795–1821) einige Gedichte des antiken griechischen Dichters Homer las (in einer etwas groben Übersetzung aus dem 16. Jahrhundert), wurde er zu einem Sonett inspiriert, *On First Looking into Chapman's Homer*. Mit der Erforschung Amerikas und der erst eine Generation zuvor erfolgten Entdeckung des Uranus durch William Herschel im Sinn, schloss Keats sein Gedicht mit den folgenden Zeilen, die auch Marcy, Quintana und all den anderen hingebungsvollen Planetensuchern gefallen würden:

Gleich einem Astronomen fühlte ich,
dem sich ein neuer Erdtrabant entdeckt,
gleich Cortez, als sein Adlerblick gebannt
auf den Pazifik fiel – die Mannschaft sich
groß ansah, wie von einem Spuk erschreckt,
als sie verstummt auf Dariens Gipfeln stand.

KAPITEL 18

SIND WIR ALLEIN?

Fast 500 Jahre vor Christi Geburt stellte der griechische Philosoph Anaxagoras eine erstaunliche Überlegung darüber an, wie es wohl auf anderen Welten sein könnte: »Und dass sich so auch Menschen zusammenfügen und alle sonstigen Tiere, die Leben haben. Und dass diese Menschen nun auch Städte bewohnen und Äcker bebauen wie bei uns; sie haben auch eine Sonne und einen Mond. Und ihre Erde bringt ihnen viele mannigfache Pflanzen hervor, wovon sie das Beste in ihrem Haus sammeln und davon leben.« Mit anderen Worten: Anaxagoras glaubte an außerirdisches Leben.

Und genau das trifft – zweieinhalbtausend Jahre später – auch auf Jill Tarter zu, die am *SETI Institute* in Kalifornien arbeitet. *SETI* steht für eines der ambitioniertesten Vorhaben, das die Menschheit je unternommen hat: Der Suche nach außerirdischer Intelligenz.

Am 12. Oktober 1992 – in Amerika feierte man an diesem Tag den *Columbus Day* – stand Jill eine ehrenvolle Aufgabe bevor. Wir durften sie bei Ihrer Reise nach Arecibo auf Puerto Rico begleiten, wo sich das weltweit größte Radioteleskop ins Grün des Dschungels schmiegt. Wir waren schon beim Anblick schwer beeindruckt. Die riesige Schüssel, die eine Größe von zehn Fußballfeldern hat, sollte in Betrieb genommen werden und mit ihrer Arbeit beginnen – nämlich nach Geräuschen von intelligentem Leben aus dem All zu lauschen. Jill betätigte den Schalter dieses kosmischen Leviathans und sprach: »Lasst die Suche beginnen.«

Die ersten Daten kamen herein, sie setzten sich aus Millionen verschiedener Radiofrequenzen zusammen, die von Hunderten von Sternen ausgesandt worden waren. Jill freute sich auf die Aufgabe, die ihr und ihrem Team bevorstand: »Ist da draußen jemand? Das ist sicher die älteste bisher unbeantwortete Frage, die sich die Menschheit selbst stellt.« Jill Tarter hegte daher eine große Leidenschaft für SETI. »Es ist einfach großartig, dass wir jetzt die Technologie haben, die es Wissenschaftlern und Ingenieuren ermöglicht, die Frage nach Leben im All zu beantworten. Ich kann mir keine wichtigere Aufgabe vorstellen.«

Der geistige Vater des Projekts SETI ist Frank Drake. Er erinnert sich, wie ihm der Gedanke an eine Suche nach außerirdischem Leben zum ersten Mal kam: »Während meiner Doktorarbeit in Harvard in den 1950er-Jahren erschien es mir auf einmal möglich, dass wir wirklich in der Lage sein könnten, E.T. zu finden. Aber damals hatte die Frage nach außerirdischem Leben als Forschungsobjekt keinen besonders guten Ruf.«

Doch davon ließ sich der junge Drake nicht beirren. Und statt ein normales optisches Teleskop zu benutzen, erforschte er den Himmel mit einer großen Satellitenschüssel, die eigentlich zur Suche nach explodierenden Sternen und turbulenten Galaxien gedacht war. Radiowellen durchqueren das All ungehindert. Drake fragte sich also, ob nicht Außerirdische Radiosignale nutzen könnten, um quer durch den Weltraum zu funken? Immerhin nutzen wir auf der Erde ja rund um die Uhr Radiofrequenzen, um Botschaften zu übermitteln.

Seine kühne Vision schien wahr zu werden, als er eines Nachts den hübschen Sternhaufen der Plejaden untersuchte. »Ich hatte das vorher schon oft gemacht. Aber diesmal war da plötzlich dieses sehr intensive Schmalband-Signal, das eigentlich nur das Resultat einer bewussten Aktivität sein konnte.«

Um zu überprüfen, ob das Signal wirklich von den Plejaden kam, schwenkte Drake seine Schüssel auf einen anderen Bereich des Himmels. »Nun, es stellte sich heraus, dass das Signal noch immer da war. In Wirklichkeit kam es also von der Erde – was eine große Enttäuschung war. Aber der Anfang war gemacht.«

Und dieser Anfang sollte Früchte tragen. Viele andere Radioastronomen fingen an, sich an der Suche zu beteiligen. Unter ihnen war auch Bob Dixon von der Ohio State University. Er benutzte ein Radioteleskop namens *Big Ear*, das seine Studenten gebaut hatten, und verbrachte zwanzig Jahre damit, nach Signalen zu lauschen – bis wirklich eine Nachricht kam.

»Es war 1977«, erzählt Dixon. »Es wurde dann später als das *WOW!-Signal* bekannt, denn es war genau die Art von Signal, nach der wir so lange gesucht hatten: Es war ein Schmalband-Signal und es kam von sehr weit her. Es hatte alle Anzeichen von Intelligenz. Der Kollege, der es damals auf den Ausdrucken entdeckte, war so begeistert, dass er *WOW!* danebenschrieb – und bei diesem Namen blieb es dann. Leider gab es das Signal nur ein einziges Mal. Wir sahen es etwa eine Minute lang, noch während wir es beobachteten, hörte es auf. Wir haben es danach noch Hunderte Male versucht, aber es kam nie wieder.«

Also, was war es dann? Dixon wagt zumindest die These, dass es nicht von der Erde stammt. »Es kann auch nicht aus dem Erdorbit kommen, dann hätte es in unseren Aufzeichnungen damals anders ausgesehen. Es könnte eine andere Zivilisation gewesen sein. Oder es könnte auch ein streng geheimer Militärsatellit gewesen sein, der irgendwo im Sonnensystem herumfliegt. Aber das würde natürlich niemals jemand zugeben, also werden wir das auch nicht mit Bestimmtheit wissen.«

Leider wird Bob Dixon auch in Zukunft keine fremden Botschaften aus dem All mehr entdecken können: In ihrer unendlichen Weisheit haben die lokalen Behörden *Big Ear* eingestampft, um Platz für einen Golfplatz zu machen.

Die Forscher des SETI-Projekts sind an solche Rückschläge gewöhnt. Aber sie lassen sich davon nicht abschrecken, denn die Überzeugung, dass Leben im Universum allgegenwärtig sein muss, wächst. Wir wissen heute bereits von über 3.000 anderen Planeten. Und die chemischen Bausteine des Lebens, vor allem Kohlenstoff, sind im All überall vorhanden. Wenn man diese Grundlagen zusammendenkt, ist es ziemlich unwahrscheinlich, dass wir alleine im Universum sind.

Erst in jüngster Vergangenheit haben Astrobiologen entdeckt, unter welch extremen Bedingungen das Leben auf der Erde bestehen kann. Es gibt Bakterien, die in Nuklearreaktoren leben, auf dem Grund von Bohrlöchern, in der Kälte der Antarktis und in den superheißen Quellen rund um den Globus. Diese *Extremophilen* können sogar im Vakuum des Weltraums überleben. Wenn das Leben erst einmal entstanden ist, kann es also ziemlich hartnäckig sein.

Könnte es irgendwo in unserem Sonnensystem Leben geben, außer auf der Erde? Der Planet Mars schien dafür immer der aussichtsreichste Kandidat, wie wir in Kapitel 16 gesehen haben. Aber es gibt noch andere Optionen.

Da wäre vor allem *Europa*, einer der größeren Monde des Jupiter. Er hat eine glatte, eisige Oberfläche, doch da *Europa* von der Jupiterschwerkraft ordentlich gestaucht wird, muss es in seinem Inneren warm sein – was die Forscher vermuten lässt, dass sich unter der Eiskruste dieses Mondes ein tiefer Ozean befindet. Das hat auch den Schriftsteller Arthur C. Clarke inspiriert: In seinem Roman *Odyssee 2010 – Das Jahr, in dem wir Kontakt aufnehmen* trifft ein Team von der Erde auf Wasserwesen aus den Tiefen des Mondes *Europa*.

Außerdem gibt es auch *Titan*, den größten Saturnmond. Er ist in orangefarbene Wolken gehüllt, die in einer Atmosphäre aus Stickstoff schweben, die doppelt so dicht ist wie die Erdatmosphäre. Im Januar 2005 landete die europäische *Huygens*-Sonde auf der Oberfläche von *Titan*. Was sie vorfand, war eine Welt, die im Sonnensystem ziemlich einzigartig ist. Obwohl es dort bitterkalt ist, besitzt *Titan* Seen aus flüssigem Methan oder Ethan, außerdem heiße Stellen vulkanischer Aktivität. Zusammen sind das die Grundbedingungen zur Erschaffung von Leben.

Doch selbst wenn es irgendwo im Sonnensystem Lebensformen geben sollte, wären diese nur sehr niedrig entwickelt. Doch könnte weiter draußen in unserer Galaxie nicht vielleicht auch intelligentes Leben existieren?

Die Entdeckung der vielen extrasolaren Planeten war für die SETI-Forscher ein echter Ansporn. Doch leider gab es immer wieder Rückschläge. Die geplante Suche in Arecibo, die mit Mitteln der NASA finanziert werden sollte (etwa 100 Millionen Dollar, verteilt auf zehn Jahre), wurde bereits 1993 wieder gestrichen, weil sie Richard Bryan, einem Senator aus Nevada und Politiker im US-Kongress, unsinnig erschien. Er bezeichnete das Projekt abfällig als *eine große Jagd nach Marsmännchen*. Erstaunlicherweise konnte er seine Kollegen im Kongress dazu bringen, der Kürzung zuzustimmen.

Das sorgte für einen Aufruhr in der Presse, doch am Resultat änderte das nichts. »In den Boulevardmagazinen geht es vielleicht um fliegende Untertassen, aber die NASA suchte nach wirklichem außerirdischen Leben«, beklagte sich ein Autor im *San Francisco Examiner*. Und der *Boston Globe* schrieb: »Das Ganze beweist lediglich eins: Dass es kein intelligentes Leben in Washington gibt.«

Das hätte das Ende der Geschichte sein können. Aber Tarter, Drake und der Rest des Teams ließen sich davon nicht unterkriegen. Sie wurden zu Unternehmern, gründeten eine Firma und starteten eine internationale Fundraising-Kampagne. Nach 15 Monaten hatten sie mehrere Millionen Dollar zusammen – und konnten in Australien, in Kooperation mit dem Parkes-Radioteleskop in New South Wales, das erste SETI-Projekt *Phoenix* auf der Südhalbkugel starten. Außerdem legten sie den Grundstein für ein eigenes Radioteleskop. In Hat Creek im nördlichen

Kalifornien ragt inzwischen eine ganze Schar von 6-Meter-Schüsseln aus dem Boden. Mithilfe der Förderung von Paul Allen (dem Mitgründer von Microsoft) sollte das komplette *Allen Telescope Array* auf bis zu 350 Satellitenschüsseln anwachsen. Es blieb allerdings wegen gekürzter Mittel schließlich bei 42 Schüsseln. Das Projekt nennt sich SonATA (SETI on the Allen Telescope Array).

»Wir untersuchen damit drei Exoplaneten zur gleichen Zeit, die meisten davon sind welche, die mit dem Kepler-Weltraumteleskop entdeckt wurden«, erzählt Jill Tarter. Diese Planeten liegen im Sternbild Schwan, wie wir aus dem vorherigen Kapitel erfahren haben. Daneben gibt es aber auch eine ganze Reihe bestätigter Planeten in anderen Regionen des Alls, die durch Beobachtungen vom Boden aus gefunden wurden und denen Tarter ebenfalls nachgeht. Doch auch mehr als fünfzig Jahre nachdem Frank Drake glaubte, er hätte ein Signal von den Plejaden empfangen, hat das SETI-Team noch immer keinen Anruf der Außerirdischen erhalten.

Vielleicht sind die Aliens auch einfach sehr still. Die Menschheit hat bisher ja ebenfalls recht wenig aktiv dafür getan, ihre Präsenz im Weltall zu verkünden. Doch gab es tatsächlich schon einige, manchmal etwas missglückte Anstrengungen in dieser Richtung, wie Drake erzählt: »Viele kluge Köpfe haben sich immer wieder die Frage gestellt, wie man mit den Außerirdischen Kontakt aufnehmen könnte, und haben verschiedene Pläne entwickelt, die sie für vielversprechend hielten. Einer der ersten war der große Mathematiker Karl Friedrich Gauß. In den 1820er-Jahren schlug er vor, man solle in Sibirien Weizen in einem rechtwinkligen Dreieck anbauen und dann verbrennen. Auf jeder Seite des Dreiecks wollte er Kiefern in einem Quadrat anpflanzen lassen, um so darauf hinzuweisen, dass die Quadratsumme aus den beiden Seiten dem Quadrat der Hypotenuse entspricht.« Eine solche riesige Demonstration des berühmten Satz des Pythagoras sollte, so Gauß' Gedanke, für Lebensformen im Sonnensystem zu erkennen sein und ihnen die Existenz von intelligentem Leben auf der Erde signalisieren. Etwa zwanzig Jahre später legte der Wiener Astronom Joseph von Littrow einen noch ambitionierteren Plan vor. »Er wollte Gräben in der Sahara ausheben lassen«, so Drake, »in Form von geometrischen Figuren (Quadrate, Dreiecke, Kreise) und diese mit Petroleum füllen. Nachts würden diese Gräben dann angezündet, sodass die geometrischen Figuren bis zum Mars, zur Venus und darüber hinaus zu sehen sein sollten.«

Auch Drake machte irgendwann einen eigenen Vorschlag, wie man ein großes *Hallo* ins Universum schicken könnte. Eigentlich stammte er allerdings von seiner Assistentin, nicht von ihm. Als Drake 1974 Direktor des *Arecibo-Observatoriums* war, wurde gerade die Oberfläche der riesigen Schüssel renoviert. Drake wollte gerne eine Feier zur Wiedereröffnung veranstalten – und seine Sekretärin hatte eine brillante Idee: »Warum nutzen Sie die Schüssel nicht umgekehrt und schicken ein Signal ins All?«

Frank Drake erinnert sich noch genau an die Veranstaltung: »Auf dem Höhepunkt der Feier schickten wir eine Botschaft ins All, in Richtung des großen Kugelsternhaufens *M13*. Das ist eine Ansammlung von 300.000 Sternen, etwa 25.000 Lichtjahre von uns entfernt. Die Botschaft, für die wir uns entschieden haben, sollte leicht zu entschlüsseln sein: Sie beinhaltete die grundsätzlichen Bausteine des Lebens, die DNS-Moleküle, außerdem den Aufbau unseres Sonnensystems – und wir gaben auch die Größe der Erde an, unsere Bevölkerungszahl und die Größe des Teleskops, mit dem die Mitteilung verschickt wurde.«

Aber so richtig gespannt auf eine mögliche Antwort kann man jetzt noch nicht sein. Die Nachricht wird 25.000 Jahre brauchen, um ihr Ziel zu erreichen. Und falls es eine Antwort geben sollte, wird auch diese weitere 25.000 Jahre für den Rückweg brauchen. Besonders flott ist die Kommunikation mit Außerirdischen also nicht.

Drake ging – zusammen mit dem aus dem Fernsehen bekannten Carl Sagan – aber noch einen Schritt weiter. Sie entwarfen

Plaketten, die an den beiden *Pioneer*-Sonden angebracht wurden, die zum Jupiter und Saturn flogen und momentan gerade das Sonnensystem verlassen. Wenn Außerirdische die Sonden finden sollten, erzählen ihnen die Bilder auf den Plaketten einiges über unser Wissen, über unsere Perspektive aufs Universum und sogar über unsere Anatomie.

»Die zwei menschlichen Umrisse auf der Plakette waren beide nackt«, erzählt Drake. »Und wir dachten, die Außerirdischen würden sich für unsere Anatomie interessieren, daher haben wir sie eben nackt dargestellt.«

Doch nicht alle waren davon begeistert. »Es verursachte in der Öffentlichkeit großen Aufruhr«, gibt Drake zu. »In vielen amerikanischen Zeitungen wurden die Zeichnungen abgewandelt dargestellt, alle Hinweise auf die Geschlechtsorgane wurden entfernt. Kurz nachdem die Plakette öffentlich vorgestellt worden war, war ich eingeladen, über sie im kanadischen Fernsehen zu sprechen. Beim kanadischen Publikum gab es Sorgen und Verärgerung – aber wie sich herausstellte, deswegen, weil es das erste Mal überhaupt war, dass nackte Menschen im kanadischen Fernsehen zu sehen waren. Beschwerden gab es aber keine.«

Die US-amerikanische Bevölkerung dagegen erwies sich als etwas engstirniger. »In der *Los Angeles Times* gab es mehrere Leserbriefe, in denen sich Leute darüber beschwerten, dass wir Steuergelder nutzen, um einen solchen *Schweinkram* ins All zu schicken.«

Die vier Jahre später gestarteten *Voyager*-Sonden, die zwar auch die äußeren Planeten besuchten, aber vor allem das Sonnensystem verlassen sollten, trugen eine etwas subtilere Botschaft mit sich. Interessanterweise wurde beiden Sonden eine Goldene Schallplatte mitgegeben, sogar inklusive einer Abtastnadel. Auf den Platten fanden sich Geräusche, Bilder und Botschaften von der Erde.

Unbemannte Sonden wie *Pioneer* und *Voyager* sind vielleicht eine Möglichkeit, unsere Gedanken, Empfindungen und unser

Wissen in die Welt des außerirdischen Lebens da draußen zu transportieren, und sie sind der erste Schritt auf dem langen Weg, dort selbst einmal hinzufliegen. Doch Drake erinnert uns daran, dass unsere Kommunikation nach außen vor allem auch eine Botschaft an uns selbst ist. »Warum haben wir diese Nachrichten verschickt? Nun – sie waren eigentlich an uns gerichtet, als Botschaft an uns alle.«

Wenn es umgekehrt darum geht, möglicherweise Botschaften der Außerirdischen an uns zu finden, ist das *Allen Telescope Array* des *SETI-Instituts* aktuell nicht die einzige Bestrebung. Gar nicht weit entfernt haben Dan Werthimer und sein Team in Berkeley das Projekt SERENDIP gestartet, bei dem sie einen ganz anderen Ansatz verfolgen.

»Wir nennen es Huckepack-SETI«, erklärt Werthimer. »Wir nutzen das Arecibo-Teleskop gleichzeitig mit anderen Astronomen, und wir tun das rund um die Uhr und das ganze Jahr hindurch. Es gibt verschiedene Strategien, nach Radiosignalen zu suchen.« Das Projekt *Phoenix* war eine zielgerichtete Suche, bei der Tausende Ziele bewusst ausgewählt wurden, vor allem nahe liegende Sterne, ähnlich unserer Sonne. Der Vorteil davon war, dass die Forscher sich auf diese Objekte konzentrieren und jedes einzeln genau untersuchen konnten.

»Unsere Strategie dagegen ist es, den gesamten Himmel zu überwachen«, sagt Werthimer. »Wir untersuchen dabei Milliarden von Sternen, so weit Arecibo eben sehen kann. Aber wir können uns dabei nicht sehr lange mit einer bestimmten Region im All aufhalten.«

Die Instrumente, die bei SERENDIP zum Einsatz kommen, sind extrem leistungsstark. Die aktuelle, sechste Version kann 5 Milliarden Radiosignale gleichzeitig empfangen. Das ist nur möglich, weil sich SETI mittlerweile nicht mehr nur auf starke Teleskope, sondern auch auf modernste Computer verlässt. »Es sind die Computer, die bei uns ins All lauschen«, sagt Werthimer.

Trotzdem ist er noch nicht zufrieden. Er wünscht sich noch leistungsfähigere Technik. »Deswegen bitten wir Menschen auf der ganzen Welt, uns bei der Analyse der Daten des Arecibo-Teleskops zu unterstützen.« Derzeit nehmen 8 Millionen Leute mit ihren Computern an diesem Projekt teil, zusammen können sie eine Rechenkraft generieren, die hundert Mal so groß ist wie der aktuell schnellste Supercomputer.

»Es funktioniert so: Jeder Teilnehmer bekommt eine kleine Menge der Daten des Teleskops zugeschickt, jedem wird also ein kleines Stück des Himmels zugewiesen. Dann laden sich die Teilnehmer ein kostenloses Programm herunter, das dann, sobald es aktiv ist, die Daten analysiert. Nach einigen Tagen schickt das Programm die Daten zurück nach Berkeley und die Teilnehmer bekommen automatisch neue Daten, die dann analysiert werden.«

SETI@home, wie das Projekt genannt wurde, könnte auf diese Weise zum Beispiel auch dazu führen, dass irgendein Teenager ins internationale Rampenlicht gelangt – falls zufällig auf seinem oder ihrem Rechner eine außerirdische Botschaft gefunden wird. »Derjenige, mit dessen Rechner eine außerirdische Zivilisation entdeckt wird, wird sicher ganz schön berühmt. Aber leider wird das dauern …«

Wurden denn bisher schon interessante Signale gefunden?

»Wir haben einige Hunderte Signale entdeckt, die interessant genug waren, um sie mit dem Teleskop nochmal genau zu überprüfen – doch sie haben sich bisher alle als vom Menschen stammende Radiosignale entpuppt; keins davon kam aus dem All.«

Dan Werthimer setzt in Sachen SETI allerdings auch nicht alles auf eine Karte. »Neben den Radiosignalen suchen wir zudem auch nach Lasersignalen von fremden Zivilisationen. Der Gedanke dazu ist, dass sie statt Radiosignalen vielleicht Lichtimpulse senden können. Wir suchen also mit einem optischen Teleskop nach sehr kurzen, hellen Impulsen, vielleicht nur eine Milliardstel Sekunde lang, die aber heller sind als ein Stern.«

Allerdings muss Werthimer auch etwas eingestehen: »Einer der Gründe für unsere Suche nach Lasersignalen war der, dass Charlie Townes, also der Mann, der den Laserstrahl überhaupt erfunden hat, bei uns im Büro direkt nebenan sitzt. Und er ging mir jahrelang auf die Nerven: ›Warum sucht ihr nicht mal nach Lasersignalen?‹ Irgendwann hatte er uns also überzeugt und jetzt suchen wir danach.« Sicher war das auch der großen Bewunderung geschuldet, die Werthimer für Townes empfand: »Charlie ist 99 Jahre alt und kommt noch immer jeden Tag zur Arbeit. Er ist ein großes Vorbild für uns«, sagte er. Leider ist Townes 2015 kurz vor seinem 100. Geburtstag verstorben.

Dan Werthimer räumt auch ein, dass eine Kommunikation per Lasersignal ihre Vorteile hätte: »Laser sind sehr zielgenaue, punktuelle Strahlen – für die interstellare Kommunikation sind sie eigentlich perfekt. Außerdem kann man mit einem Laserstrahl große Mengen an Informationen verschicken – vielleicht sogar Milliarden Bit pro Sekunde. Man könnte die gesamte Nationalbibliothek der USA in ein oder zwei Minuten übermitteln.« Zudem sind Laserstrahlen unglaublich stark. »Nimmt man einen großen Laser wie den im *Lawrence Livermore National Laboratory* und verknüpft ihn mit einem Teleskop wie dem auf Hawaii, könnte man Nachrichten durch die ganze Galaxie schicken.« Sind Laserstrahlen also der ultimative Weg zur Kommunikation im All?

»Wenn ihr mich vor 200 Jahren gefragt hättet, wie wir mit Zivilisationen auf anderen Welten kommunizieren werden, hätte ich vielleicht gesagt: Der beste Weg sind Rauchsignale. Wenn ihr mich jetzt fragt, sage ich Radiosignale oder vielleicht Lasersignale. Das bedeutet natürlich aber auch, dass, wenn ihr mir diese Frage in 200 Jahren stellt, es etwas noch viel Besseres geben könnte – vielleicht Partikel, die schneller als das Licht sind, wie etwa Tachyonen, oder neue, bisher gänzlich unbekannte Teilchen.«

Auf welchem Kommunikationsweg auch immer, Werthimer ist davon überzeugt, dass in der Galaxie jede Menge Informationen ausgetauscht werden. »Es ist gut möglich, dass andere

Zivilisationen schon lange mittels Laserstrahlen oder Radiosignalen miteinander in Kontakt stehen, vielleicht sogar schon seit Milliarden von Jahren. Wir kommen da erst neu dazu – aber eines Tages könnten wir Teil eines galaktischen Internets sein.«

Die SETI-Forscher sind sich ziemlich sicher, dass sie eines Tages eine Nachricht aus dem All empfangen werden. Jill Tarter denkt darüber nach, wie wir darauf reagieren würden. »Was wäre, wenn wir wirklich ein Signal empfangen? Was würde passieren? Würden die Menschen am nächsten Tag ganz normal weiter zur Arbeit gehen, oder würde das die Welt auf den Kopf stellen?«

Dan Werthimer sagt dazu: »Wenn wir wirklich ein interessantes Signal finden sollten, müsste dies zunächst von einem anderen, unabhängigen Team bestätigt werden – denn es könnte auch einfach nur ein Softwarefehler sein, oder etwas stimmt mit unseren Instrumenten nicht, oder ein Doktorand hat uns einen Streich gespielt. Aber wenn es echt wäre, würden wir das melden – und die Nachricht würde um die Welt gehen. Sie wäre für alle Menschen in allen Sprachen verfügbar und wir würden alle relevanten Informationen zum Download ins Netz stellen.«

Werthimer schaut einer solchen Nachricht aus den Tiefen des Alls mit Spannung entgegen: »Wenn es wirklich eine absichtlich verschickte Nachricht wäre, könnten wir eine Menge über die Absender lernen. Vermutlich würden sie sie so gestalten, dass sie recht leicht zu entschlüsseln wäre, und vielleicht würde sie Informationen enthalten über ihre Literatur, ihre Medizin, ihre Wissenschaft oder auch ihre Musik – das würde mich ganz besonders interessieren!«

Auch Frank Drake hat natürlich in den vergangenen sechzig Jahren oft über eine solche Botschaft von Außerirdischen nachgedacht: »Am Anfang wäre da vor allem die Aufregung – was ist das, was sehen wir hier? Aber die wirklich gravierenden Änderungen für unsere Perspektive kämen erst in den Jahrzehnten danach, wenn wir mehr über diese Zivilisationen erfahren – denn wo eine ist, da sind auch noch mehr. In den meisten Fällen werden sie technologisch viel weiter entwickelt sein als wir und wir könnten vieles von ihnen lernen, auch ganz grundlegende Dinge: Was ist unser Potenzial? Was können wir erreichen, wohin können wir uns entwickeln? In jedem Fall wird es unser Leben hier auf der Erde verändern, vielleicht mehr als alles andere zuvor – und im Wesentlichen zu unserem Vorteil, denn wir könnten eine Menge guter, hilfreicher Dinge lernen.«

»Ich denke auch, dass fortgeschrittenere Kulturen eher friedliebend sind«, stimmt Werthimer zu. »Diejenigen, die weniger friedlich waren, haben sich schon selbst ausgelöscht und würden nicht mehr existieren. Ich glaube auch nicht, dass Außerirdische herkommen, um uns auszurauben oder zu vernichten. Und ebenso gehe ich nicht davon aus, dass sie sich gegenseitig umbringen, so wie wir es tun.«

Die nächste große Frage ist dann: Sollten wir auf eine Botschaft aus dem All antworten? Und wer sollte das stellvertretend für die ganze Menschheit tun? Das SETI-Team hat einen Plan aufgestellt, der dieser großen Verantwortung angemessen ist. Jill Tarter liest daraus vor: »Auf ein Signal oder einen anderen Beweis für außerirdische Aktivität soll keine Antwort verschickt werden, bevor nicht angemessene internationale Beratungen darüber stattgefunden haben.« Und weiter: »Die Unterzeichner dieser Erklärung vereinbaren, keine Antwort zu verschicken, ohne zuvor bei einer internationalen Institution, die alle Länder vertritt, wie etwa die Vereinten Nationen, um Beratung und Zustimmung gebeten zu haben.«

Letztlich aber stellt sich diese Frage vielleicht gar nicht. Wenn es wirklich Außerirdische da draußen geben sollte, wissen sie mit Sicherheit schon von uns. Die Signale unserer Radio- und Fernsehsender – von den militärischen Radaraktivitäten ganz zu schweigen – beschränken sich ja nicht auf die Erde. Ohne es zu beabsichtigen, schicken wir seit fast einem Jahrhundert täglich Millionen von Radiosignalen ins All. »Wir haben uns dem Universum schon sehr deutlich zu erkennen gegeben«, sagt Frank Drake. Er macht sich auch keine Sorgen, dass eine aggressive außerirdische Lebensform von unserer Existenz erfahren könnte. Im Namen der ganzen SETI-Gemeinschaft sagt er: »Wir alle arbeiten hart und hingebungsvoll für SETI, weil die Entdeckung außerirdischen Lebens das Aufregendste wäre, das wir uns vorstellen können. Wir möchten sehr gerne, dass es passiert. Nicht nur für uns, sondern für die ganze Menschheit.«

»Vielleicht sind wir alleine, vielleicht auch nicht – in beiden Fällen ist die Antwort von großer Bedeutung«, ergänzt Jill Tarter.

Und auch Dan Werthimer blickt mit großer Erwartung in die Zukunft: »Ich bin zuversichtlich, dass wir langfristig in Kontakt mit anderen Zivilisationen kommen werden, und vielleicht erleben wir alle hier das sogar noch. Es wäre wirklich seltsam, wenn wir alleine im Universum wären. Und es wäre doch schade, sich für dieses Leben da draußen nicht zu interessieren.«

AUTOREN

Heather Couper und ***Nigel Henbest*** sind Astronomen, Wissenschaftsautoren und bekannte Gesichter im britischen Fernsehen. Mit ihren BBC-Serien zu Astronomie und Weltraumthemen tragen sie seit Jahrzehnten dazu bei, eine breite Öffentlichkeit für das Weltall zu begeistern. Die Asteroiden *3922 Heather* und *3795 Nigel* sind nach ihnen benannt.

ÜBERSETZER

Daniel Beskos ist Verleger des mairisch Verlags. Nach ihm wurde bislang zwar kein Himmelskörper benannt, dafür hat er sich für einige Sterne neue Namen ausgedacht.